炼油工艺基础知识

（第三版）

涂永善　山红红　钮根林　编著

U0264503

中国石化出版社

内 容 提 要

本书对第二版的内容进行了重大修改、删减和补充。本书紧密结合炼油工业生产实际，系统介绍了石油加工工艺的基础知识，主要内容包括：石油及其产品的组成和性质；石油产品的应用和规格指标；主要炼油工艺过程的基本原理、工艺流程及主要工艺设备等，并介绍了国内外炼油技术的部分科研成果和最新进展，包括重要过程的新工艺、新催化剂及新设备的技术进步。

本书系统性、知识性、实用性强，简明扼要，通俗易懂，适合于非石油加工专业毕业的技术管理干部和炼油生产人员阅读，也可作为石油院校非石油加工专业的教材，也可供本专业技术人员及管理人员作为手册式资料参考。

图书在版编目（CIP）数据

炼油工艺基础知识／涂永善，山红红，钮根林编著.
—3版. —北京：中国石化出版社，2019.5(2025.2 重印)
ISBN 978-7-5114-5323-5

Ⅰ. ①炼… Ⅱ. ①涂… ②山… ③钮… Ⅲ. ①石油炼
制-基本知识 Ⅳ. ①TE62

中国版本图书馆 CIP 数据核字（2019）第 091017 号

中国石化出版社出版发行

地址：北京市东城区安定门外大街 58 号
邮编：100011 电话：(010) 57512500
发行部电话：(010) 57512575
http://www.sinopec-press.com
E-mail:press@ sinopec.com
河北宝昌佳彩印刷有限公司印刷
全国各地新华书店经销

*

787毫米×1092 毫米 16 开本 16.75 印张 416 千字
2019 年 7 月第 3 版　2025 年 2 月第 6 次印刷
定价：68.00 元

前　言

　　本书于 1994 年 6 月第一次出版，2006 年 4 月修订后第二次出版。本书自出版以来，由于全书篇幅少、知识信息量大而备受广大读者欢迎。本书先后重印 11 次，发行总数超过 20000 余册，至今仍有需求。由于本书第二版的出版时间至今已有十多年，在此期间，国内外炼油技术不断取得新发展，炼油技术领域的新工艺、新设备、新催化剂和新产品不断涌现，石油产品质量要求也发生了重大变化，原有内容已不能如实反映我国炼油技术的发展现状。为此，在第二版基础上重新补充修订，力图较全面地反映我国炼油技术的现状及发展概况。

　　本书的第三版在全书结构上未做大的改动，主要是在具体内容编写时注意除旧补新，力求采用最新的发展和科技成果，特别是在重质油化学、产品质量标准、渣油加工、清洁燃料及化工生产等方面补充了较多新的内容。与第二版相比，第三版将第七章更名为"催化加氢"，并对渣油沸腾床加氢和渣油悬浮床加氢的工艺及进展情况作了较详尽的介绍。

　　本书的宗旨仍然是以介绍石油炼制基本知识为主线，对有关的新工艺、新技术、新设备、新产品和新催化剂，只求概括其基本的原理、功能和效果，不求尽详尽细，用尽可能少的篇幅容纳更多的信息量。

　　在编写过程中参阅乃至引用了有关科技文献内容，在此对相关作者一并表示感谢。同时感谢姜晨哲老师所做的大量文字校对工作。

　　因编者水平有限，书中错误和不妥之处在所难免，欢迎广大读者批评指正。

编　者

目　　录

V

第一章　石油及其产品的化学组成和物理性质

原油是从地下开采出来的、未经加工的石油。原油经炼制加工后可以得到燃料油、润滑油、润滑脂、蜡、沥青、溶剂及化工原料等各种石油产品。了解石油及其产品的化学组成和物理性质，对于原油加工及储运、产品生产及使用以及石油的综合利用等均具有重要意义。

第一节　石油的化学组成

一、石油的外观性质

石油通常是一种流动或半流动状的黏稠液体，其流动状态与石油的蜡含量多少和黏度大小有关。石油中的蜡含量越多或黏度越大，则其流动性越差。世界各地所产的石油在外观性质上有不同程度的差别。从颜色看，大部分石油是黑色，也有暗绿或暗褐色，少数显赤褐、浅黄色，甚至无色。石油的颜色与其所含胶质、沥青质的多少有关，胶质、沥青质的含量越高，特别是沥青质的含量越高，石油的颜色越深。石油的相对密度一般都小于1，绝大多数在0.80~0.98，但也有个别的高达1.02和低到0.71。我国主要油田的原油相对密度一般都在0.85以上，属于偏重的常规原油。不同石油的流动性差别也很大，有的石油其50℃运动黏度只有1.46mm^2/s，有的却高达20000mm^2/s。

许多石油都有程度不同的臭味，这主要是因为含有硫化物的缘故。

石油外观性质的差异反映了其化学组成的不同。

二、石油的元素组成

石油主要由碳(C)和氢(H)两种元素组成，其中碳含量为83%~87%(质量分数)，氢含量为11%~14%(质量分数)，两者合计为95%~99%(质量分数)。由碳和氢两种元素组成的碳氢化合物称为烃，在石油炼制过程中它们是加工和利用的主要对象。此外，石油中还含有硫(S)、氮(N)、氧(O)元素，这些非碳氢元素含量一般为1%~5%(质量分数)。但也有个别例外，如国外某原油硫含量高达5.5%(质量分数)，某原油氮含量为1.4%~2.2%(质量分数)。虽然石油中非碳氢元素的含量很少，但是它们对石油的性质、石油加工过程以及产品的使用性能均有很大影响。

石油中除含有碳、氢、硫、氮、氧五种主要元素外，还含有许多微量的金属元素和其他非金属元素，如镍、钒、铁、铜、铅、钙、钠、钾、砷、氯、磷、硅等，它们的含量非常少，常以百万分之几计(μg/g)。

以上各种元素并非以单质出现，而是相互以不同形式结合成烃类和非烃类化合物存在于石油中。因此，石油的组成是极为复杂的。

三、石油的烃类组成

石油主要是由各种不同的烃类组成的。石油中究竟有多少种烃，至今尚无法分析说明。

但已确定石油中的烃类主要是由烷烃、环烷烃、芳香烃及混合烃构成。天然石油中一般不含烯烃、炔烃等不饱和烃,只有在石油的二次加工产物中(如热加工产物、催化裂化产物等)和利用油页岩制得的页岩油中含有不同数量的烯烃。

(一)烷烃

烷烃是石油的主要组分。在常温常压下,$C_1 \sim C_4$(即分子中含有1~4个碳原子)的烷烃为气体,$C_5 \sim C_{15}$的烷烃为液体,大于C_{16}的正构烷烃为固体。

含有大量甲烷和少量乙烷、丙烷的天然气称为干气,除含有较多的甲烷、乙烷外,还含有少量易挥发的液态烃蒸气(如戊烷、己烷、辛烷)的天然气称为湿气。高分子烷烃是固态,但一般溶解于油中,低温下会从油中结晶析出,析出的成分称为蜡。

在一般条件下,烷烃的化学性质很不活泼,不易与其他物质发生反应,但在特殊条件下,烷烃也会发生氧化、卤化、硝化及热分解等反应。

(二)环烷烃

环烷烃是环状的饱和烃,也是石油的主要组分之一。石油中的环烷烃主要是含五碳环的环戊烷系和含六碳环的环己烷系。从数量上看,国内原油一般是环己烷系多于环戊烷系,而大多数国外原油则是环戊烷系多于环己烷系。

随着石油馏分沸点的升高,环烷烃的相对含量增加,在高沸点的石油馏分中,还含有双环和多环的环烷烃以及环烷-芳香烃。在更重的石油馏分中,因为芳香烃的含量增加,使得环烷烃的相对含量有所减少。

环烷烃的抗爆性较好、凝点低,有较好的润滑性能和黏温性,是汽油、喷气燃料及润滑油的良好组分。

环烷烃的化学性质与烷烃相近,但稍活泼,在一定条件下可发生氧化、卤化、硝化、热分解等反应,环烷烃在一定条件下还能脱氢生成芳香烃。

(三)芳香烃

芳香烃是指分子中含有苯环的烃类,一般苯环上带有不同的烷基侧链,也是石油的主要组分之一。同一种原油中,随着沸点(或相对分子质量)的升高,芳香烃的含量增多。石油中除含有单环芳香烃外,还含有双环和多环芳香烃。

芳香烃的化学性质较烷烃稍活泼,可与一些物质发生反应,但芳香烃中的苯环很稳定,强氧化剂也不能使其氧化,也不易起加成反应。在一定条件下,芳香烃上的侧链会被氧化成有机酸,这是油品氧化变质的重要原因之一。芳香烃在一定条件下还能进行加氢反应。

(四)烯烃

石油中一般不含烯烃。烯烃主要存在于石油的二次加工产物中。

烯烃又分为单烯烃(即分子中含有一个双键)、双烯烃和环烯烃。在常温常压下,单烯烃$C_2 \sim C_4$是气体,$C_5 \sim C_{18}$是液体,C_{18}以上是固体。

烯烃分子中有双键,因此,烯烃的化学性质很活泼,可与多种物质发生反应。在一定条件下可进行加成、氧化和聚合等各种反应。在空气中烯烃易氧化成酸性物质或胶质,特别是二烯烃和环烯烃更易氧化,影响油品的储存安定性。

四、石油的馏分组成

石油是一个多组分的复杂混合物,每个组分有其各自不同的沸点。石油加工的第一工序——蒸馏(分馏),就是根据各组分沸点的不同,用蒸馏的方法把石油"分割"成几个部分,每一部分称为馏分。

通常我们把沸点小于200℃的馏分称为汽油馏分或低沸点馏分，200～350℃的馏分称为煤、柴油馏分或中间馏分，350～500℃的馏分称为减压馏分或润滑油馏分或高沸点馏分，大于500℃的馏分称为减压渣油，简称渣油。

必须注意，石油馏分并不是石油产品，石油产品必须满足油品规格的要求。通常馏分油要经过进一步的加工才能变成石油产品。此外，同一沸点范围的馏分也可以因目的不同而加工成不同产品。例如航空煤油（即喷气燃料）的馏分范围是150～280℃，灯用煤油是200～300℃，轻柴油是200～350℃。减压馏分油既可以加工成润滑油产品，也可作为裂化的原料。

国内外部分原油直馏馏分和减压渣油的含量列于表1-1。

从表1-1可以看出：与国外原油相比，我国一些主要油田原油中汽油馏分少（一般低于10%），渣油含量高，这是我国原油的主要特点之一。

表1-1　原油直馏馏分及渣油含量

原　油	相对密度 (d_4^{20})	汽油馏分 (<200℃)/% (质量分数)	煤柴油馏分 (200～350℃)/% (质量分数)	减压馏分 (350～500℃)/% (质量分数)	渣油 (>500℃)/% (质量分数)
大　庆	0.8650	10.90	18.40	25.20	44.60
胜　利	0.8898	8.71	19.21	27.25	44.83
大　港	0.8968	6.90	18.42	32.44	41.52
伊　朗	0.8551	24.92	25.74	24.61	24.73
印尼米纳斯	0.8456	13.2	26.3	27.8 (350～480℃)	32.7 (>480℃)
阿　曼	0.8488	20.08	34.4	8.45	37.07

五、石油的非烃组成

石油中的非烃化合物主要指含硫、氮、氧的化合物。这些元素的含量虽仅约1%～5%，但非烃化合物的含量都相当高，可高达20%以上。非烃化合物在石油各馏分中的分布是不均匀的，大部分集中在重质馏分和残渣油中。非烃化合物的存在对石油加工和石油产品使用性能影响很大，石油加工中绝大多数精制过程都是为了除去这类非烃化合物。

这些非烃类杂质如果处理适当，经综合利用，便可变害为利，生产一些重要的化工产品。例如，从石油气中除硫的同时，又可回收硫黄。

（一）含硫化合物

硫是石油中常见的组成元素之一，不同的石油含硫量相差很大，从万分之几到百分之几。硫在石油馏分中的含量随其沸点范围的升高而增加，大部分硫化物集中在重油中。由于硫对于石油加工影响极大，所以含硫量常作为评价石油的一项重要指标。

硫在石油中少量以元素硫（S）和硫化氢（H₂S）形式存在，大多数以有机硫化物形式存在，如硫醇（RSH）、硫醚（RSR′）、环硫醚(等)、二硫化物（RSSR′）、噻吩( )及其同系物等。

含硫化合物的主要危害是：①对设备管线有腐蚀作用。元素硫、硫化氢和低分子硫醇

(统称为活性硫化物)都能与金属直接作用而腐蚀设备和管线。硫醚、二硫化物等(统称为非活性硫化物)本身对金属并无作用,但受热后会分解生成腐蚀性较强的硫醇和硫化氢,特别是燃烧生成的二氧化硫腐蚀性更强。②可使油品某些使用性能变坏。汽油中的含硫化合物会使汽油的感铅性下降、燃烧性能变坏、气缸积炭增多、发动机腐蚀和磨损加剧。硫化物还会使油品的储存安定性变坏,不仅发生恶臭,还会显著促进胶质的生成。目前国内外车用汽油、柴油产品质量标准中含硫量的限制日趋严格。③污染环境。含硫油品燃烧后生成二氧化硫、三氧化硫等,污染大气,对人体有害。石油中的臭味来自其中的含硫化合物硫醇,当空气中有 0.00001mg/L 的硫醇时即可嗅到。④在二次加工过程中,使某些催化剂中毒,丧失催化活性。

通常采用酸碱洗涤、催化加氢、催化氧化、生物脱硫等方法除去油品中的硫化物。

(二) 含氮化合物

石油中含氮量一般在万分之几至千分之几。密度大、胶质多、含硫量高的石油,一般其含氮量也高。石油馏分中氮化物的含量随其沸点范围的升高而增加,大部分氮化物以胶状、沥青状物质存在于渣油中。

石油中的氮化物大多数是氮原子在环状结构中的杂环化合物,主要有吡啶( )喹啉

( )等的同系物(统称为碱性氮化物)及吡咯( )、吲哚( )等的同系物(统称为非碱性氮化物)。

石油中另一类重要的非碱性氮化物是金属卟啉化合物,分子中有四个吡咯环,重金属原子与卟啉中的氮原子呈络合状态存在,在石油中与卟啉化合物络合的金属最主要的是镍和钒。

石油中氮含量虽少,但对石油加工、油品储存和使用的影响却很大。当油品中含有氮化物时,储存日期稍久,就会使颜色变深,气味发臭,这是因为不稳定的氮化物长期与空气接触氧化生成了胶质。氮化物也是某些二次加工催化剂的毒物。所以,油品中的氮化物应在精制过程中除去。

(三) 含氧化合物

石油中的氧含量一般都很少,约千分之几,个别石油中氧含量高达 2%~3%。石油中的含氧化合物大部分集中在胶质、沥青质中,因此,胶质、沥青质含量高的重质石油其含氧量一般比较高。对以胶质、沥青质形式存在的含氧化合物在后面将作单独讨论,这里只讨论胶质、沥青质以外的含氧化合物。

石油中的氧均以有机物形式存在。这些含氧化合物分为酸性氧化物和中性氧化物两类。酸性氧化物中有环烷酸、脂肪酸和酚类,总称石油酸。中性氧化物有醛、酮和酯类,它们在石油中含量极少。含氧化合物中以环烷酸和酚类最重要,特别是环烷酸,约占石油酸总量的90%,而且在石油中的分布也很特殊,主要集中在中间馏分中(沸程约为250~400℃),而在低沸馏分或高沸馏分中含量都比较低。

纯的环烷酸是一种油状液体,有特殊的臭味,具有腐蚀性,对油品使用性能有不良影响。但是环烷酸却是非常有用的化工产品或化工原料,常用作防腐剂、杀虫杀菌剂、农用助长剂、洗涤剂、颜料添加剂等。

酚类也有强烈的气味，具有腐蚀性。但可作为消毒剂，还是合成纤维、医药、染料、炸药等的原料。

油品中的含氧化合物在精制时必须除去。

（四）胶状沥青状物质

石油中的非烃化合物，大部分以胶状沥青状物质（即胶质沥青质）存在，都是由碳、氢、硫、氮、氧以及一些金属元素组成的多环复杂化合物。它们在石油中的含量相当可观，从百分之几到几十，绝大部分存在于石油的减压渣油中。

胶质和沥青质的组成和分子结构都很复杂，两者有差别，但并没有严格的界限。胶质一般能溶于石油醚（低沸点烷烃）及苯，也能溶于一切石油馏分。胶质有很强的着色力，油品的颜色主要来自胶质。胶质受热或在常温下氧化可以转化为沥青质。沥青质是暗褐色或深黑色脆性的非晶体固体粉末，不溶于石油醚而溶于苯。胶质和沥青质在高温时易转化为焦炭。

油品中的胶质必须除去，而含有大量胶质沥青质的渣油可用于生产沥青，包括道路沥青、建筑沥青及专用沥青等。沥青是主要的石油产品之一。

从上述介绍可以看出，石油是以烃类有机物为主，还包括一定数量非烃类有机物的复杂混合物。

了解石油的化学组成，再根据石油及其产品的物理性质及实际需要，就可以确定合理的石油加工方案。

第二节　石油及其产品的物理性质

石油及其产品的物理性质是生产和科研中评定油品质量和控制加工过程的主要指标。加工一种原油之前，先要测定它的各种物理性质，如沸点范围（馏分组成）、相对密度、黏度、凝点、闪点、残炭、含硫量等，称为原油的评价实验。根据原油评价才能确定原油的合理加工方案。

石油和油品的物理性质与其化学组成密切相关。由于石油和油品都是复杂的混合物，所以它们的物理性质是所含各种成分的综合表现。与纯化合物的性质有所不同，石油和油品的物理性质往往是条件性的，离开了一定的测定方法、仪器和条件，这些性质也就失去了意义。

石油和油品性质测定方法都规定了不同级别的统一标准，其中有国际标准（简称 ISO）、国家标准（简称 GB）、行业标准（如石化行业标准简称 SH）等。

一、密度和相对密度

在规定温度下，单位体积内所含物质的质量称为密度，单位是 g/cm^3 或 kg/m^3。

我国国家标准 GB/T 1884 规定，20℃时密度为石油和液体石油产品的标准密度，以 ρ_{20} 表示。其他温度下测得的密度用 ρ_t 表示。

油品的密度与规定温度下水的密度之比称为油品的相对密度，用 d 表示，是无量纲的。因4℃时纯水的密度近似为 $1g/cm^3$（3.98℃时水的密度为 $0.99997g/cm^3$），常以4℃的水为比较标准。我国常用的相对密度为 d_4^{20}（即20℃时油品的密度与4℃时水的密度之比）；欧美各国常用的为 $d_{15.6}^{15.6}$，即15.6℃（或60℉）时油品的密度与15.6℃时水的密度之比，并常用 API 度表示液体的相对密度，其关系为：

$$\text{API 度} = 141.5/d_{15.6}^{15.6} - 131.5 \qquad (1-1)$$

由式（1-1）可以看出，API 度与密度成反比关系。因此，与通常密度的概念相反，API度数值愈大，表示密度愈小。

油品的密度与其组成密切相关。同一原油的不同馏分油，随沸点范围升高，密度增大。而对不同原油的同一沸点范围的馏分油，含芳香烃愈多，密度愈大；含烷烃愈多，密度愈小。

密度是评价石油质量的主要指标，通过密度和其他性质可以判断原油的化学组成。

二、蒸气压

在一定温度下，液体与其液面上方蒸气呈平衡状态时，该蒸气所产生的压力称为饱和蒸气压，简称蒸气压。蒸气压愈高，说明液体愈容易汽化。

纯烃和其他纯的液体一样，其蒸气压只随液体温度而变化，温度升高，蒸气压增大。

石油及石油馏分的蒸气压与纯物质有所不同，它不仅与温度有关，而且与汽化率（或液相组成）有关，在温度一定时，汽化量变化会引起蒸气压的变化。

油品的蒸气压通常有两种表示方法：一种是油品质量标准中的雷德（Reid）蒸气压，它是在规定条件（38℃、气相体积与液相体积之比为 4∶1）下测定的；另一种是真实蒸气压，指汽化率为零时的蒸气压。

三、沸点与馏程

纯物质在一定外压下，当加热到某一温度时，其饱和蒸气压等于外界压力，此时液体就会沸腾，此温度称为沸点。在外压一定时，纯化合物的沸点是一个定值。

石油及其馏分或产品都是复杂的混合物，所含各组分的沸点不同，所以在一定外压下，油品的沸点不是一个温度点，而是一个温度范围。

将一定量的油品放入仪器中进行蒸馏，经过加热、汽化、冷凝等过程，油品中低沸点组分易蒸发出来，随着蒸馏温度的不断提高，较多的高沸点组分也相继蒸出。蒸馏时流出第一滴冷凝液时的气相温度称为初馏点，馏出物的体积依次达到 10%、20%、30%、…、90% 时的气相温度分别称为 10% 点（或 10% 馏出温度）、20% 点、30% 点、…、90% 点，蒸馏到最后达到的气体的最高温度称为干点（或终馏点）。从初馏点到干点（或终馏点）这一温度范围称为馏程，在此温度范围内蒸馏出的部分称为馏分。馏分与馏程或蒸馏温度与馏出量之间的关系称为原油或油品的馏分组成。

在生产和科研中常用的馏程测定方法有实沸点蒸馏和恩氏蒸馏，它们的不同在于：前者蒸馏设备较精密，馏出时的气相温度较接近馏出物的沸点，温度与馏出的质量分数呈对应关系；而后者蒸馏设备较简便，蒸馏方法简单，馏程数据容易得到，但馏程并不能代表油品的真实沸点范围。所以，实沸点蒸馏适用于原油评价及制定产品的切割方案，恩氏蒸馏馏程常用于生产控制、产品质量标准及工艺计算，例如馏程是汽油、喷气燃料、柴油、灯用煤油、溶剂油等的重要质量指标。

四、特性因数

特性因数（K）是反映石油或石油馏分化学组成特性的一种特性数据，应用极为普遍。

特性因数的定义为：

$$K = 1.216T^{1/3}/d_{15.6}^{15.6} \qquad (1-2)$$

式中　T——烃类的沸点、石油或石油馏分的立方平均沸点或中平均沸点，K。

不同烃类的特性因数是不同的，烷烃的最高，环烷烃的次之，芳香烃的最低。由于石油及其馏分是以烃类为主的复杂混合物，所以也可以用特性因数表示它们的化学组成特性。含烷烃多的石油馏分的特性因数较大，约为12.5~13.0；含芳香烃多的石油馏分的特性因数较小，约为10~11；一般石油的特性因数在9.7~13之间，如我国大庆原油 K 值为12.5，胜利原油 K 值为12.1。

特性因数 K 对原油的分类、确定原油加工方案等是十分有用的。

五、平均相对分子质量

石油是多种化合物的复杂混合物，石油馏分的分子量是其中各组分相对分子质量的平均值，因此称为平均相对分子质量(曾称分子量)。

石油馏分的平均相对分子质量随馏分沸程的升高而增大。汽油的平均相对分子质量约为100~120，煤油为180~200，轻柴油为210~240，低黏度润滑油为300~360，高黏度润滑油为370~500。

平均相对分子质量是炼油工艺过程工艺设计及工艺计算的重要基础物性。

六、黏度

黏度是评价原油及其产品流动性能的重要指标，是喷气燃料、柴油、重油和润滑油的重要质量标准之一，特别是对各种润滑油的分级、质量鉴别和用途具有决定意义。黏度对油品流动和输送时的流量和压力降也有重要影响。

黏度是表示液体流动时分子间摩擦而产生阻力的大小。黏稠的液体比稀薄的液体流动得慢，因为黏稠液体在流动时产生的分子间的摩擦力较大。黏度的大小随液体组成、温度和压力不同而异。

黏度的表示方法有动力黏度、运动黏度及恩氏黏度等。国际标准化组织(ISO)规定统一采用运动黏度。

动力黏度是表示液体在一定剪切应力下流动时内摩擦力的量度，其值为所加于流动液体的剪切应力和剪切速率之比。在我国法定单位制中以 Pa·s 表示，习惯上用 cP 为单位。$1cP = 10^{-3}Pa \cdot s = 1mPa \cdot s$。

运动黏度是表示液体在重力作用下流动时内摩擦力的量度，其值为相同温度下液体的动力黏度与其密度之比，在 SI 制中以 mm^2/s 表示。在过去所用的 c.g.s 制中运动黏度单位是斯(或称泡，Stoke)，其百分之一为厘斯(或厘泡，cSt)。目前常用单位是 mm^2/s，两者的关系是：

$$1cSt = 1mm^2/s$$

恩氏黏度是条件性黏度，常用于表示油品的黏度。恩氏黏度是在规定条件下，测定油品从特定仪器中流出 200mL 所需时间(s)与20℃时流出 200mL 蒸馏水所需时间(s)的比值，以°E 来表示。

石油及其馏分或产品的黏度随其组成不同而异。含烷烃多(特性因数大)的石油馏分黏度较小，含环状烃多(特性因数小)的石油馏分黏度较大。一般来说，石油馏分愈重、沸点愈高，则其黏度愈大。

温度对油品黏度影响很大。温度升高，液体油品的黏度减小，而油蒸气的黏度增大。

油品黏度随温度变化的性质称为黏温性质。黏温性质好的油品，其黏度随温度变化的幅度较小。黏温性是润滑油的重要指标之一，为了使润滑油在温度变化的条件下仍能保证润滑作用，因而要求润滑油必须具有良好的黏温性质。

油品的黏温性质常用两种方法表示，即黏度比和黏度指数(VI)。

黏度比最常用的是 50℃ 与 100℃ 运动黏度的比值，也有用 -20℃ 与 50℃ 运动黏度的比值，分别表示为 $\nu_{50℃}/\nu_{100℃}$ 和 $\nu_{-20℃}/\nu_{50℃}$。显然，油品的黏度比愈小，其黏温性愈好。

黏度指数是世界各国表示润滑油黏温性质的通用指标，也是 ISO 标准。油品的黏度指数愈高，则黏温性质愈好。

油品的黏温性质是由其化学组成所决定的。各种不同烃类中，以正构烷烃的黏温性最好，环烷烃次之，芳香烃的黏温性最差。烃类分子中环状结构越多，黏温性越差，侧链越长，则黏温性越好。

七、低温性能

燃料和润滑油通常需要在冬季、室外、高空等低温条件下使用，所以油品在低温时的流动性是评价油品使用性能的重要项目，原油和油品的低温流动性对输送也有重要意义。油品低温流动性能包括浊点、冰点、结晶点、倾点、凝点和冷滤点等，它们都是使用特定仪器在规定条件下测定的。

油品在低温下失去流动性的原因有两种：一种是对于含蜡很少或不含蜡的油品，随着温度降低，油品黏度迅速增大，当黏度增大到某一程度，油品就变成无定形的黏稠状物质而失去流动性，即所谓"黏温凝固"。另一种原因是对含蜡油品而言，油品中的固体蜡当温度适当时可溶解于油中，随着温度的降低，油中的蜡就会逐渐结晶出来，当温度进一步下降时，结晶大量析出，并连结成网状结构的结晶骨架，蜡的结晶骨架把此温度下还处于液态的油品包在其中，致使整个油品失去流动性，即所谓"结构凝固"。

浊点是在规定条件下，清晰的液体油品由于出现蜡的微晶粒而呈雾状或浑浊时的最高温度。若油品继续冷却，直到油中出现肉眼能看得到的晶体，此时的温度就是结晶点。油品中出现结晶后，若再使其升温，使原来形成的烃类结晶刚好消失时的最低温度称为冰点。同一油品的冰点比结晶点稍高 1~3℃。

浊点是灯用煤油和 DMX 船用燃料油的重要质量指标，而结晶点和冰点是航空汽油和喷气燃料的重要质量指标。

纯化合物在一定温度和压力下有固定的凝点，而且与熔点数值相同。而油品是一种复杂的混合物，它没有固定的"凝点"。所谓油品的"凝点"，是指在规定条件下测得的油品刚刚失去流动性时的最高温度，完全是有条件性的。

倾点是在标准条件下，被冷却的油品能流动的最低温度。冷滤点是表示柴油在低温下堵塞滤网可能性的指标，是按照 SH/T 0248—2006 规定的测定条件，当油品通过滤器的流量每分钟不足 20mL 时的最高温度。因冷滤点测定的条件近似于使用条件，故可以用来粗略判断柴油可能使用的最低温度。

倾点是船用燃料油的重要质量指标，冷滤点和凝点是柴油低温性能的质量指标。

油品的低温流动性与其化学组成有密切关系。油品的沸点愈高，特性因数愈大或含蜡量愈多或低温下的黏度愈大，其倾点或凝点就愈高，低温流动性愈差。

八、闪点、燃点和自燃点

油品是易着火的物质。油品蒸气与空气的混合气在一定的浓度范围内遇到明火就会发生闪火或爆炸。混合气中油气的浓度低于这一范围，则油气浓度不足；而高于这一范围，则空气不足，两种情况下均不能发生闪火爆炸，因此，这一浓度范围就称为爆炸范围或爆炸极限。油气的下限浓度称为爆炸下限，上限浓度称为爆炸上限。

闪点是在规定条件下，加热油品所逸出的蒸气和空气组成的混合物与火焰接触发生瞬间闪火时的最低温度。

由于测定仪器和条件的不同，油品的闪点又分为闭口闪点和开口闪点两种，两者的数值是不同的。通常轻质油品测定其闭口闪点，重质油和润滑油多测定其开口闪点。

石油馏分的沸点愈低，其闪点也愈低。汽油的闪点约为-50~30℃，煤油的闪点为28~60℃，润滑油的闪点为130~325℃。闪点可作为判断油品中是否混入轻组分的重要依据。

燃点是在规定条件下，当火焰靠近油品表面的油气和空气混合物时发生闪火并能持续燃烧至少5s以上时的最低温度。

测定闪点和燃点时，需要用外部火源引燃。如果预先将油品加热到很高的温度，然后使之与空气接触，则无需引火，油品因剧烈的氧化而产生火焰自行燃烧，称为油品的自燃。发生自燃的最低温度称为油品的自燃点。

闪点和燃点与烃类的蒸发性能有关，而自燃点却与其氧化性能有关。所以，油品的闪点、燃点和自燃点与其化学组成有关。油品的沸点越低，其闪点和燃点越低，而自燃点越高。因芳香烃比烷烃稳定，故烷烃的自燃点低，但烷烃的闪点却比黏度相同而含环烷烃和芳香烃较多的油品高。因此，含烷烃多的油品，其自燃点低，但闪点高。

闪点、燃点和自燃点对油品的储存、使用和安全生产都有重要意义，是油品安全保管、输送的重要指标，在储运过程中要避免火源与高温。

九、油品的其他物理性质

（一）热性质

1. 比热容

单位质量的物质温度升高1℃（或K）所需要的热量称为比热容，单位是 $kJ/(kg \cdot K)$ 或 $kJ/(kg \cdot ℃)$。

油品的比热随密度增加而减小，随温度升高而增大。

2. 汽化潜热

在常压沸点下，单位质量的物质由液态转化为气态所需要的热量称为汽化潜热，单位是 kJ/kg。

汽油的汽化潜热约为290~315kJ/kg，煤油的为250~270kJ/kg，柴油的为230~250kJ/kg，润滑油的为190~230kJ/kg。

3. 焓

热力学函数之一。焓的绝对值是不能测定的，但可测定过程始态焓和终态焓的变化值。为了方便起见，人为地规定某个状态下的焓值为零，该状态称为基准状态。物质从基准状态变化到指定状态时发生的焓变称为物质在该状态下的焓值，单位是 kJ/kg。

油品的焓与其化学组成有关。在相同温度下，油品的密度越小，特性因数越大，其焓值越高。

（二）折射率（折光率）

严格地讲，光在真空中的速度（2.9986×10^3 m/s）与光在物质中速度之比称为折射率，以 n 表示。通常用的折射率数据是光在空气中的速度与被空气饱和的物质中速度之比。

折射率的大小与光的波长、被光透过物质的化学组成以及密度、温度和压力有关。在其他条件相同的情况下，烷烃的折射率最低，芳香烃的最高，烯烃和环烷烃的介于它们之间。对环烷烃和芳香烃，分子中环数愈多则折射率愈高。

常用的折射率是 n_D^{20}，即温度为 20℃、常压下钠的 D 线（波长为 589.3nm）的折射率。

油品的折射率常用于测定油品的烃类族组成，炼油厂的中间控制分析也采用折射率来求定残炭值。

（三）含硫量

如前所述，石油中的硫化物对石油加工及石油产品的使用性能影响很大。因此，含硫量是评价石油性质及产品质量的一项重要指标，也是选择石油加工方案的重要依据。含硫量的测定方法有多种，如硫醇硫含量、硫含量（即总硫含量）、腐蚀等定量或定性方法，通常，含硫量是指油品中含硫元素的质量分数。

（四）胶质、沥青质和蜡含量

原油中的胶质、沥青质和蜡含量对原油输送影响很大，特别是制定高含蜡易凝原油的加热输送方案时，胶质与含蜡量之间的比例关系会显著影响热处理温度和热处理的效果。这三种物质的含量对制定原油的加工方案也至关重要。因此，通常需要测定原油中胶质、沥青质和蜡含量，均以质量分数表示。

（五）残炭

用特定的仪器，在规定的条件下，将油品在不通空气的情况下加热至高温，此时油品中的烃类即发生蒸发和分解反应，最终成为焦炭。此焦炭占试验用油的质量分数，叫做油品的残炭或残炭值。

残炭与油品的化学组成有关。生成焦炭的主要物质是沥青质、胶质和芳香烃，在芳香烃中又以稠环芳香烃的残炭最高。所以石油的残炭在一定程度上反映了其中沥青质、胶质和稠环芳香烃的含量。这对于选择石油加工方案有一定的参考意义。此外，因为残炭的大小能够直接地表明油品在使用中积炭的倾向和结焦的多少，所以残炭还是润滑油和燃料油等重质油以及二次加工原料的质量指标。

在表 1-2 中列举了我国几种原油的性质。

表 1-2　我国几种原油的性质

原　　油	大庆	胜利	孤东	辽河	江汉	中原	新疆南疆
取样年份	1999	2001	1999	1999	2005	1999	2002
API 度	31.29	23.67	19.06	19.42	31.63	31.7	32.7
密度/(g/cm³)							
20℃	0.8650	0.9079	0.9360	0.9338	0.8637	0.8636	0.8576
50℃	—	—	—	—	—	—	—
运动黏度/(mm²/s)							
50℃	25.42	83.29	221.07	509.4	21.59	16.72	12.78
70℃	—	25.66(80℃)	48.35(80℃)	44.02(100℃)	—	7.74(80℃)	—
凝点/℃	25	20		3	30	23	−8

原　　油	大　庆	胜　利	孤　东	辽　河	江　汉	中　原	新疆南疆
蜡含量/%(质)	16.54	16.48	7.17	7.5	19.56	15.3	4.92
沥青质/%(质)	0.38	1.07	0.39	0.68	0.34	13.0	2.64
胶质/%(质)	6.75	9.93	16.72	17.86	12.19	(沥+胶)	1.66
残炭/%(质)	3.64	6.77	6.41	8.98	—	5.1	—
灰分/%(质)	0.006	0.006	—	0.052	0.008	0.04	—
元素组成							
碳/%(质)	—	—	—	—	85.55	85.0	—
氢/%(质)	—	—	—	—	12.58	12.9	—
硫/%(质)	0.15	0.855	0.32	0.20	1.169	0.74	0.74
氮/%(质)	0.139	0.346	0.38	0.47	0.298	0.38	0.15
镍/(μg/g)	5.19	15.05	14.9	46.58		3.3	
钒/(μg/g)	0.038	—	0.8	0.17			—
馏程							
初馏点/℃	—	105	—	—	—	112	61
馏出率/%(体)							
100℃	—	—	—	—	3.4	—	4.0
120℃	4.7	1.30	0.4	1.3	5.8	0.6	6.7
140℃	5.8	2.50	0.8	1.7	8.1	1.9	10.0
160℃	7.3	3.75	1.8	2.3	10.9	4.4	13.0
180℃	8.9	5.00	2.4	3.1	13.2	6.9	16.5
200℃	10.9	6.15	2.8	4.3	16.2	9.4	20.0
220℃	13.1	7.50	3.7	5.7	19.8	12.5	23.0
240℃	15.4	9.30	5.1	7.5	23.2	15.6	26.0
260℃	18.0	11.25	7.0	9.6	27.0	18.8	29.0
280℃	20.6	12.50	9.4	12.1	31.1	23.1	33.0
300℃	23.4	13.75	12.2	14.7	36.4	29.4	37.0

第二章　石油产品的使用要求和规格指标

从石油中可生产出千余种产品，根据石油产品的特征和用途，并依现行国家标准 GB 498—2014 可以分为以下五大类：燃料（F），溶剂和化工原料（S），润滑剂、工业润滑油和有关产品（L），蜡（W）和沥青（B）。取消了石油焦（C）类产品，与国际标准相一致。

从数量上看，燃料占石油产品的 80% 左右甚至更多，其用量最大，其中又以发动机燃料为主要产品。而润滑剂仅占石油产品的 5% 左右，但其品种和类别却极其繁多。

第一节　燃　　料

液体燃料与固体燃料相比较，具有热值高（石油产品热值为 40000~48000kJ/kg，煤的热值为 25000~33500kJ/kg）、灰分少、对环境污染小及输送使用方便等优点，因而广泛用于国民经济各个部门。不仅对液体燃料（特别是发动机燃料）的数量要求日益增加，而且对燃料质量也提出了更高的要求。提高燃料的质量，可以提高发动机的效率，延长设备使用年限，降低燃料消耗，减少废气对环境的污染。

一、汽油

汽油主要用于汽油发动机（简称汽油机），是小轿车、摩托车、载重汽车、快艇、小型发电机和螺旋桨式飞机等的燃料。

目前国产车用汽油有 89、92、95、98 等几种牌号，主要的质量要求有以下四个方面。

（一）有良好的蒸发性

馏程和蒸气压是评价汽油蒸发性能的主要指标。

汽油的馏程用恩氏蒸馏装置（图 2-1）进行测定。要求测出汽油的初馏点、10%、50%、90% 馏出温度和干点或终馏点，各点温度与汽油使用性能关系十分密切。

汽油的初馏点和 10% 馏出温度反映汽油的启动性能，此温度过高，发动机不易启动；50% 馏出温度反映发动机的加速性和平衡性，此温度过高，发动机不易加速，当行驶中需要加大油门时，汽油就会来不及完全燃烧，致使发动机不能发出应有的功率；90% 馏出温度和干点反映汽油在气缸中蒸发的完全程度，这个温度过高，说明汽油中重组分过多，使汽油汽化燃烧不完全。这不仅增大了汽油耗量，使发动机功率下降，而且会造成燃烧室中结焦和积炭，影响发动机正常工作，另外还会稀释、冲掉气缸壁上的润滑油，增加机件的磨损。

汽油的蒸气压也称饱和蒸气压，是指汽油在某一温度下形成饱和蒸气所具有的最高压力，

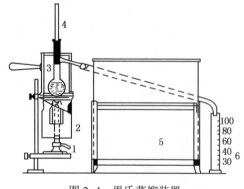

图 2-1　恩氏蒸馏装置

1—喷灯；2—挡风板；3—蒸馏瓶；
4—温度计；5—冷凝器；6—接受器

需要在规定仪器中进行测定，汽油标准中规定了其最高值。汽油的蒸气压过大，说明汽油中轻组分太多，在输油管路中就会蒸发，形成气阻，中断正常供油，致使发动机停止运行。

（二）有良好的抗爆性

抗爆性表明汽油在汽缸中的一种燃烧性能，是汽油的重要使用性能之一。

汽油机的热功效率与它的压缩比直接有关。所谓压缩比是指活塞移动到下死点时汽缸的容积与活塞移动到上死点时汽缸容积的比值。压缩比大，发动机的效率和经济性就好，但要求汽油有良好的抗爆性。抗爆性差的汽油在压缩比高的发动机中燃烧，则出现汽缸壁温度猛烈升高，发出金属敲击声，排出大量黑烟，发动机功率下降，耗油增加，即发生所谓爆震燃烧。所以，汽油机的压缩比与燃料的抗爆性要匹配，压缩比高，燃料的抗爆性就要好。

汽油机产生爆震的原因主要有两个：一是与燃料性质有关，如果燃料很容易氧化，形成的过氧化物不易分解，自燃点低，就很容易产生爆震现象。二是与发动机工作条件有关，如果发动机的压缩比过大，气缸壁温度过高，或操作不当，都易引起爆震现象。

汽油的抗爆性用辛烷值表示。汽油的辛烷值越高，其抗爆性越好。辛烷值分为马达法和研究法两种。马达法辛烷值（MON）表示重负荷、高转速时汽油的抗爆性；研究法辛烷值（RON）表示低转速时汽油的抗爆性。同一汽油的 MON 低于 RON。除此之外，一些国家还采用抗爆指数来表示汽油的抗爆性，抗爆指数等于 MON 和 RON 的平均值。根据国家标准 GB 17930—2016，我国车用汽油的商品牌号是以研究法辛烷值划分为 89 号、92 号、95 号、98 号汽油。

在测定车用汽油的辛烷值时，人为选择两种烃做标准物：一种是异辛烷（2，2，4-三甲基戊烷），它的抗爆性好，规定其辛烷值为 100；另一种是正庚烷，它的抗爆性差，规定其辛烷值为 0。在相同的发动机工作条件下，如果某汽油的抗爆性与含 92%异辛烷和 8%正庚烷的基准参比燃料调和油的抗爆性相同，则该汽油的研究法辛烷值即为 92。而对于辛烷值大于 100 的汽油辛烷值测定，使用的标准参比燃料调和油发生了变化，即由在每升参比燃料异辛烷中加入若干毫升标准稀释的乙基液组成，根据产生相同爆震程度时需加入异辛烷中的四乙基铅的毫升数，可查表确定试样汽油的辛烷值。汽油的辛烷值需在专门的仪器中测定，具体方法可参见 GB/T 5487。

汽油的抗爆性与其化学组成和馏分组成有关。在各类烃中，正构烷烃的辛烷值最低，环烷、烯烃次之，高度分支的异构烷烃和芳香烃的辛烷值最高。各族烃类的辛烷值随分子量增大、沸点升高而减小。

不同压缩比的汽油机应选用不同牌号的汽油。汽油机的压缩比越高，对汽油辛烷值的要求越高。汽油机压缩比与所要求汽油辛烷值的关系见表 2-1。

表 2-1　不同压缩比汽油机对汽油辛烷值的要求

汽油机的压缩比	<9.5	9.5~10.0	10.0~10.5	>10.5
所用汽油的最低辛烷值(RON)	89	92	92 或 95	95 或 98

提高汽油辛烷值的途径有以下几种：

（1）改变汽油的化学组成，增加异构烷烃和芳香烃的含量。这是提高汽油辛烷值的根本方法，可以通过采用生产高辛烷值汽油的工艺技术，如催化裂化、催化重整、异构化、烷基化、醚化等加工过程来实现。

（2）加入少量提高辛烷值的添加剂，即抗爆剂。抗爆剂主要有烷基铅、甲基环戊二烯三

13

羰基锰(MMT)、甲基叔丁基醚(MTBE)、甲基叔戊基醚、叔丁醇、甲醇、乙醇等。

（3）调入其他的高辛烷值组分，如重整汽油、烷基化汽油、醚类 MTBE、ETBE、TAME 化合物，醇类 CH_3OH、C_2H_5OH 化合物等。其中甲基叔丁基醚(MTBE)不仅单独使用时具有很高的辛烷值（RON 为 117，MON 为 101），在掺入其他汽油中可使其辛烷值大大提高，而且在不改变汽油基本性能的前提下，改善汽油的某些性质。但因发现甲基叔丁基醚(MTBE)对地下水会造成污染，美国已禁止 MTBE 的使用和生产。

（三）有良好的安定性

汽油的安定性一般是指化学安定性，它表明汽油在储存中抵抗氧化的能力。安定性好的汽油储存几年都不会变质，安定性差的汽油储存很短的时间就会变质。

汽油的安定性与其化学组成有关，如果汽油中含有大量的不饱和烃，特别是二烯烃，在贮存和使用过程中，这些不饱和烃极易被氧化，汽油颜色变深，生成黏稠胶状沉淀物即胶质。这些胶状物沉积在发动机的油箱、滤网、汽化器等部位，会堵塞油路，影响供油；沉积在火花塞上的胶质高温下形成积炭而引起短路；沉积在气缸盖、气缸壁上的胶质形成积炭，使传热恶化，引起表面着火或爆震现象。总之，使用安定性差的汽油，会严重破坏发动机的正常工作。

改善汽油安定性的方法通常是在适当精制的基础上添加一些抗氧化添加剂。

在车用汽油的规格指标中用实际胶质（在规定条件下测得的发动机燃料的蒸发残留物）和诱导期（在规定的加速氧化条件下，油品处于稳定状态所经历的时间周期）来评价汽油的安定性。一般地，实际胶质含量越少、诱导期越长，则汽油安定性越好。

（四）无腐蚀性

汽油的腐蚀性说明汽油对金属的腐蚀能力。

汽油的主要组分是烃类，任何烃对金属都无腐蚀作用。但若汽油中含有一些非烃杂质，如硫及含硫化合物、水溶性酸碱、有机酸等，都对金属有腐蚀作用。

评定汽油腐蚀性的指标有酸度、硫含量、铜片腐蚀、水溶性酸碱等。酸度指中和 100mL 油品中酸性物质所需的氢氧化钾(KOH)mg 数，单位为 mgKOH/100mL。铜片腐蚀是用铜片直接测定油品中是否存在活性硫的定性方法。水溶性酸碱是在油品用酸碱精制后，因水洗过程操作不良残留在汽油中的可溶于水的酸性或碱性物质。成品汽油中应不含水溶性酸碱。

国产车用汽油和车用乙醇汽油的质量要求见表 2-2 和表 2-3。

表 2-2　国产车用汽油的质量要求(GB 17930—2016)

项　　目		质　量　标　准		
		车用汽油 V	车用汽油 VIA/VIB[①]	
抗爆性				
研究法辛烷值(RON)	不小于	89	92	95
抗爆指数(RON+MON)/2	不小于	84	87	90
铅含量/(g/L)	不大于	0.005		
馏程				
10%蒸发温度/℃	不高于	70		
50%蒸发温度/℃	不高于	120	110	
90%蒸发温度/℃	不高于	190		
终馏点/℃	不高于	205		
残留量/%(体)	不大于	2.0		

14

项　目		质　量　标　准	
		车用汽油 V	车用汽油 ⅥA／ⅥB①
蒸气压/kPa			
从 11 月 1 日至 4 月 30 日	不大于	45～85	
从 5 月 1 日至 10 月 31 日	不大于	40～65	
未溶剂洗胶质/(mg/100mL)	不大于	30	
溶剂洗胶质/(mg/100mL)	不大于	5	
诱导期/min	不小于	480	
硫含量/(mg/kg)	不大于	10	
硫醇(博士试验)		通过	
铜片腐蚀(50℃，3h)/级	不大于	1	
水溶性酸或碱		无	
机械杂质及水分		无	
苯含量/%(体)	不大于	1.0	0.8
芳烃含量/%(体)	不大于	40	35
烯烃含量/%(体)	不大于	24	18/15
氧含量/%(质)		2.7	
甲醇含量/%(质)		0.3	
锰含量/(g/L)		0.002	
铁含量/(g/L)		0.01	
密度(20℃)/(kg/m³)		720～775	

①2017 年 1 月 1 日开始在全国范围实施车用汽油国 V 质量标准；2019 年 1 月 1 日起全国执行车用汽油ⅥA 质量标准，2023 年 1 月 1 日起全国执行车用汽油ⅥB 质量标准。

表 2-3　车用乙醇汽油(E10)的质量要求(GB 18351—2017)

项　目		质　量　指　标		
		乙醇汽油 V		乙醇汽油 ⅥA／ⅥB①
		E89	E92	E95
抗爆性				
研究法辛烷值(RON)	不小于	89　　92		95
铅含量/(g/L)	不大于	0.005		
馏程				
10%蒸发温度/℃	不高于	70		
50%蒸发温度/℃	不高于	120		110
90%蒸发温度/℃	不高于	190		
终馏点/℃	不高于	205		
残留量/%(体)	不大于	2		
蒸气压/kPa				
从 11 月 1 日至 4 月 30 日	不大于	45～85		
从 5 月 1 日至 10 月 31 日	不大于	40～65		
未溶剂洗胶质/(mg/100mL)	不大于	30		
溶剂洗胶质/(mg/100mL)	不大于	5		

项　　目		质　量　指　标		
		乙醇汽油 V		乙醇汽油 VIA/ VIB①
		E89	E92	E95
诱导期/min	不小于	480		
硫含量/(mg/kg)	不大于	10		
硫醇(博士试验)		通过		
铜片腐蚀(50℃,3h)/级	不大于	1		
水溶性酸或碱		无		
机械杂质		无		
水分/%(质)	不大于	0.20		
苯含量/%(体)	不大于	1.0		0.8
芳烃含量/%(体)	不大于	40		35
烯烃含量/%(体)	不大于	24		18/15
锰含量/(g/L)	不大于	0.002		
铁含量/(g/L)	不大于	0.010		
乙醇含量/%(体)	不大于	10.0±2.0		
其他有机含氧化合物含量/%(质)	不大于	0.5		
密度(20℃)/(kg/m³)		720~775		

① 2017年1月1日开始在全国范围实施车用乙醇汽油(E10)(V)质量标准;2019年1月1日起全国执行车用乙醇汽油 E(10)(VIA)质量标准,2023年1月1日起全国执行车用乙醇汽油 E(10)(VIB)质量标准。

航空活塞式发动机燃料(简称航空汽油)适用于航空活塞式发动机,其对质量的要求与车用相似,但因飞机在高空飞行,工作条件苛刻,所以对航空汽油的质量要求比车用汽油更高。

航空汽油的抗爆性用马达法辛烷值和品度两个指标表示。辛烷值表示飞机在巡航时,发动机在贫混合气(过剩空气系为0.8~1.0)下工作时汽油的抗爆性;品度表示飞机在起飞和爬高飞行时,发动机在富混合气(过剩空气系数为0.6~0.65)下工作时汽油的抗爆性。马达法辛烷值(GB/T 503)和品度(SH/T 0506)的测定方法是不同的。

国产航空汽油是用马达法辛烷值作为商品牌号的,根据马达法辛烷值不同分为75号、UL91号(无铅)、95号、100号和100LL号(低铅)五个牌号。

航空汽油也要求有适当的蒸发性、良好的安定性和抗腐蚀性,同时,还要求具有高的发热值以保证飞机飞行时间长、续航里程远。航空汽油的安定性用实际胶质和碘值来评价。碘值表示汽油中不饱和烃的含量,碘值愈大,汽油中不饱和烃含量愈多,则其安定性愈差。

国产航空汽油的主要质量指标见表2-4。

表2-4　国产航空汽油的质量指标(GB 1787—2018)

项　　目		质　量　指　标		
		75号	95号	100号
马达法辛烷值	不小于	75	95	99.6
品度	不小于	—	130	130
四乙基铅/(g/kg)	不大于	—	3.2	2.4
净热值/(MJ/kg)	不小于	—	43.5	43.5

项　目		质　量　指　标		
		75 号	95 号	100 号
颜色		无色	橙色	绿色
馏程				
初馏点/℃	不低于	40		报告
10%蒸发温度/℃	不高于	80		75
40%蒸发温度/℃	不高于	—		75
50%蒸发温度/℃	不高于	105		105
90%蒸发温度/℃	不高于	145		135
终馏点/℃	不高于	180		170
10%与50%蒸发温度之和/℃	不低于	—		135
残留量/%(体)	不大于	1.5		1.5
损失量/%(体)	不大于	1.5		1.5
饱和蒸气压/kPa		27.0~48.0		38.0~49.0
酸度(以 KOH 计)/(mg/g)	不大于	1.0	1.0	—
冰点/℃	不高于	−58.0		
硫含量/%(质)	不大于	0.05		
氧化安定性(5h 老化)				
潜在胶质/(mg/100mL)	不大于	6		
显见铅沉淀/(mg/100mL)	不大于	—	3	
铜片腐蚀(100℃，2h)/级	不大于	1		
芳烃含量/%(体)	不大于	30	35	—
水反应				
体积变化/mL	不大于	±2		

二、柴油

柴油是压燃式发动机(简称柴油机)的燃料。与汽油机相比，柴油机的热功效率高，燃料比消耗低，比较经济，被视为节能燃料，因而在我国应用很广泛。柴油主要用作载重汽车、大轿车、拖拉机、船舶铁路内燃机车等的动力。

按照柴油机的类别，柴油分为车用柴油和普通柴油。前者用于1000r/min 以上的高速柴油机；后者用于 500~1000r/min 的中速柴油机和小于500r/min 的低速柴油机。由于使用条件的不同，对两种柴油制定了不同的标准，现以车用柴油为例说明其质量指标。

车用柴油按凝点分为 5、0、−10、−20、−35、−50 六个牌号，其主要质量要求如下。

(一) 有良好的燃烧性能

1. 抗爆性(亦称发火性能或着火性能)

柴油机在运转中也会发生类似汽油机的爆震现象，使发动机功率下降，机件损害，但产生爆震的原因与汽油机完全不同。汽油机的爆震是由于燃料太容易氧化，自燃点太低；而柴油机的爆震是由于燃料不易氧化，自燃点太高。因此，汽油机要求自燃点高的燃料，而柴油机要求自燃点低的燃料。

柴油的抗爆性用十六烷值表示。十六烷值高的柴油，表明其抗爆性好。同汽油类似，在测定柴油的十六烷值时，也人为地选择了两种标准物：一种是正十六烷，它的抗爆性好，将其十六烷值定为100；另一种是七甲基壬烷，它的抗爆性差，将其十六烷值定为15。在相同的发动机工作条件下，如果某柴油的抗爆性与含45%正十六烷和55%七甲基壬烷的混合物相同，此柴油的十六烷值按下式计算：

$$CN = 正十六烷的体积分数 + 0.15 \times 七甲基壬烷的体积分数$$

柴油的抗爆性与所含烃类的自燃点有关，自燃点低不易发生爆震。在各类烃中，正构烷烃的自燃点最低，十六烷值最高，烯烃、异构烷烃和环烷烃居中，芳香烃的自燃点最高，十六烷值最低。所以含烷烃多、芳烃少的柴油的抗爆性能好。

各族烃类的十六烷值随分子中碳原子数增加而增高，这也是柴油通常要比汽油分子大（重）的原因之一。

柴油的十六烷值并不是越高越好，如果柴油的十六烷值很高（如60以上），由于自燃点太低，滞燃期太短，容易发生燃烧不完全，产生黑烟，使得耗油量增加，柴油机功率下降。不同转速的柴油机对柴油十六烷值要求不同，两者相应的关系见表2-5。

表2-5　不同转速柴油机对柴油十六烷值的要求

柴油机转速/(r/min)	要求柴油的十六烷值	柴油机转速/(r/min)	要求柴油的十六烷值
<1000	35~40	>1500	45~60
1000~1500	40~45		

2. 蒸发性

柴油的蒸发性能影响其燃烧性能和发动机的启动性能，其重要性不亚于十六烷值。馏分轻的柴油启动性好，易于蒸发和迅速燃烧，但馏分过轻，自燃点高，滞燃期长，会发生爆震现象。馏分过重的柴油，由于蒸发慢，会造成不完全燃烧，燃料消耗量增加。

柴油的蒸发性用馏程和残炭来评定。不同转速的柴油机对柴油馏程要求不同，高转速的柴油机，对柴油馏程要求比较严格。国标中规定了50%、90%和95%的馏出温度。对低转速的柴油机没有严格规定柴油的馏程，只限制了残炭量。

（二）有良好的低温性能

柴油的低温性能对于在露天作业、特别是在低温下工作的柴油机的供油性能有重要影响。当柴油的温度降到一定程度时，其流动性就会变差，可能有冰晶和蜡结晶析出，堵塞过滤器，减少供油，降低发动机功率，严重时会完全中断供油。低温也会给柴油的输送、储存等带来困难。

国产柴油的低温性能主要以凝点来评定，并以此作为柴油的商品牌号，例如0号、-10号轻柴油，分别表示其凝点不高于0℃、-10℃。凝点低表示其低温性能好。国外采用浊点、倾点或冷滤点来表示柴油的低温流动性。通常使用柴油的浊点比使用温度低3~5℃，凝点比环境温度低5~10℃。

柴油的低温性取决于化学组成。馏分越重，其凝点越高。含环烷烃或环烷-芳香烃多的柴油，其浊点和凝点都较低，但其十六烷值也低。含烷烃特别是正构烷烃多的柴油，浊点和凝点都较高，十六烷值也高。因此，从燃烧性能和低温性能上看，有人认为，柴油的理想组分是带一个或两个短烷基侧链的长链异构烷烃，它们具有较低的凝点和足够的十六烷值。

我国大部分原油含蜡量较多，其直馏柴油的凝点一般都较高。改善柴油低温流动性能的主要途径有三种：

① 脱蜡，柴油脱蜡成本高而且收率低，在特殊情况下才采用；

② 调入二次加工柴油；

③ 添加低温流动改进剂。向柴油中加入低温流动改进剂，可防止、延缓石蜡形成网状结构，从而使柴油凝点降低。此种方法较经济且简便，因此采用较多。

（三）有合适的黏度

柴油的供油量、雾化状态、燃烧情况和高压油泵的润滑等都与柴油黏度有关。

柴油黏度过大，油泵抽油效率下降，减少供油量，而且雾化不良，燃烧不完全，耗油增加，发动机功率下降。黏度过小，雾化及蒸发良好，但与空气混合不均匀，同样燃烧不完全，发动机功率下降；作为输送泵和高压油泵的润滑剂，润滑效果变差，造成机件磨损。所以，要求柴油的黏度在合适的范围内。

除了上述几项质量要求外，对柴油也有安定性、腐蚀性等方面的要求，同汽油类似。

表 2-6、表 2-7 分别列出国产车用柴油和普通柴油的主要质量指标。

表 2-6 车用柴油的质量指标（GB 19147—2016）

项　　目		质 量 指 标					
		车用柴油 V			车用柴油 VI		
		5 号	0 号	-10 号	-20 号	-35 号	-50 号
氧化安定性（总不溶物）/（mg/100mL）	不大于	2.5					
硫含量/（mg/kg）	不大于	10					
酸度/（mgKOH/100mL）	不大于	7					
水含量/%（体）	不大于	痕迹					
10%蒸余物残碳/%（质）	不大于	0.3					
灰分/%（质）	不大于	0.01					
铜片腐蚀（50℃，3h）/级	不大于	1					
机械杂质		无					
润滑性							
校正磨痕直径（60℃）/μm	不大于	460					
多环芳烃含量/%（质）	不大于	11			7		
总污染物含量/（mg/kg）	不大于	—			24		
运动黏度（20℃）/（mm²/s）		3.0~8.0		2.5~8.0		1.8~7.0	
凝点/℃	不高于	5	0	-10	-20	-35	-50
冷滤点/℃	不高于	8	4	-5	-14	-29	-44
闪点（闭口杯法）/℃	不低于	60			50	45	
十六烷值	不小于	51			49	47	
十六烷指数	不小于	46			46	43	
馏程							
50%回收温度/℃	不高于	300					
90%回收温度/℃	不高于	355					
95%回收温度/℃	不高于	365					
密度（20℃）/（kg/m³）		810~850（V）	810~845（VI）		790~840		
脂肪酸甲酯/%（体）	不大于	1.0					

表 2-7　国产普通柴油的质量指标（GB 252—2015）

项 目		质量指标					
		5 号	0 号	-10 号	-20 号	-35 号	-50 号
色度/号	不大于	3.5					
氧化安定性(总不溶物)/(mg/100mL)	不大于	2.5					
硫含量/(mg/kg)	不大于	350(2017 年 6 月 30 日以前)　50(2017 年 7 月 1 日以后)　10(2018 年 1 月 1 日开始)					
水分/%(体)	不大于	痕迹					
酸度/(mgKOH/100mL)	不大于	7					
10%蒸余物残碳/%(质)	不大于	0.3					
灰分/%(质)	不大于	0.01					
铜片腐蚀(50℃，3h)/级	不大于	1					
机械杂质		无					
运动黏度(20℃)/(mm²/s)		3.0~8.0			2.5~8.0	1.8~7.0	
凝点/℃	不高于	5	0	-10	-20	-35	-50
冷滤点/℃	不高于	8	4	-5	-14	-29	-44
闪点(闭口杯法)/℃	不低于	55				45	
着火性(应满足下列要求之一)							
十六烷值	不小于	45					
十六烷指数	不小于	43					
馏程							
50%回收温度/℃	不高于	300					
90%回收温度/℃	不高于	355					
95%回收温度/℃	不高于	365					
密度(20℃)/(kg/m³)		实测					
润滑性							
校正磨痕直径(60℃)/μm	不大于	460					
脂肪酸甲酯/%(体)	不大于	1.0					

　　柴油中除了普通柴油、车用柴油外，还有农用柴油，主要用于拖拉机和排灌机械，质量要求较低；一些专用柴油，如军用柴油，要求其具有很低的凝点，如-35℃、-50℃以下等。

三、喷气燃料

　　喷气燃料(又称航空煤油，简称航煤)是喷气式发动机的燃料。与活塞式发动机(用航空汽油)相比，喷气发动机具有飞行速度大及飞行高度高的显著特点，而用热效率高、耗油少、燃料成本低及来源广泛等，在军用和民用上都得到了广泛的应用，使喷气燃料的消耗量迅速增加。

根据喷气发动机的工作特点，对喷气燃料主要有以下几个质量要求。

（一）良好的燃烧性能

喷气发动机是在高空中长时间工作的，要求燃料能够连续进行雾化、蒸发，迅速、平稳、完全地燃烧，积炭少。与此有关的性质如下。

1. 热值和密度

喷气式飞机的速度快，续航里程远，发动机功率大，但油箱体积有限，所以要求燃料具有较高的热值。

热值是指单位质量或体积燃料完全燃烧所放出的热量，分为质量热值(kJ/kg)和体积热值(kJ/m^3)两种。喷气燃料的质量热值愈高，耗油率愈小；燃料的体积热值愈高，油箱中装油数量多，飞机的航程愈远。

喷气燃料的热值与其化学组成和馏分组成有关。含氢多的燃料质量热值就高，而密度大的燃料其体积热值较高。所以，在各类烃中，质量热值的大小顺序为：烷烃>环烷烃>芳香烃。而密度和体积热值与上正相反，芳香烃>环烷烃>烷烃。在同一类烃中，异构程度增加，质量热值一般保持不变，但密度却有所增加。此外，对同一族烃，随着沸点的升高，密度增加，体积热值增加，但质量热值却减少。因此，综合考虑质量热值和体积热值，喷气燃料的理想组分是带侧链的环烷烃和异构烷烃，馏分组成是煤油型的。在国产喷气燃料的质量标准中同时规定了重量热值和密度。

2. 雾化和蒸发性能

喷气发动机中燃料的雾化对燃烧的完全程度有重大影响。与雾化性能直接有关的是燃料的黏度。黏度过大，喷入发动机的油滴大，喷射角小而射程远，雾化不良，燃料不完全、不平稳，使发动机功率下降；黏度过小，喷油的角度大而射程近，燃料的火焰短而宽，易引起局部过热。所以在国家标准中对喷气燃料的黏度有一定的要求。

燃料的蒸发性能对燃料的启动性、燃烧完全程度和蒸发损失影响很大。蒸发性能好的燃料，与空气迅速形成均匀的混合气，燃烧完全，耗油少，容易启动。如果燃料过重蒸发性能差，未蒸发的燃料受热分解形成积炭。在各类烃中，烷烃的燃烧完全程度最好，环烷烃次之，芳香烃的最差；环数愈多，燃烧愈不完全。所以要限制喷气燃料中芳香烃尤其是双环芳香烃的含量。煤油型的喷气燃料用馏程的10%馏出温度表示蒸发的难易程度，用90%点控制重组分含量。宽馏分型的喷气燃料同时还用饱和蒸气压控制其蒸发性。

3. 积炭性能

喷气燃料在燃烧过程中生成积炭，会造成一系列不良后果：电火花器上的积炭会导致点不着火；燃烧室壁上的积炭会使热传导恶化，局部过热，筒壁变形，甚至破裂等。所以要求喷气燃料在正常燃烧时生成积炭的倾向应尽可能小。

燃料的积炭性能与其组成密切相关。各族烃中，芳香烃特别是双环芳香烃形成积炭的倾向最大。因此在国产喷气燃料的规格标准中规定双环芳香烃(萘系烃)含量不能大于3%。此外，馏分变重、不饱和烃含量增加、胶质含量高或含硫化合物的存在，都会使生成积炭的倾向增大。

喷气燃料的积炭性能用烟点(无烟火焰高度)和辉光值表示：

烟点是在规定条件下，油品在标准灯中燃烧时，不冒烟火焰的最大高度，单位是 mm。

烟点愈高，燃料生成积炭的倾向愈小。含芳烃低的燃料烟点高，积炭可能性小。国家标准规定喷气燃料的烟点不得小于25mm。

辉光值表示燃料燃烧时火焰的辐射强度。辉光值愈高，火焰辐射强度愈小，燃烧愈完全。各类烃辉光值的大小依次为：烷烃/单环环烷>双环环烷>芳香烃。

（二）良好的低温性能

喷气式飞机大多在10000m以上的空中飞行，气温低达-50℃以下，因此要求喷气燃料具有较低的结晶点(或冰点)，否则，结晶的析出会堵塞滤清器和油路，影响正常供油，严重时中断供油，引起飞行事故。

燃料的低温性能或结晶点与其化学组成和含水量有关。各类烃中，正构烷烃和芳香烃的结晶点较高，环烷烃和烯烃的较低。同族烃中，随沸点升高，结晶点增高。如燃料中熔解有水，低温时水结成冰，也会使燃料的低温性能变坏。芳香烃特别是苯对水的溶解度最大，环烷烃次之，烷烃最小。所以从降低结晶点的角度，也需要限制喷气燃料中芳香烃的含量。国家标准中规定芳香烃含量不能大于20%。

改善喷气燃料的低温性能的方法有：热空气加热燃料和过滤器，加入防冰添加剂等。

（三）良好的润滑性能

喷气发动机的高压燃料油泵是以燃料本身作为润滑剂的，燃料还作为冷却剂带走摩擦产生的热量。因此要求喷气燃料具有良好的润滑性能。

喷气燃料的润滑性能取决于其化学组成，烃类中以单环或多环环烷烃的润滑性能最好。此外，直馏喷气燃料中某些微量的极性非烃化合物，如环烷酸、酚类以及某些含硫和含氧化合物，它们具有较强的极性，容易吸附在金属表面上，降低了金属间的摩擦和磨损，具有良好的润滑性能。但同时这些非烃化合物也影响了喷气燃料的燃料性和安定性等，因此常采用精制的方法将它们除去。

改善喷气燃料润滑性能的途径主要是加入少量抗摩添加剂或调入一定量的直馏喷气燃料组分等。

（四）良好的防静电性

喷气发动机的耗油量很大，每小时达几吨到几十吨。为节省时间，机场采用高速加油。在高速输油时，燃料与管壁、注油设备等剧烈摩擦产生静电。所以从安全角度考虑，喷气燃料应具有良好的防静电性。

由于燃料本身的导电率较低，需要提高喷气燃料的导电性，常采用的方法是添加很少量的防静电添加剂。

除此之外，还要求喷气燃料有良好的安定性及洁净度、不腐蚀金属等。

国产喷气燃料有六个品种，代号分别为RP-1、RP-2、RP-3、RP-4、RP-5和RP-6。"R"代表燃料类，"P"代表喷气燃料，它们的主要质量指标见表2-8。RP-1、RP-2和RP-3为煤油型，其馏程约为140~260℃，用于高速大型飞机，特别是RP-3主要用于国际民航和外贸出口，RP-1和RP-2现已停产；RP-4、RP-5和RP-6为军用燃料，RP-4是宽馏分型，馏程约为60~280℃，主要用于亚音速飞机，国内目前仅作为备用燃料；RP-5是重煤油型、高闪点喷气燃料，主要用于海军舰载飞机；RP-6是重煤油型、大密度型喷气燃料，由于受加工成本限制，其产量较低，只能作为特殊喷气燃料使用。

表 2-8 国产喷气燃料的主要质量指标①

项　　目		喷 气 燃 料		
		3 号	5 号(普通型)	6 号
颜色	不小于	+25	报告	
密度(20℃)/(kg/m³)	不小于	775~830	782~842	835
馏程				
初馏点/℃	不高于	报告	报告	195
10%馏出温度/℃	不高于	205	205	220
20%馏出温度/℃	不高于	报告	报告	—
50%馏出温度/℃	不高于	232	报告	255
90%馏出温度/℃	不高于	报告	报告	290
98%馏出温度/℃	不高于	—	—	315
终馏点/℃	不高于	300	300	
残留量/%(体)	不大于	1.5	1.5	—
损失量/%(体)	不大于	1.5	1.5	—
闪点(闭口)/℃	不低于	38	60	60
运动黏度/(mm²/s)				
20℃	不小于	1.25	—	4.5
-20℃	不大于	8.0	8.5	—
-40℃	不大于	—	—	60
冰点/℃	不高于	-47	-46	-47
碘值/(gI/100g)	不大于	—	—	0.8
酸度/(mgKOH/100mL)	不大于	—	—	0.5
总酸值/(mgKOH/g)	不大于	0.015	0.015	
芳烃含量/%(体)	不大于	20.0	25.0	10(质)
烯烃含量/%(体)	不大于	5.0	5.0	
总硫含量/%	不大于	0.20	0.40	0.05
硫醇性硫含量/%	不大于	0.0020	0.0020	0.001
铜片腐蚀(100℃,2h)/级	不大于	1	1	1
银片腐蚀(50℃,4h)/级	不大于	1	1	—
燃烧性能(需满足下列要求之一)②				
烟点/mm	不小于	25.0	19.0	20
萘系烃含量(烟点最小为20mm时)/%(体)	不大于	3.0		0.5
辉光值	不小于	—		45
净热值/(MJ/kg)	不小于	42.8	42.6	42.9
实际胶质/(mg/100mL)	不大于	7.0	7.0	4.0
灰分/%(质)	不大于	—	—	0.003
水反应				
体积变化/mL	不大于	—		1.0
界面情况/级	不大于	1b	1b	1b
分离程度/级	不大于	2		
固体颗粒污染物含量/(mg/L)	不大于	1.0	1.0	报告
电导率(20℃)/(pS/m)		50~600		
磨痕直径 WSD/mm	不大于	0.65		

　①此表选自 GB 6537—2018、GJB 560A—1988、GJB 1603—1993。

　②对于 6 号喷气燃料,燃烧性能三条指标需全部满足。

四、燃料油

燃料油(又叫重油)主要用作船舶锅炉、冶金炉、加热炉和其他工业炉燃料,一般是由直馏渣油和裂化残油等制成的。所以燃料油的组成特点是含有大量的非烃化合物,胶质、沥青质多,而且黏度大。

各种锅炉和工业炉的燃料系统工作过程大体相同,即抽油、过滤、预热、喷入炉膛和燃烧等。所以对燃料油的质量要求不像对内燃机燃料那样严格。主要质量要求有黏度、闪点、凝点、硫含量等。

黏度是燃料油最重要的质量指标,它直接影响着油泵、喷油嘴的工作效率和燃料消耗量。黏度适宜,在一定的预热温度和合适的喷嘴条件下喷油状况好,雾化良好,燃烧完全,热效率高。不同类型的喷嘴使用不同黏度的燃料油。

燃料油的闪点主要是用来评定安全防火性能。为了避免火灾,燃料油的预热温度不要过高,燃料油的闪点要符合要求。

燃料油的凝点是保证贮运和使用中流动性的指标,可以作为燃料油在不预热情况下能够输送温度的参考。

含硫量是评定燃料油在使用过程中对金属设备腐蚀性能的指标。为了防止金属设备被腐蚀,还应保证燃烧废气排出温度不低于其露点温度。除腐蚀金属设备外,含硫燃料油的燃烧废气排入大气,会污染环境,影响人体健康,所以要求燃料油的硫含量不得大于 0.5%。

国产燃料油按照 SH/T 0356—1996 分为 1 号、2 号、4 号轻、4 号、5 号轻、5 号重、6 号和 7 号等 8 个牌号;船用燃料油按照 GB/T 17411—2015 分为 D 组(馏分燃料)和 R 组(残渣燃料)两大类,其中馏分燃料油分为 DMX(柴油机应急时使用)、DMA、DMZ 和 DMB 等 4 个品种,每一种按照含硫量又可分为Ⅰ、Ⅱ、Ⅲ三个等级;残渣燃料分为 RMA、RMB、RMD、RME、RMG 和 RMK 等 6 个品种,按照硫含量 RMA 和 RMB 类残渣燃料又可分为Ⅰ、Ⅱ、Ⅲ三个等级,其他类则分为Ⅰ、Ⅱ两个等级。D 组和 R 组均根据其 50℃最大运动黏度进行细分。

国产燃料油的主要质量指标见表 2-9,船用燃料油的主要质量指标见表 2-10。

表 2-9　燃料油质量标准[SH 0356—1996(2007)]

项　目		质量指标							
		1 号	2 号	4 号轻	4 号	5 号轻	5 号重	6 号	7 号
运动黏度/(mm²/s)									
40℃	不小于	1.3	1.9	1.9	5.5				
	不大于	2.1	3.4	5.5	24	—			
100℃	不小于	—	—			5	9	15	
	不大于	—	—			8.9	14.9	50	185
闪点(开口)/℃	不低于								130
闪点(闭口)/℃	不低于	38	38	38	55	55	55	60	
倾点/℃	不高于	-18	-6		-6			5	
灰分/℃	不大于	—	—	0.05	0.1	0.15	0.15	—	—
水和沉淀物/%(体)	不大于	0.05	0.05	0.5	0.5	1	1	2	3

项 目		质 量 指 标							
		1号	2号	4号轻	4号	5号轻	5号重	6号	7号
硫含量/%	不大于	0.5	0.5	—	—	—	—	—	—
铜片腐蚀(50℃，3h)/级	不大于	3	3	—	—	—	—	—	—
10%蒸馏物残炭/%(质)	不大于	0.15	0.35						
馏程									
10%回收温度/℃	不高于	215	—	—	—	—	—	—	—
90%回收温度/℃	不低于	—	282	—	—	—	—	—	—
	不高于	288	338	—	—	—	—	—	—
密度(20℃)/(kg/m³)									
	不小于	—	—	872					
	不大于	846	872	—	—	—	—	—	—

表2-10 船用燃料油质量标准(GB 17411—2015)

项 目		质 量 指 标					
		DMA	DMB	RMA 10	RMD 80	RMG 380	RMK 500
运动黏度(mm²/s)							
40℃	不大于	6.000	11.00	—	—	—	—
	不小于	2.000	2.000	—	—	—	—
50℃	不大于	—	—	10.00	80.00	380.0	500.0
密度(满足下列条件之一)/(kg/m³)							
15℃	不大于	890.0	900.0	920.0	975.0	991.0	1010.0
20℃	不大于	886.5	896.5	916.5	971.6	987.6	1006.6
十六烷指数	不小于	40	35	—	—	—	—
碳芳香度指数(CCAI)	不大于	—	—	850	860	870	870
硫含量/%(质)	不大于						
Ⅰ		1.00	1.50	3.50		3.50	
Ⅱ		0.50	0.50	0.50		0.50	
Ⅲ		0.10	0.10	0.10		—	
闪点(闭口)/℃	不低于	60.0	60.0	60.0	60.0	60.0	60.0
酸值(以KOH计)/(mg/g)	不大于	0.5	0.5	2.5	2.5	2.5	2.5
倾点/℃	不高于						
冬季		−6	0	0	30	30	30
夏季		0	6	6	30	30	30

项　目		质量指标					
		DMA	DMB	RMA 10	RMD 80	RMG 380	RMK 500
硫化氢/(mg/kg)	不大于	2.00	2.00	2.00	2.00	2.00	2.00
总沉淀物/%(质)							
热过滤法	不大于	—	0.10	—	—	—	—
老化法	不大于	—	—	0.10	0.10	0.10	0.10
氧化安定性/(mg/100mL)	不大于	2.5	2.5				
10%蒸余物残炭/%(质)	不大于	0.30					
残炭/%(质)	不大于	—	0.30	2.50	14.00	18.00	20.00
水分/%(质)	不大于	—	0.30	0.30	0.50	0.50	0.50
灰分/%(质)	不大于	0.010	0.010	0.040	0.070	0.100	0.150
润滑性							
校正磨痕直径(WS1.4)(60℃)/μm	不大于	520	520	—	—	—	—
钒/(mg/kg)	不大于	—	—	50	150	350	450
钠/(mg/kg)	不大于	—	—	50	100	100	100
铝+硅/(mg/kg)	不大于	—	—	25	40	60	60
净热值/(MJ/kg)	不小于	39.8					

第二节　溶　剂　油

溶剂油是对某些物质起溶解、稀释、洗涤和抽提作用的轻质石油产品，是用石油的直馏馏分油、催化重整抽余油或其他(再加工生产的)馏分油为基础油精制而成，不加任何添加剂。国产溶剂油有三种，即航空洗涤汽油、溶剂油和6号抽提溶剂油。其中，大部分溶剂的馏分都很轻，属于蒸发性很强的易燃品。

一、航空洗涤汽油

航空洗涤汽油主要用于清洗航空发动机中的精密机件，也可用于精密仪器仪表的清洗溶剂。航空洗涤汽油是一种宽馏分的直馏轻汽油，馏程范围是40~180℃，不含裂化馏分和四乙基铅。其主要质量要求是：蒸发性合适、无腐蚀性、清洁等(见表2-11)。

二、溶剂油

在GB 1922—2006中，油漆及清洗用溶剂油按产品馏程分为5个牌号，牌号不同其用途不同。1号为中沸点，主要用作快干型油漆溶剂(或稀释剂)，也可用作毛纺羊毛脱脂剂及精密仪器清洗剂；2号、3号为高沸点，主要用作油漆溶剂(或稀释剂)以及干洗溶剂；4号为高沸点、高闪点，主要用于工作环境要求油漆、除油污及衣物干洗剂闪点较高的场合；5号为煤油型，适用于作金属表面除油污溶剂。同时，根据芳烃含量不同，2号、3号、4号高沸点溶剂油又可分为普通型(8%~22%)、中芳型(2%~8%)和低芳型(0~2%)，1号和5号则只分为中芳型和低芳型两种类型。

部分溶剂油的主要质量指标见表2-11。

表 2-11　某些国产溶剂油的主要质量指标[1]

项　目		航空洗涤汽油	溶剂油 1号	3号	5号	植物油抽提溶剂油	橡胶溶剂（一级品）
馏程							
初馏点/℃	不低于	40	115	150	200	61	80
10%蒸发温度/℃	不高于	80					
50%蒸发温度/℃	不高于	105	130	180			
90%蒸发温度/℃	不高于	145					
110℃馏出量/%	不小于						93
120℃馏出量/%	不小于						98
干点/℃	不高于	180	155	215	300	76	
残留量及损失量/%(体)	不大于	2.5					
残留量/%(体)	不大于		—	1.5	—		1.5
酸度/(mgKOH/100mL)	不大于	1					
铜片腐蚀/级	不大于						
100℃/3h			—	—	1		
50℃/3h		1	1	1		1	
芳香烃含量/%	不大于						3.0
苯含量/%(质)	不大于					0.1	
硫含量/%(质)	不大于	0.05				0.0005	0.020
碘值/(gI/100g)	不大于	10					
实际胶质/(mg/100mL)	不大于	2					
闪点(闭口)/℃	不低于		4	38	65		
密度(20℃)/(kg/m³)	不大于				报告	655~680	730
溴指数	不大于					100	
溴值/(gBr/100g)	不大于		5	5			0.14
色度/号	不小于					+30	
不挥发物/(mg/100mL)	不大于					1.0	

[1]此表选自 SH 0114—1992、GB 1922—2006、GB 16629—2008、SH 0004—1990。

三、植物油抽提溶剂油

植物油抽提溶剂油主要用作植物油浸出工艺中的抽提溶剂。在食品工业上，主要用于天然香料、色素、油脂和其他脂溶性物质的浸出抽提工艺；在工业产品中，主要应用于万能胶、橡胶合成过程中的溶剂。此外，在某些防火材料中也有部分应用。根据使用条件，要求该溶剂油必须对人体无害，能很好地溶解油脂，并方便地与抽提物分离。因此，植物油抽提溶剂油应是石油馏分加氢精制后的产品，不含烯烃，芳香烃很低，硫含量少，有很好的化学稳定性和热稳定性，绝对不含有剧毒的四乙基铅和有致癌作用的稠环化合物，对大豆、花生油、菜籽油等植物油具有很强的溶解能力，用途广泛。其馏程范围是 61~76℃，其他主要质量要求见表 2-11。

第三节　润　滑　油

　　用于机械设备的润滑材料有多种多样，目前广泛应用的是以石油为原料制得的润滑油和润滑脂，其中尤以润滑油的用量为最大。

　　润滑油的主要作用是减轻机械设备在运转时的摩擦，这是因为它能够在两个相对运动的金属面间形成油膜，隔开接触面，使摩擦力较大的固体直接摩擦（即干摩擦）变为摩擦力小的润滑油分子间的摩擦，减轻摩擦表面的磨损，也降低了因摩擦而消耗的功率损失；其次，润滑油还可以带走摩擦所产生的热量，防止机件因摩擦温度升高而发生变形甚至烧坏；再次，润滑油能冲洗掉磨损的金属碎屑以及进入摩擦表面间的灰尘、砂粒等杂质和隔绝腐蚀性气体，有保护金属表面的密封作用和减震作用。所以使用润滑油以后，不仅可以保证机械设备在高负荷或高速度条件下运转，更可以延长设备的使用寿命。

　　为达到上述减摩等性能的要求，需使润滑油在两个摩擦面间能形成油膜，而油膜的形成又与摩擦表面的运动形式、负荷、相对运动速度以及润滑油的性质有关。因此，润滑油除应具有适当的黏度外，还应不易变质、无腐蚀作用，能安全使用等。

　　由于机械设备种类繁多，其结构和使用条件千差万别，对不同机械所用的润滑油也就有不同的质量要求。例如，对于负荷很重、运转速度较慢的机械，由于润滑油在两个摩擦面间不易形成油膜，因此应使用高黏度润滑油。反之，对于负荷很轻、转速快的机械，则润滑油易于在两个摩擦面间形成油膜，所以就不必使用高黏度的润滑油。因为低黏度润滑油分子间摩擦力小，易于流动，其减摩作用更好。

一、润滑油的分类

　　在 GB/T 498—2014（石油产品及润滑剂分类方法和类别的确定）中，将石油产品分为五大类，其中第三类是润滑剂、工业润滑油和有关产品（L 类）。同时在 GB/T 7631.1—2008［润滑剂、工业用油和有关产品（L 类）的分类第一部分：总分组］中，根据润滑剂、工业用油和有关产品的应用场合又将 L 类产品细分成 18 组，其中 15 组我国已制定了相应的国家标准，其组别如下：

A	全损耗系统	N	绝缘液体
C	齿轮	P	风动机具
D	压缩机（包括冷冻机和真空泵）	R	暂时保护防腐蚀
E	内燃机油	T	汽轮机
F	主轴、轴承和有关离合器	Q	热传导液
G	导轨	U	热处理
H	液压系统	X	润滑脂
M	金属加工		

国产工业用润滑油通常用50℃或100℃运动黏度进行分类。为了与国际标准相一致，参照国际标准化组织的黏度分类方法，即工业液体润滑剂 ISO 黏度分级（ISO 3448—1992），我国公布了工业用润滑油新的黏度分类标准。在新的分类标准中，工业用润滑油统一以40℃运动黏度为基础进行分类（参照工业润滑油特体润滑剂 ISO 黏度分类 GB 3141—1994）。

润滑油的品种繁多，对每种润滑油都根据它的使用条件制定了质量标准（详见石油及石油化工产品标准汇编）。以下就几种有代表性的润滑油和有关油品为例加以说明。

二、发动机润滑油

发动机润滑油在汽油机、柴油机、喷气发动机等内燃机中，起润滑、冷却、清洗、减震、密封和防锈作用，分别称为汽油机润滑油、柴油机润滑油和喷气机润滑油。它们都是减压馏分油经过深度精制并加有多种添加剂的优质润滑油，在润滑油中用量最大，约占一半。其主要的质量要求如下。

（一）合适的黏度和良好的黏温特性

发动机润滑油的使用温度变化较大，因此，要求其有合适的黏度。低温时黏度过高，发动机启动困难，部件磨损显著增加。高温时黏度过低，在摩擦表面不易形成油膜，机件得不到润滑，磨损增大，而且密封效果变差。国家标准中规定了发动机润滑油的黏度指数或黏度比。所谓黏度指数和黏度比都是表示润滑油黏度随温度变化（即黏温特性）的指标。黏度比是指润滑油50℃与100℃运动黏度的比值；黏度指数是在规定条件下测定出标准油样和所用润滑油的运动黏度、通过计算得到，为应用方便起见，可用润滑油50℃与100℃时运动黏度查有关图表得到近似值。

（二）良好的抗氧化安定性

发动机润滑油的工作温度很高，有时润滑油还会窜到燃烧室中，在高温下发生燃烧，并发生氧化、裂化、缩合等反应，生成积炭。炭渣会卡住甚至烧坏活塞环，从而使气缸密封不严，也会增加设备磨损。所以，要求润滑油抗氧化安定性要好，一般在油中都加抗氧化添加剂。在国家标准中相应地规定了润滑油的残炭及氧化安定性。

（三）良好的清净分散性

发动机润滑油的氧化是无法完全避免的，这就要求润滑油能及时沉淀氧化生成的胶状物和清洗掉炭渣，或者使它们分散悬浮在油品中，通过滤清器除掉，以保持活塞环等零件清洁、不易卡环等。国家标准中用清净性衡量润滑油的这一性能，它是在专门的仪器中测定的，从0到6分为七个等级，级数越高，清净性越差。国家标准中规定汽油机油的清净性不大于1.5级，通常是靠加入清净分散添加剂来达到的。

（四）腐蚀性小

润滑油的腐蚀作用主要由油品中酸性物质造成。这些酸性物质有些原来就存在，有些是氧化反应的产物。发动机润滑油应对一般轴承无腐蚀，而且对于极易被腐蚀的铜、铅、镉、银、锡、青铜等耐磨材料，也应无腐蚀作用。通常用酸值、水溶性酸碱等表示润滑油腐蚀性的大小。提高抗腐蚀性的方法是加入抗氧防腐添加剂。

除上述外，还要求发动机润滑油抗泡沫性能好、闪点较高、凝点低等。

发动机润滑油包括汽油机油和柴油机油。汽油机油按性能分为 SE、SF、SG、SH、GF-1、SJ、GF-2、SL 和 GF-3 等九个品种，柴油机油按性能分为 CC、CD、CF、CF-4、CH-4 和 CI-4 等六个品种。此外，通用内燃机油可以在九个汽油机油和六个柴油机油中任意组合为汽油机/柴油机通用油，且要求同时满足两种机油的全部质量要求。

表 2-12 列出国产 SF 汽油机油中黏度等级为 30、40，CD 柴油机油中黏度等级为 30、50，以及 8 号喷气机润滑油的主要质量指标。

表 2-12　几种国产发动机润滑油的主要质量指标[①]

项　目		质 量 指 标					
		SF 汽油机油		CD 柴油机油		航空喷气机油	
黏度等级(按 GB/T 14906)		30	40	30	50	8A	8B
运动黏度/(mm^2/s)							
100℃		9.3~<12.5	12.5~<16.3	9.3~<12.5	16.3~<21.9		
50℃	不小于					8.3	8.3
20℃	不大于					30	30
-40℃	不大于					6500	3300
黏度指数	不小于	75	80	75	80		
运动黏度比($\nu_{20℃}/\nu_{50℃}$)	不大于					70	60
闪点(开口)/℃	不低于	220	225	220	230	140(闭口)	
凝点/℃	不高于	-15(倾点)	-10(倾点)	-15(倾点)	-5(倾点)	-55	-60
机械杂质/%	不大于	0.01	0.01	0.01	0.01	无	无
酸值/(mgKOH/g)	不大于					0.04	0.04
氧化安定性(175℃，10h，50mL/min 空气)							
氧化后酸值/(mgKOH/g)	不大于					0.08	0.08
氧化后沉淀物/%	不大于					0.25	0.25

①此表选自 GB 11121—2006、GB 11122—2006 及 GB 439—1990。

三、机械润滑油

凡用于机械润滑的油品统称为机械油。机械油分为两类：一类是专用机械油，如车轴油、织布机油、缝纫机油、食品机械润滑油等；另一类是通用机械油(简称机械油)。L-AN 全损耗系统用油系通用机械油，主要用于机床和机械的润滑。在此仅介绍通用机械油。

通用机械油是由石油润滑油馏分经脱蜡及精制，再加入相应的添加剂调配而成。由于其使用条件比较缓和，所以除要求有一定的黏度外，只要求不含机械杂质和水溶性酸碱。

国产通用机械油是依 GB/T 3141—1994，按 40℃ 运动黏度值进行分类的(见表 2-13)。其中，5 号和 7 号为高速机械油，主要用于润滑纺织机械中的纱锭及高速负荷机械等；10~150 号为一般通用机械油。

表 2-13　几种机械油的主要质量指标[①]

项　　目		质 量 指 标				
品　　种		L-AN				
黏度等级(按 GB3141)		5	7	10	46	150
运动黏度(40℃)/(mm²/s)		4.14~5.06	6.12~7.48	9.00~11.0	41.4~50.6	135~165
倾点/℃	不高于	-5	-5	-5	-5	-5
水溶性酸或碱		无	无	无	无	无
中和值/(mgKOH/g)		报告	报告	报告	报告	报告
机械杂质/%	不大于	无	无	无	0.007	0.007
闪点(开口)/℃	不低于	80	110	130	160	180
色度/号	不大于	2	2	2	报告	报告
铜片腐蚀(100℃，3h)/级	不大于	1	1	1	1	1

①此表选自 GB 443—1989。

四、电器用油

电器用油包括变压器油、开关油、电容器油和电缆油等。这类油均不起润滑作用，而是作为绝缘介质和导热介质，所以也称电器绝缘油。因为其原料和生产工艺与润滑油相似，所以通常也包括在润滑油一类中。

变压器油用于变压器作为电绝缘和排热介质；电容器油用作电容器的浸渍剂；电缆油用作电缆绝缘层的绝缘剂等。由于用途不同，所以对电器用油的主要质量要求不是润滑性能而是电气性能。例如，对变压器油的质量要求是：①抗氧化安定性好，在热空气及电场作用下变质慢，使用时间长；②电气绝缘性好，评定的指标是耐电压(击穿电压)和介质损失角(表明变压器油在变压器运行中，受到交流电场的作用，引起部分电能的损失)；③低温流动性好；④高温安全性好，闪点高；⑤腐蚀性小。

变压器油分为通用和特殊两大类型，根据抗氧化添加剂的含量不同分为以下三个品种：不含抗氧化剂添加剂油(U)、含微量抗氧化剂添加剂油(T)和含抗氧化剂添加剂油(I)。同时，根据最低冷态投运温度不同，又分为0℃、-10℃、-20℃、-30℃、-40℃五个品种。部分变压器油和低温开关油的主要质量指标见表 2-14。

表 2-14　国产变压器油的主要质量指标[①]

项　　目		质 量 指 标				低温开关油
		变压器油				
		通用		特殊		
最低冷态投运温度(LCSET)/℃		-10	-30	-10	-30	-40
密度(20℃)/(kg/m³)	不大于	895		895		895
运动黏度/(mm²/s)						
40℃	不大于	12	12	12	12	3.5
-10℃	不大于	1800	—	1800	—	

项　目		质量指标				
		变压器油				低温开关油
		通用		特殊		
−30℃	不大于	—	1800	—	1800	
−40℃	不大于					400
倾点/℃	不高于	−20	−40	−20	−40	−60
闪点(闭口)/℃	不低于	135		135		100
酸值/(mgKOH/g)	不大于	0.01		0.01		0.01
总硫含量/%(质)	不大于	—		0.15		—
氧化安定性[②](120℃)						
总酸值/(mgKOH/g)	不大于	1.2		0.3		1.2
油泥/%(质)	不大于	0.8		0.05		0.8
介质损耗因数(90℃)	不大于	0.500		0.050		0.500

①此表选自 GB 2536—2011。

②氧化安定性的实验时间：不含抗氧化剂添加剂油(U)为164h，含微量抗氧化剂添加剂油(T)为232h，含抗氧化剂添加剂油(I)为500h；变压器(特殊)和低温开关油均为500h。

五、专用润滑油

专用润滑油的种类很多，主要有压缩机油、涡轮机油、冷冻机油。这类润滑油的质量指标由于它们使用的机械设备条件不同，在规格上有不同的要求。例如压缩机油用于润滑压缩机的气缸、阀门及活塞杆密封处，由于润滑油直接与高温高压的空气接触，极易氧化变质，所以要求压缩机油具有较高的抗氧化安定性。涡轮机油用于各种汽轮机、燃气轮机上，润滑和冷却汽轮机的轴承、齿轮箱、调速器以及液压系统，由于汽轮机油在使用过程中不可避免地要与水和蒸汽相接触，形成乳化液，破坏了油品的正常润滑作用，所以要求汽轮机油的抗乳化能力要强，评定的指标是破乳化时间。冷冻机油直接和冷冻机的低温部分接触起润滑和密封等作用，因此要求冷冻机油的低温性能要好，黏温性能较好。

国产压缩机油(GB 12691—1990)、涡轮机油(GB 11120—2011)和冷冻机油(GB/T 16630—2012)均以运动黏度作为商品牌号。例如压缩机油是以100℃时的运动黏度作为牌号的，涡轮机油和冷冻机油分别以40℃时的运动黏度作为牌号。

压缩机油包括L-DAA(轻负荷空气压缩机)和L-DAB(中负荷空气压缩机)两个品种，每个品种按照黏度等级分为32、46、68、100和150五个牌号。

涡轮机油包括汽轮机油、燃气轮机油和燃/汽轮机油等品种。汽轮机油分为L-TSA和L-TSE两类，其中L-TSA类按质量等级分为A级和B级，L-TSE只适用于A级，A级按黏度等级分为32、46和68三个等级，B级按黏度等级分为32、46、68和100四个等级；燃气轮机油分为L-TGA和L-TGE两类，燃/汽轮机油分为L-TGSB和L-TGSE两类，这四类均可按照黏度等级分为32、46和68三个等级。

冷冻机油按制冷剂和润滑剂类型分为L-DRA、L-DRB、L-DRD、L-DRE、L-DRG五个品种。表2-15列出了压缩机油、汽轮机油、冷冻机油某些品种的主要质量指标。

表 2-15　几种压缩机油、汽轮机油、冷冻机油的主要质量指标[①]

项　目		质量指标				
		L-DAA 32 号 压缩机油	L-TSA 32 号 汽轮机油（A 级）	L-TGA 32 号 燃气轮机油	L-DRA 32 号 冷冻机油	L-DRE 32 号 冷冻机油
运动黏度/(mm²/s) 40℃		28.8~35.2	28.8~35.2	28.8~35.2	28.8~35.2	28.8~35.2
黏度指数	不小于		90	90		
倾点/℃	不高于	-9	-6	-6	-33	-36
闪点（开口）/℃	不低于	175	186	186	160	160
酸值/(mgKOH/g)	不大于		0.2	0.2	0.02	0.02
灰分/%（质）	不大于				0.005	0.005
残炭/%（质）	不大于				0.05	0.03
氧化安定性（1000h 后）						
总酸值/(mgKOH/g)	不大于		0.3	0.3	0.2	
油泥/mg	不大于		200	200	0.02m%	
总酸值至 2.0mgKOH/g 时间/h	不小于		3500	3500		

①此表选自 GB 12691—1990、GB 11120—2011、GB/T 16630—2012。

六、齿轮油

齿轮油一般分为工业齿轮油和汽车、拖拉机转动齿轮油，后者又可分为普通与双曲线齿轮油。工业齿轮油主要用于各类工业机械，如轧钢机齿轮传动机的润滑。汽车、拖拉机齿轮油用于汽车、拖拉机的变速器、转向器和后桥齿轮箱的润滑。双曲线齿轮油用于高级轿车和越野汽车的双曲线齿轮传动装置的润滑。

由于这类润滑油使用在工作压力很高的齿轮传动装置上（一般齿轮的齿面压力高达 2000~2500MPa，双曲线齿轮的齿面压力高达 3000~4000MPa）。因此，要求齿轮油具有良好的润滑性能和抗磨性能，以便在齿轮表面上形成牢固的油膜，保证正常的润滑和减少磨损。此外，齿轮油还应具有低的凝点，以保证机械设备在低温下运转，这对汽车、拖拉机在低温下启动尤为重要。表 2-16 为国产工业齿轮油和普通车辆齿轮油的主要质量标准。其中合成工业齿轮油包括 L-SCKC（合成烃型中负荷）、L-SCKD（合成烃型重负荷）、L-GCKC（聚醚型中负荷）和 L-GCKD（聚醚型重负荷）四个品种；每个品种按照黏度等级可划分为 68、100、150、220、320、460、680、1000 等 8 个等级，其中 68 号只适用于 L-SCKC 和 L-GCKC。

表 2-16　齿轮油的主要质量指标[①]

项　目	质量指标					
	合成工业齿轮油				重负荷车辆齿轮油（GL-5）	
	L-SCKC 68	L-SCKD 150	L-GCKC 320	L-GCKD 680	85W/90	90
运动黏度/(mm²/s) 40℃	61.2~74.8	135~165	288~352	612~748		
100℃					13.5~<18.5	13.5~<18.5

项 目		质 量 指 标					
		合成工业齿轮油				重负荷车辆齿轮油(CL-5)	
		L-SCKC 68	L-SCKD 150	L-GCKC 320	L-GCKD 680	85W/90	90
黏度指数	不小于	130	130	200	220	报告	90
倾点/℃	不高于	-40	-30	-30	-24	报告	-12
闪点(开口)/℃	不低于	210	220	230	230	180	180
机械杂质/%(质)	不大于	0.02	0.02	0.02	0.02	0.05	0.05

①此表选自 NB/SH/T 0467—2010 和 GB 13895—2018。

七、液压油

液压油主要用作各类液压机械的传动介质，如机床给进机构的调速、主轴传动，汽车的制动、变速机构以及农用机械、矿山机械等都需使用液压油。此外液压油还应具有润滑、冷却和防锈作用，因此对液压油性能的基本要求是：①黏度合适，黏温性能和润滑性能良好；②抗氧化安定性好，油品使用寿命长；③防腐蚀性好，抗乳化和泡沫性好；④抗燃性好等。

国产合成烃型和矿物油型液压油分为 L-HS、L-HV、L-HM、L-HG 和 L-HL 五个品种，主要应用于各种精密机床的液压和液压导轨系统的润滑。L-HS 为超低温液压油，L-HV 为低温液压油；L-HM 为抗磨液压油；L-HG 为液压导轨油；L-HL 为抗氧防锈液压油。L-HS、L-HV 两类液压油按质量分为优等品和一等品两个等级，L-HM、L-HG 和 L-HL 三类液压油只设一等品，其中 L-HM 又分为高压和普通两个等级，其他不分级。

表 2-17 给出 L-HL 液压油几种产品的主要质量标准。

表 2-17 普通液压油的主要质量指标(GB 11118.1—2011)

项 目		质 量 指 标		
		L-HL32	L-HL46	L-HL68
运动黏度(40℃)/(mm²/s)		28.8~35.2	41.4~50.6	61.2~74.8
黏度指数	不小于	80	80	80
闪点(开口)/℃	不低于	175	185	195
倾点/℃	不高于	-6	-6	-6
机械杂质/%		无	无	无
氧化安定性				
酸值达到 2.0mgKOH/(g/h)	不小于	1000	1000	1000

第四节 润 滑 脂

润滑脂是一种半固体(或半流动)状的可塑性润滑材料，它是石油产品的一大类，也是润滑剂的一个重要组成部分。

润滑脂与润滑油的生产过程不同，性质不同，在使用方面润滑脂有以下优点：

(1) 润滑脂不易流失，不需要经常添加，因此在降低维修和润滑费用的前提下能保证可靠的润滑。

（2）润滑脂减震性强，并能减少噪音。

（3）润滑脂能比较牢固地保持在摩擦表面，起到密封、保护、防腐等作用。

（4）润滑脂的使用温度范围较宽，能在苛刻的条件如高温、高压、低转速高负荷下使用。

（5）润滑脂的使用工作场面干净卫生，没有滴油和溅油现象。

由于润滑脂具有上述优点，所以其用途很广，凡是润滑油不能或不能合理使用的情况下都可以使用润滑脂。但是，由于润滑脂没有流动性，导热系数很小，没有冷却和清洗作用，摩擦阻力较润滑油大，更换润滑脂时比较麻烦等，因此润滑脂不能完全取代液态的润滑油。

一、润滑脂的分类和组成

（一）分类

润滑脂品种繁多。近年来为适应各种特殊机械和润滑部件的要求，出现了多种润滑脂，如航空、军械、汽车、冶金、铁路等润滑脂。润滑脂分类一般采用以下三种方法：

1. 按稠化剂类型分类

目前许多国家采用这种分类方法，因为润滑脂的性能特点主要是由稠化剂决定的。用稠化剂命名，可大致说明这类润滑脂的主要特性。按稠化剂分类，润滑脂分为皂基脂和非皂基脂两大类。在润滑脂的品种和产量方面，皂基润滑脂占大多数。按照金属皂类稠化剂的不同，皂基润滑脂又分为单皂基润滑脂、混合皂基润滑脂和复合皂基润滑脂，如钙基、钠基、锂基、钙－钠基、锂－钙基和复合钙基、复合锂基润滑脂等。非皂基润滑脂又分为烃基润滑脂、无机润滑脂和有机润滑脂。烃基润滑脂的稠化剂是高分子烃类，主要有微晶蜡、石蜡和石油脂。无机润滑脂的稠化剂，常用的有膨润土、硅胶、炭黑、二硫化钼、氮化硼等。有机润滑脂使用有机物如阴丹士林、脲基衍生物、酰胺、氟碳高聚物等作为稠化剂。

2. 按润滑脂使用性能分类

因每种润滑脂几乎都具有好几种使用性能，但仅能以某种主要使用性能为依据进行分类。润滑脂按使用性能可分为减摩润滑脂、防护润滑脂、密封润滑脂和增摩润滑脂等四类。

3. 按国家标准分类法分类

我国于1990年12月30日颁布了润滑脂分类国家标准：GB/T 7631.8—1990润滑剂和有关产品的分类。它是根据润滑脂应用时的操作条件进行分类。

（二）组成

润滑脂由两个基本组成构成：一是稠化剂，二是液体润滑剂。润滑脂的组分为基础油、稠化剂和添加剂、填料等。在润滑脂组分中，基础油占75%～95%，稠化剂约10%～20%，添加剂仅占百分之几。因此，润滑脂的润滑性能主要取决于基础油的特性，而润滑脂的结构及特性则取决于稠化剂的类型和分散程度。

1. 基础油

基础油即液态润滑油，其性质直接影响润滑脂的润滑性能。例如，用于低温、轻负荷、高转速机械的润滑脂，应选用黏度较小、黏温性质好、凝点低的润滑油；用于中等温度、中等负荷和中速机械的润滑脂，可用不同牌号的机械油；对于高温、高负荷机械用脂，应用重质润滑油。润滑油的黏度对润滑脂的软硬程度（稠度）有较大影响，黏度过大，稠化剂在其中扩散慢，使润滑脂稠度变小，容易析出润滑油。

润滑油的性质还影响润滑脂的其他性能，如蒸发性、低温性、安定性等。所以对润滑油的主要要求是黏度、热氧化安定性、蒸发性和润滑性等。

润滑脂中使用的基础油有矿物油（石油润滑油）和合成（润滑）油两大类。95%的润滑脂都使用来源多、成本低的石油润滑油作为基础油。合成油如硅油、聚 α-烯烃油、酯类油、聚苯醚等，能承受较苛刻的工作条件，多用于国防或特殊用途的润滑脂，但成本很高。由石油润滑油制成的润滑脂除润滑性能优良外，其他性能均不如合成油制成的润滑脂。

2. 稠化剂

稠化剂的作用是稠化润滑油，使其成为润滑脂。稠化剂是润滑脂的骨架，润滑油就贮藏在骨架里面。

稠化剂分为皂基稠化剂（即脂肪酸金属皂）和非皂基稠化剂（烃类、无机类、有机类）。

皂基稠化剂是由动植物脂肪（或脂肪酸）与碱金属或碱土金属的氢氧化物（如氢氧化钠、氢氧化钙、氢氧化锂等）进行皂化反应而制得。由这些皂基稠化剂制成的润滑脂分别称为钠基润滑脂、钙基润滑脂和锂基润滑脂等。

在制备皂类润滑脂的过程中，不仅有单一的皂基，也有混合皂基或复合皂基。用两种或两种以上的单一金属皂同时作为稠化剂，如钙-钠皂，以改善稠化剂的性能，这种润滑脂称为混合皂基润滑脂。由两种化合物的共结晶体形成的复合皂作稠化剂，如复合钙皂，这种润滑脂称为复合皂基润滑脂，一般具有高温性能。

非皂基稠化剂中的烃基稠化剂主要是石蜡和地蜡，本身熔点很低，稠化得到的烃基润滑脂多用作防护性润滑脂。有机稠化剂有酞青铜颜料、有机脲、有机氟等，这类稠化剂一般具有较高的耐热性和抗化学稳定性，多用于制备合成润滑脂。无机稠化剂中用的最多的是活化膨润土，具有耐热性好及价格较低的优点，是一种良好的耐热润滑脂稠化剂。

3. 添加剂

添加剂能够改变润滑脂的某些性质，并能改进其结构，用量虽少，但对润滑脂的特性有显著影响。添加剂也包括各种结构改进剂或胶溶剂（即稳定剂）。润滑脂常用的添加剂有抗氧剂、抗磨剂、防锈剂、抗水剂、抗凝剂等。

二、润滑脂的主要理化性质和使用性能

（一）外观性质

润滑脂的颜色、光亮、透明度、黏附性、均一性和纤维状况称为外观性质。根据外观可初步判断润滑脂对金属表面的黏附能力和使用性能。

（二）耐热性

滴点反映了润滑脂的耐热性能。润滑脂正常工作时的最高温度不能超过滴点，一般比滴点低 20~30℃。

（三）流动性

针入度反映润滑脂受外力作用产生流动的难易程度。针入度值愈大，即稠度愈小，脂愈软，越易流动；相反，润滑脂越硬，愈不易流动。

（四）胶体安定性

润滑脂的胶体安定性是指在一定温度和压力下保持胶体结构稳定，防止润滑油从润滑脂中析出的性能。它是在规定的压力分油器中测定的，用分油量的质量分数表示。分油量愈大，则胶体安定性愈差。润滑脂的分油量要适中，少量的分油有助于润滑表面，但大量分油

会造成基础油流失太快，储运不便，不能正常润滑，造成润滑事故。在储存容器中已经大量分油的润滑脂应避免使用。

（五）机械安定性（剪切安定性）

润滑脂在使用过程中，因受机械运动的剪切作用，稠化剂的纤维结构不同程度地受到破坏，稠度有所下降。润滑脂的抗剪切作用的性能称为机械安定性，是用剪切前后针入度差值表示。机械安定性差的润滑脂，在使用中容易变稀甚至流失，影响使用寿命。

（六）抗水性（耐水性）

润滑脂是否容易被水溶解和乳化的性能称为抗水性。润滑脂的抗水性主要取决于所用的稠化剂。抗水性差的润滑脂，遇水后稠度下降，甚至乳化而流失。在各类润滑脂中，烃基润滑脂的抗水性最好，钠基润滑脂的抗水性最差。对于在潮湿环境下工作的润滑脂，抗水性具有重要意义。

（七）保护性能

在潮湿的环境里，润滑脂保护被润滑的金属表面免于锈蚀的能力称为保护性能。保护性能好的润滑脂，既保护金属不受外界环境所腐蚀，本身也无腐蚀性。烃基脂的保护性能比所有皂基润滑脂都好。表示保护性能的质量指标有腐蚀、游离有机酸和碱。

在润滑脂的性能指标中，还有黏度、机械杂质、水分、氧化安定性、极压性能等，在此不一一详述。表2-18和表2-19中分别列举了各类润滑脂的特性及应用和我国部分常用润滑脂的主要质量标准。

表 2-18　各类润滑脂的特性及应用

基础油	稠化剂	耐热性	机械安定性	抗水性	使用温度/℃	应　用
石油润滑油	地蜡、石油脂	差	差	优	~50	机械、仪器的防护
	钙皂	差	好	优	~70	通用机械摩擦部件、轴承
	钠皂	一般	一般~好	差	~130	通用机械部件润滑
	钙-钠皂	一般	一般~好	一般	~100	通用机械轴承
	铝皂	差	差良	好	~50	船用机械的防护
	锂皂	好	优	优	~130	各类机械、轴承、汽车轴承
	复合钙皂	好	优	优	~130	冶金设备轴承、重负荷机械摩擦部件
	复合铝皂	好	好	好	~130	重负荷机械、冶金设备自动给脂系统
	复合锂皂	好	优	优	~130	重载汽车轴承、重负荷机械、冶金设备轴承
	活化膨润土	好	良~好	一般	~130	冶金设备、重负荷机械
酯类油	锂皂	好	优	一般~好	-60~120	精密机械轴承、航空仪表轴承及摩擦部件
硅油	改质硅胶	好	一般	优	-40~200	旋塞密封、真空脂、阻尼系统
	锂皂	好	优	优	-60~150	轻负荷机械、轴承
	复合锂皂	好	优	优	-60~200	高温轴承、轻负荷机械摩擦部件
	酞青铜	优	良~优	优	-60~250	轻负荷摩擦部件、轴承
	酞钠	优	优	优	-60~200	轻负荷轴承、高温轴承
	聚脲	优	优	优	-60~200	轻负荷轴承及摩擦部件
含氟润滑油	聚四氟乙烯酞钠	好	一般	优	-40~150	轻负荷轴承、润滑与密封、耐特殊介质
	聚四氟乙烯	优	良	优	-40~300	轻负荷轴承、润滑与密封

表 2-19 我国部分润滑脂的主要质量指标

项 目		钙基脂 1号 GB/T 491—2008	钠基脂 2号 GB/T 492—1989	钙钠基脂 2号 SH 0368—1992	汽车通用锂基脂 2号 GB/T 5671—2014	铝基脂 SH 0371—1992	复合钙基脂 1号 SH 0370—1995	钡基脂 SH 0379—1992	食品机械脂 GB 15179—1994
					质 量 指 标				
工作锥入度/(1/10mm)		310~340	265~295	250~290	265~295	230~280	310~340	200~260	265~295
滴点/℃	不低于	80	160	120	180	75	200	135	135
腐蚀(T₂铜片, 室温, 24h)		铜片无绿色或黑色变化	铜片无绿色或黑色变化	合格	铜片无绿色或黑色变化(100℃)		合格	合格	铜片无绿色或黑色变化
水分/%	不大于	1.5	0.4	0.7	—	无		痕迹	无
灰分/%	不大于	3.0	4.0		—				
钢网分油量(压力法)/%	不大于	—	—		5 (100℃, 30h)		6		5.0 (100℃, 24h)
延长工作锥入度(10万次)/0.1mm	不大于	—	375		20 (变化率%)		25		25 (变化率%)
水淋流失量(38℃, 1h)/%	不大于	—	—		10.0(79℃)		5		10
矿物油黏度(40℃)/(mm²/s)		—	41.4~165	41.4~74.8	—			41.4~74.8	
游离碱(NaOH)/%	不大于	—		0.2	0.15				
游离有机酸		—		无					
有机杂质(酸分解法)	不大于	—		无	—	无		0.2	
氧化安定性(99℃, 100h, 0.77MPa)压力降/MPa	不大于				0.070				
皂含量/%	不低于					14			

38

第五节　蜡、沥青和石油焦

一、蜡

蜡是炼油工业的副产品之一。在生产润滑油过程中，为使润滑油凝点合格，需要进行脱蜡，得到的蜡膏经进一步脱油和精制，即得到一定熔点的成品蜡。按组成和性质不同，蜡又分为石蜡和地蜡两大类。

因加工深度不同，石蜡产品有全精炼石蜡（精白蜡）、半精炼石蜡（白石蜡）、粗石蜡（黄石蜡）和液体石蜡（又称白油）等几个系列。其中精白蜡适用于高频瓷、复写纸、铁笔蜡纸、精密铸造、冷霜等产品；白石蜡适用于蜡烛、蜡笔、蜡纸、电讯器材及轻工、化工原料；黄石蜡适用于橡胶制品、火柴等工业原材料；液体石蜡主要用作食品添加剂。

国产石蜡以熔点作为商品牌号，其主要质量规格见表2-20，其中熔点高于60℃的为高熔点石蜡，主要用于制造无线电器材和商品包装纸等。

表2-20　国产石蜡质量规格[①]

项　目		质量指标						
		全精炼石蜡			半精炼石蜡		粗石蜡	
		52号	60号	70号	52号	60号	50号	60号
熔点/℃	不低于	52	60	70	52	60	50	60
	低　于	54	62	72	54	62	52	62
含油量/%	不大于	0.8			2.0		2.0	3.0
颜色/博赛特颜色号	不小于						−5	—
颜色/号	不小于	+27	+25		+18		—	2
光安定性/号	不大于	4	5		6	7		
针入度(25℃，100g)/(1/10mm)	不大于	19	17		23			
嗅味/号	不大于	1			2		3	—
机械杂质及水分		无			无		无	
水溶性酸或碱		无			无			

①此表选自 GB/T 446—2010、GB/T 254—2010 和 GB/T 1202—2016。

液体石蜡以100℃运动黏度作为商品牌号，其主要质量规格见表2-21。

表2-21　食品添加剂白油（液体石蜡）质量规格[①]

项　目		质量指标		
		低、中黏度		高黏度
		1号	3号	5号
运动黏度(100℃)/(mm²/s)		2.0~3.0	7.0~8.5	≥11
初馏点/℃	大于	230	230	350
5%(质)蒸馏点碳数	不小于	14	22	28
5%(质)蒸馏点温度/℃	大于	235	356	422

项 目		质量指标		
		低、中黏度		高黏度
		1 号	3 号	5 号
平均相对分子质量	不小于	250	400	500
颜色/赛氏号	不小于	+30	+30	+30
铅含量/(mg/kg)	不大于	1.0	1.0	1.0
砷含量/(mg/kg)	不大于	1.0	1.0	1.0

①此表选自 GB 1886.215—2016。

地蜡具有较高的熔点和细微的针状结晶，广泛用于制造高级蜡纸、绝缘材料、密封材料和高级凡士林等的原料。地蜡以滴熔点作为商品牌号，国产地蜡的质量规格见表2-22。

表 2-22 提纯地蜡的规格标准①

项 目		质量标准		
		70 号	80 号	90 号
滴熔点/℃	不低于	67	77	87
	低于	72	82	92
针入度/(1/10mm)				
35℃、100g		报告		
25℃、100g	不大于	30	20	14
含油量/%(质)	不大于	3.0		
水溶性酸或碱		无		
颜色/号	不大于	3.0		
运动黏度(100℃)/(mm²/s)	不小于	6.0	10	

①此表选自 SH 0013—2008。

二、沥青

沥青是主要的石油产品之一，可由合适的原油经减压蒸馏直接制得，也可将减压渣油经浅度氧化，或经丙烷脱沥青工艺所得的沥青作为调和组分而制得。沥青根据用途不同分为道路沥青（如普通道路沥青和重交道路沥青）、建筑沥青（如防水防潮沥青、水工沥青等）、专用沥青（如橡胶沥青、油漆沥青、电缆沥青、管道防腐沥青等）和乳化沥青（如阳离子乳化沥青和阴离子乳化沥青），其中道路沥青的需求和产量最大。

沥青最主要的质量指标是软化点、针入度和延度。道路沥青和建筑沥青都是以针入度作为商品牌号。

软化点表示沥青的耐热性能，用环球法测定。在规定条件下加热沥青试样，钢球从试样上面穿过试样，落到底板上时的温度称为沥青的软化点。软化点越高，耐热性能越好。建筑沥青和防腐沥青等都要求高的软化点。

针入度反映沥青的软硬程度。在特定的仪器中，在一定的温度和时间内，加有100g负荷的特制针刺入沥青的深度称为针入度，单位是1/10mm。针入度愈大，沥青愈软。沥青用途不同，对针入度的要求也不同。如道路沥青要求高的针入度，以便与砂石黏结紧密；而防腐的专用沥青需要低的针入度，以免造成流失。

延度表示沥青的抗张性和塑性，在规定的仪器和温度下，用一定的拉伸速度和拉力将沥青试样拉成细丝，细丝断开时所拉开的距离称为沥青的延度，单位是 cm。道路沥青对延度的要求最高。国产石油沥青部分牌号产品的主要质量标准见表 2-23 和表 2-24。

表 2-23　几种国产石油沥青的质量指标①

项　目		质量指标						
		普通道路沥青 NB/SH/T 0522—2010		重交道路沥青 GB/T 15180—2010		建筑沥青 GB 494—2010		
		100 号	60 号	AH-130	AH-50	10 号	30 号	40 号
针入度(25℃，100g)/0.1mm		80~110	50~80	120~140	40~60	10~25	26~35	36~50
延度(25℃)/cm	不小于	90	70			1.5	2.5	3.5
延度(15℃)/cm	不小于			100	80			
软化点(环球法)/℃	不低于	42~55	45~58	38~51	45~58	95	75	60
溶解度(三氯乙烯，三氯甲烷或苯)/%	不小于	99.0	99.0	99.0	99.0	99.0	99.0	99.0
蒸发后25℃针入度比/%	不小于					65	65	65
闪点(开口)/℃	不低于	230	230	230	230	260	260	260
蒸发损失(163℃，5h)/%	不大于					1	1	1
密度(15℃或25℃)/(g/cm³)		报告	报告	报告	报告			
蜡含量/%	不大于	4.5	4.5	3	3			
薄膜烘箱试验(163℃，5h)质量变化		1.2	1	1.3	0.6			
针入度比/%		报告	报告	45	58			
延度(25℃)/cm	不小于	报告	报告					
延度(15℃)/cm	不小于	报告	报告	100	报告			

①此表选自 NB/SH/T 0522—2010、GB/T 15180—2010 和 GB 494—2010。

表 2-24　几种国产专用沥青和乳化沥青的主要质量指标①

项　目		质量指标						
		专用石油沥青					乳化沥青	
		橡胶沥青 类型I	绝缘沥青70 号	电缆沥青1 号	油漆沥青3 号	管道防腐沥青1 号	阳离子乳化沥青	
							G-1	B-1
针入度(25℃，100g)/0.1mm		25~75	>35	>35	10	15		
延度(25℃)/cm	不小于					2		
软化点(环球法)/℃	不低于	58	65~75	85~100	105~125	95~110		
溶解度(三氯乙烯，三氯甲烷或苯)/%	不小于		99	99	99.5	99		

项 目		质 量 指 标						
		专用石油沥青					乳化沥青	
							阳离子乳化沥青	
		橡胶沥青类型Ⅰ	绝缘沥青70号	电缆沥青1号	油漆沥青3号	管道防腐沥青1号	G-1	B-1
蒸发后针入度比/℃	不小于					60		
闪点(开口)/℃	不低于	230	240	260	260	230		
蒸发损失(163℃，5h)/%	不大于					1		
灰分/%	不大于	—			0.3			
恩氏黏度(25℃，°E)		—					3~15	3~40
颗粒电荷							正	正
蒸发残留物/%	不小于						60	57
蒸发残留物性质								
针入度(25℃，100g)/0.1mm							80~200	40~200
延度(25℃)/cm	不小于						40	40
溶解度/%	不小于						98	97

①此表选自 NB/SH/T 0818—2010、SH/T 0419—1994、SH 0001—1990、SH/T 0523—1992、SH 0098—1991 和 SH/T 0624—1994。

三、石油焦

石油焦是一种黑色或暗灰色的固体焦炭，是各种渣油、沥青或重油在高温下(490~550℃)分解、缩合、焦化后而制得的，它是焦化过程所特有的产品。

石油焦的组分是炭青质，含炭90%~97%，含氢1.5%~8%，同时还含有少量的氮、氯、硫及重金属化合物。目前国际上普遍采用以硫含量为基础的分类方法，对石油焦进行分类，见表2-25。

表2-25 石油焦的分类

种 类	硫含量/%	用 途
高硫焦	>4	用作燃料
中硫焦	2~4	制铝电极
低硫焦	<2	作高级焦

石油焦是延迟焦化的产物，通过调整工艺过程的操作条件，可以得到多种性能要求的石油焦产品。在行业标准 SH 0527—2015 中，将延迟焦化生产的普通焦(也称生焦)按硫含量的大小及用途分为1号、2A、2B、3A、3B。1号主要适用于炼钢工业中制作普通功率石墨电极，也可用于炼铝工业中制作铝用炭素；2A、2B 主要适用于制作铝用炭素；3A、3B 主要适用于制作碳化物、碳素行业用原料。

石油焦的主要质量要求是硫含量、挥发分、灰分等。硫含量是对石油焦最关键的质量要求，其含量大小直接影响着石油焦的质量。国产石油焦(普通焦)的质量标准见表2-26。

表 2-26　国产石油焦(普通焦)的质量标准[①]

项　目		1 号	2A	2B	3A	3B
硫含量/%	不大于	0.5	1.0	1.5	2.0	3.0
挥发分/%	不大于	12.0	12.0	12.0	14.0	14.0
灰分/%	不大于	0.3	0.4	0.5	0.6	0.6
总水分/%	不大于	报告				
真密度(1300℃,5h 下煅烧)/(g/cm^3)	不小于	2.04	—			
粉焦量(块粒 8mm 以下)/%	不大于	35	报告	报告	—	—
微量元素/(mg/kg)						
硅含量	不大于	300	报告	—	—	—
铁含量		250	报告	—	—	—
钒含量		150	报告	—	—	—
钙含量		200	报告	—	—	—
镍含量		150	报告	—	—	—
钠含量		100	报告	—	—	—
氮含量/%		报告	—	—	—	—

①此表选自 NB/SH/T 0527—2015。

　　延迟焦化在一般条件下主要生产普通焦,但通过对原料油和工艺条件作适当调整可以生产出优质焦(也称针状焦)。针状焦主要用作炼钢用高功率和超高功率的石墨电极,其质量指标除硫含量、灰分和挥发分外,对真密度要加以控制,以确保致密度大、气孔率小,使成品电极的机械强度高。此外,热膨胀系数是针状焦的重要质量控制项目,一般要求在 2.6 以下,它直接与石墨制品的抗热震性能有关,在某种程度上甚至可以作为划分针状焦质量、用途和等级的主要指标。

第三章 石油炼制概述

石油炼制(简称炼油)是以原油为基本原料,通过一系列炼制工艺(或加工过程),例如常减压蒸馏、催化裂化、催化加氢、催化重整、延迟焦化、炼厂气加工及产品精制等,把原油加工成各种石油产品,如各种牌号的汽油、喷气燃料(即航空煤油)、柴油、润滑油、燃料油、溶剂油、蜡油、沥青和石油焦,以及生产各种石油化工的基本原料。

原油通过常减压蒸馏可分割成汽油、煤油、(轻)柴油等轻质馏分油,各种润滑油馏分、裂化原料(即减压馏分油或蜡油)等重质馏分油及减压渣油。其中除渣油外其余又叫直馏馏分油。从我国主要油田的原油中可以获得 20%~30% 的轻质馏分油,40%~60% 的直馏馏分油,个别原油的直馏馏分油收率可达 80%~90%。

从原油中直接得到的轻馏分不仅数量很有限,而且质量也很难完全满足要求,即从数量和质量方面都满足不了国民经济发展对轻质油品的需求。因此,必须将从原油中得到的重馏分和渣油进行进一步的加工,即重质油的轻质化,以得到更多的轻质油品。通常将常减压蒸馏称为原油的一次加工过程,也叫物理加工过程;而将以轻馏分改质与重馏分和渣油的轻质化为主的加工过程称为二次加工过程,也叫化学加工过程。

原油的二次加工根据生产目的不同有许多种过程,如以重质馏分油和渣油为原料的催化裂化和加氢裂化;以汽油馏分为主要原料生产高辛烷值汽油或轻质芳烃苯、甲苯、二甲苯等的催化重整;以渣油为原料生产石油焦或燃料油的焦化或减黏裂化;以及以炼厂气或低碳烃为原料生产高辛烷值汽油组分的烷基化、异构化及醚化等。

尽管原油经过一系列的加工过程可生产出各种石油产品,但是不同的原油适合于生产不同的石油产品,即不同的原油应选择不同的加工方案。原油加工方案除决定于原油的组成和性质之外,还决定于市场需求这一十分重要的因素。一般情况下,组成和性质相同的原油,其加工方案和加工中所遇到的问题也很相似。

由于地质构造、原油产生的条件和年代的不同,世界各地区所产原油的化学组成和物理性质,有的相差很大,有的却很相似。即使是同一地区生产的原油,有的在组成和性质上也很不相同。

为了选择合理的原油加工方案,预测产品的种类、产率和质量,有必要对各种原油进行分类。

第一节 原油的分类

原油的组成十分复杂,对原油的确切分类是极其困难的,至今还没有一种公认的标准分类方法。通常可以从工业、地质、物理和化学等不同角度对原油进行分类,但应用较广泛的是工业分类法(也称商品分类法)和化学分类法。

一、工业分类法

工业分类法又叫商品分类,它是按原油的密度、酸值、含硫量、含蜡量、含氮量及含胶质量等进行分类。在此仅介绍常用的几种工业分类方法，即按密度、含硫量、酸值及含蜡量进行分类。

国际石油市场上常用的计价标准是按比重指数 API 度（或密度）和含硫量分类的，其分类标准分别见表 3-1 和表 3-2。我国常用的按含硫量分类的标准与国际上一致。原油按酸值和含蜡量分类，见表 3-3。

表 3-1　原油按 API 度分类标准

类　　别	API 度	密度（15℃）/（g/cm³）	密度（20℃）/（g/cm³）
轻质原油	>34	<0.855	<0.851
中质原油	34~20	0.855~0.934	0.851~0.930
重质原油	20~10	0.934~0.999	0.931~0.996
特稠原油	<10	>0.999	>0.996

表 3-2　原油按含硫量分类标准　　　　　　　　　　　　　　%（质）

原油类别	含硫量（细分）	含硫量（粗分）
特高硫原油	≥2.0	
高硫原油	≥1.3~<2.0	>2.0
中硫原油	≥1.0~<1.3	
含硫原油	≥0.5~<1.0	0.5~2.0
低硫原油	≥0.25~<0.5	<0.5
超低硫原油	<0.25	

表 3-3　原油按酸值和含蜡量分类标准

类　　别	酸值/（mgKOH/g）	类　　别	含蜡量/%（质）
低酸原油	<0.5	低含蜡原油	0.5~2.5
含酸原油	0.5~1.0	含蜡原油	2.5~10
高酸原油	>1.0	高含蜡原油	>10

二、化学分类法

化学分类应以化学组成为基础，由于原油的化学组成十分复杂，所以通常采用原油某几个与化学组成有关的物理性质作为分类基础。化学分类法中常用的有两种。

1. 特性因数分类法

此种方法是在 20 世纪 30 年代提出的，是以原油的特性因数大小为分类标准。具体分类标准是：

特性因数 K 大于 12.1　　　　　石蜡基原油

特性因数 K 为 11.5~12.1　　　中间基原油

特性因数 K 为 10.5~11.5　　　环烷基原油

石蜡基原油的特点是：烷烃含量一般超过 50%，特性因数大于 12.1，密度较小，蜡含量较多，凝固点高，硫含量、胶质含量及非烃组分较低，属于地质年代古老的原油。石蜡基原油所产直馏汽油辛烷值较低，柴油十六烷值较高，润滑油黏度指数较高，重馏分和渣油中重金属含量低。适于生产润滑油、石蜡等产品，但难以生产高质量的沥青产品。我国大庆原油和南阳原油是典型的石蜡基原油。

环烷基原油的特点是：环烷烃和芳香烃的含量较多，特性因数小于 11.5，密度较大，蜡含量较少，凝固点低，硫含量、胶质和沥青质含量较高，又叫沥青基原油，属于地质年代较年轻的原油。环烷基原油所产直馏汽油辛烷值较高，柴油十六烷值较低，润滑油黏度指数较低、黏温性较差，适合生产高质量沥青产品。胜利油区的孤岛原油和单家寺原油均属于环烷基原油。

中间基原油也称混合基原油，其烷烃和环烷烃含量基本相近，特性因数为 11.5~12.1，性质介于上述两者之间。

2. 关键馏分特性分类法

此法是 1935 年由美国矿务局提出的，是目前应用较多的原油分类法。它是把原油放在特定的简易蒸馏设备中，按着规定的条件进行蒸馏，取 250~275℃ 和 395~425℃ 两个馏分分别作为第一关键馏分和第二关键馏分，根据密度对这两个馏分进行分类，最终确定原油的类别。具体的分类标准分别见表 3-4 和表 3-5。

表 3-4　关键馏分分类标准

关键馏分	石 蜡 基	环 烷 基
第一关键馏分	$\rho_{20} = 0.8210~0.8562$ API 度 = 33~40	$\rho_{20} > 0.8562$ API 度 < 33
第二关键馏分	$\rho_{20} = 0.8723~0.9305$ API 度 = 20~30	$\rho_{20} > 0.9305$ API 度 < 20

表 3-5　关键馏分特性分类

序号	第一关键馏分的类别	第二关键馏分的类别	原油类别
1	石蜡基	石蜡基	石蜡基
2	石蜡基	中间基	石蜡—中间基
3	中间基	石蜡基	中间—石蜡基
4	中间基	中间基	中间基
5	中间基	环烷基	中间—环烷基
6	环烷基	中间基	环烷—中间基
7	环烷基	环烷基	环烷基

通过对原油的分类可以大致判定原油的属性，使人们对它有一个粗浅的概念，但只有通过对原油的详细评价，才能确切地判断这种原油适合或不适合生产某类石油产品。为了能更全面反映原油的性质，我国现阶段采用的是关键馏分特性分类与含硫量分类相结合的分类方法，后者是对前者的补充。根据这种分类方法，我国几个主要油田原油的类别见表 3-6。

表 3-6　我国几种原油的分类

原油	大庆	胜利	孤岛	辽河	华北	中原	新疆
原油类别	低硫石蜡基	含硫中间基	高硫环烷基	低硫中间基	低硫石蜡基	含硫石蜡基	低硫石蜡-中间基

第二节　原油加工方案

原油加工方案与原油的特性及国民经济对石油产品的需求密切相关,尤其是前者对制定合理的原油加工方案起着决定性的作用。例如:属于石蜡基原油的大庆原油,其减压馏分油是催化裂化的好原料,更是生产润滑油的好原料,用其生产的润滑油质量好、收率高,同时得到的石蜡质量也很好。但是由于大庆原油中含胶质和沥青质较少,用其减压渣油很难制得高质量的沥青产品。因此,在确定大庆这类原油的加工方案时,应首先考虑生产润滑油和石蜡,同时生产一部分轻质燃料。与此相反,用属于环烷基的孤岛原油生产的润滑油,不仅质量差,而且加工十分复杂。但是利用孤岛原油的减压渣油可以得到高质量的沥青产品。因此,在考虑孤岛原油的加工方案时,一般不考虑生产润滑油。

一、原油加工方案的基本类型

根据生产目的不同,原油加工方案有以下几种基本类型。

1. 燃料型

这类加工方案的产品基本上都是燃料,如汽油、喷气燃料、柴油和重油等,还可生产燃料气、芳烃和石油焦等。

典型的燃料型加工方案的原则流程见图3-1和图3-2。

燃料型炼油厂的特点是通过一次加工(即常减压蒸馏)尽可能将原油中的轻质馏分汽油、煤油和柴油分出,并利用催化裂化、加氢裂化和焦化等二次加工工艺,将重质馏分转化为轻质油。随着石油的综合利用及石油化工的发展,大多数燃料型炼油厂都已转变成了燃料-化工型炼厂。

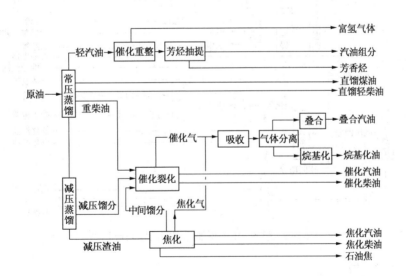

图 3-1　常减压蒸馏-催化裂化-焦化型流程

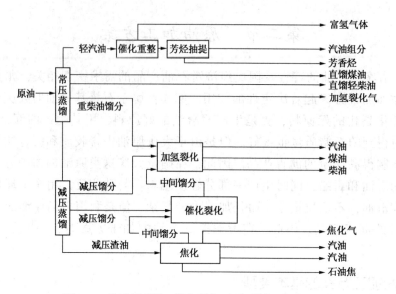

图 3-2 常减压蒸馏-催化裂化-加氢裂化-焦化型流程

2. 燃料-化工型

这种加工方案是以生产燃料和化工产品或原料为主，具有燃料型炼厂的各种工艺及装置，同时还包括一些化工生产装置。原油先经过一次加工分出其中的轻质馏分，其余的重质馏分再进一步通过二次加工转化为轻质油。轻质馏分一部分用作发动机燃料，一部分通过催化重整、裂解工艺制取芳香烃和烯烃，作为有机合成的原料。利用芳香烃和烯烃为基础原料，通过化工装置还可生产醇、酮、酸等基本有机原料和化工产品。

典型的燃料-化工型加工方案的原则流程见图 3-3。

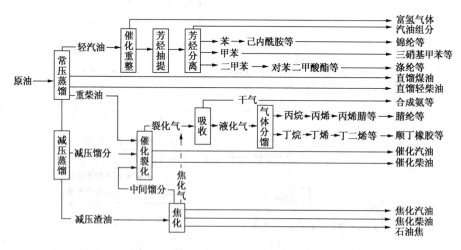

图 3-3 燃料-化工型加工方案的原则流程

3. 燃料-润滑油型

这种加工方案除生产各种燃料外还，生产各种润滑油。

原油通过一次加工将其中的轻质馏分分出，剩余的重质馏分经过各种润滑油生产工艺，如溶剂脱沥青、溶剂精制、溶剂脱蜡、白土精制或加氢精制等，生产各种润滑油基础油。将各种基础油及添加剂按照一定要求进行调和，即可制得各种润滑油。

石蜡基原油大多数采用的是这种燃料-润滑油型加工方案。

典型的燃料-润滑油型加工方案的原则流程图见图3-4。

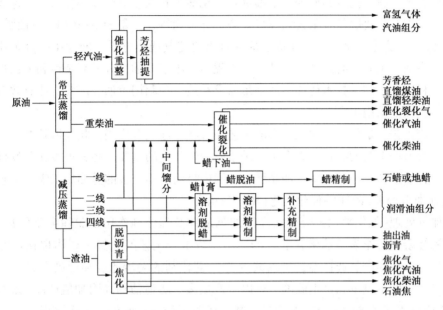

图3-4　燃料-润滑油型加工流程方向

4. 燃料-润滑油-化工型

这种加工方案除生产各种燃料和润滑油外，同时还生产一些石油化工产品或者为石油化工提供原料。它是燃料-润滑油加工方案向化工方向的延伸，属于生产装置齐全、产品结构合理的大型综合类炼化企业，规模经济效益好。

二、重油加工方案——组合工艺技术简介

如前所述，原油经过一次加工所得轻质产品较少，所剩重质馏分油以及重油(通常指常压渣油和减压渣油)都要采用某种二次加工工艺进行进一步加工，以便获得更多的轻质油品，即重油轻质化。

当前炼油工业采用的重油加工路线不外乎两大类，即脱碳工艺和加氢工艺。因此在加工过程中必须加入氢元素或过程中促使碳氢原子重新组合，脱掉一部分碳而获得高氢含量的产品。脱碳工艺包括催化裂化、延迟焦化和溶剂脱沥青等。加氢工艺则包括加氢裂化、加氢精制、渣油加氢脱硫及渣油加氢转化等。然而，各种重油加工工艺有着不同的特点和功能，也都存在各自的弱点，不同的原料适应不同的工艺。为了获得最佳的效益，需要选择合理的加工方案。

近年来，进口原油的加工比例不断攀升，而进口原油的最大特点是硫含量较高。含硫原油加工流程有四大特点：①加氢装置加工能力较高，占原油一次加工能力的比例较大；②必须有硫黄回收和气体脱硫装置；③有制氢和氢气净化装置，使用防腐钢材，采取必要的防腐措施；④装置投资及生产成本较高。

当前，重油加工，特别是含硫和高硫重油加工主要有三种工艺路线：一是 Coking-CFB（焦化-循环流化床锅炉）方案，适用于加工高硫原油且电力紧张或电价较高的企业，如中国石化镇海炼油化工股份有限公司等；二是 S-RIIT-RFCC（渣油加氢脱硫-重油催化裂化）方案，适用于加工高硫、高金属原油且重油催化裂化能力较大、氢气成本较低、环保要求较严格的企业，如中国石化股份有限公司茂名、齐鲁分公司等；三是 SDA-IGCC（溶剂脱沥青-造气联合循环发电）方案，适用于加工高硫原油且需要造气或热电联产的大型联合企业，如中国石化福建炼油化工股份有限公司对外合资工程等。由于重油组分的复杂性和炼油加工技术的适用性，利用单一加工技术往往不能满足需求和最大化利用重油，因此，能有效解决这一问题的唯一途径是采用组合工艺。

所谓组合工艺，是将几种功能不同的工艺组合在一起联合应用，相互取长补短，一种工艺的产品作为另一工艺的原料。组合工艺是重质油轻质化的重要途径，可以充分发挥各种技术的优势，有效提高原油利用率和油品质量。国内目前应用较多的重油加工组合工艺如下。

1. 渣油加氢处理（RHT）-催化裂化（RFCC）组合工艺

渣油加氢处理-催化裂化组合是在高压加氢条件及催化剂作用下脱除劣质原料中的硫、氮、镍、钒等杂质后作为重油催化裂化的原料。该组合工艺的优势主要体现在：可以改善 FCC 原料裂化活性和产品选择性；可以减少 FCC 催化剂的失活速度和污染金属量；可以减少渣油残炭，降低主风量和再生温度；可以生产更多、更清洁的高附加值产品（如 LPG、汽油）；可以降低 FCC 原料中的 S、N 含量，减少环境污染等。此外，采用该组合工艺还有利于提高轻油收率，降低汽油烯烃和硫含量，提高汽油辛烷值，改善产品质量。因此，在处理高含硫劣质原料方面能为炼化企业创造巨大的经济效益。

2. 延迟焦化-加氢精制-催化裂化组合工艺

我国不少渣油氮含量很高，经延迟焦化后的焦化蜡油硫、氮含量（尤其是碱氮含量）很高，这种焦化蜡油如果直接进入催化裂化装置会使催化剂降低活性，严重影响催化裂化转化率、产品的分布和产品质量。因此尽量增加重质油的延迟焦化处理量可多产汽柴油，且柴汽比高，增加产品的灵活性和市场适应性。尤其是焦化干气产量大，干气中 CH_4、C_2H_6 含量高，可提供丰富的廉价的制氢原料，以获得便宜充足的氢源，发展加氢精制以提高焦化汽柴油的品质来满足市场竞争的要求。焦化蜡油与焦化汽柴油或催化柴油混掺加氢裂化，不但可得到优质汽柴油，而且尾油又是优良的催化裂化原料，并且此过程氢耗量小于单独的重质油加氢裂化。加氢精制的石脑油又是优良的催化重整的进料，增加高辛烷值低烯烃汽油产量，并且苯、甲苯、二甲苯又是化工原料，自产氢气又可平衡炼厂系统的氢气。石油焦既可外卖，可经煅烧处理，经煅烧生产优质的煅烧焦，增加产品的附加值。

炼油企业减压瓦斯油和焦化瓦斯油应重点考虑作加氢裂化原料，这一方面可以缓解喷气燃料和优质低凝点柴油市场供应不足的矛盾，另一方面可以提供相当数量的芳烃原料（高芳烃潜含量石脑油）和优质乙烯装置原料（加氢未转化油）。

3. 溶剂油脱沥青-延迟焦化-催化裂化组合工艺

在炼油厂获得的总经济效益中，60%的效益来自催化裂化装置，利用这一工艺，将催化裂化澄清油与减渣混合，回收澄清油中可裂化的组分进入脱沥青油，然后再返回到重油催化装置中，为催化裂化装置提供大量的原料。澄清油中的稠环芳烃进入到沥青中可改善沥青的质量。脱沥青油既可作为催化裂化进料，又可作为加氢裂化的原料。脱油沥青可作为延迟焦化进料或作锅炉燃料。为了给催化裂化装置提供更多的原料，同时也为增加延迟焦化装置的原料品种，以脱油沥青掺入减渣［掺入率20%～30%（质）］进行焦化，轻质产品的收率可以达到60.5%（质）。可见，将少量的脱油沥青与减渣混合作为焦化的原料，不但能扩大焦化原料的品种，也解决了一部分硬沥青的出路，同样有经济效益。用脱油沥青作为焦化原料的缺点是随着沥青的掺入量增加，焦炭产量也增加，焦炭的质量也越来越差，另外是使加热炉管结焦倾向增大，因此应设法改善渣油与沥青的互溶性，以增强沥青质在渣油体系中的稳定性。

4. 延迟焦化-加氢裂化-催化裂化组合工艺

该组合工艺在扩大催化裂化装置原料来源的同时优化了该装置的原料结构，从而改善了产品分布和产品质量，能显著提高炼化企业含硫原油加工能力及深度加工能力。

图3-5给出延迟焦化-加氢裂化-催化裂化组合工艺流程示意图。劣质焦化CGO和高硫直馏VGO经过加氢裂化装置高压加氢精制后作为催化裂化装置的原料，形成延迟焦化-加氢裂化-催化裂化联合的工艺技术，其技术优势主要体现在：①能显著改善催化裂化装置原料质量，提高原料裂化性能，优化产品分布，减少较高转化率时的焦炭生成；②能显著降低催化裂化产品的硫含量，特别是解决了长期以来催化裂化汽油硫含量偏高的问题，还可以减轻后续产品精制装置的负荷，降低化工原材料消耗；③能确保延迟焦化、加氢裂化装置扩能改造后装置负荷的提高和产品后路的通畅，扩大和优化催化裂化装置的原料来源，有效提高含硫油及其深度加工的能力；④催化裂化原料中硫含量的降低，能显著减少再生烟气中SO_x及NO_x等污染物的排放，对保护环境有积极贡献。

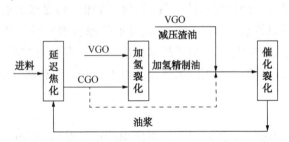

图3-5　延迟焦化-加氢裂化-催化裂化组合工艺流程示意图

此外，还有减黏裂化-延迟焦化、溶剂脱沥青-催化裂化、溶剂脱沥青-加氢处理-催化裂化、高苛刻度热裂化-溶剂脱沥青、循环油溶剂抽提脱芳—催化裂化等组合工艺。它们主要在低硫重油的加工中应用，在一定的加工流程中也可发挥重要的作用。

第三节　炼油装置主要设备

炼油工艺所使用的装置叫做炼油（工艺）装置。炼油装置是由一定的设备，按照一定的工艺要求组合而成的。不同的工艺过程所使用的设备也有区别。根据作用的不同，可将炼油设备大致分为六种类型，即：流体输送设备、加热设备、换热设备、传质设备、反应设备和容器等。

一、流体输送设备

这类设备主要用于输送各种液休(如原油、汽油、柴油、水等)和气体(油气、空气、蒸气等),使这些物料从一个设备到另一设备,或者使其压力升高或降低,以满足炼油工艺的要求。

在炼油厂用以输送液体的机械主要是泵,常用的有离心泵、往复泵、旋涡泵等。输送气体的机械主要有压缩机、鼓风机、真空泵等。除此之外,流体输送设备还包括各类管线、阀门等。

在炼油装置里,各类机泵、管线和阀门的用量很大。例如常减压蒸馏装置中,泵的投资约占总投资的5%;催化裂化装置中,仅主风机和气体压缩机约占总投资的6%;加氢裂化装置压缩机的动力消耗相当于整个装置的60%。一个炼油工艺装置所需的阀门数以千计,管线总长可达万米以上。所以常把流体输送设备比做炼油厂的"动脉"。

二、加热设备

为了把原油加热到一定的温度,使油品汽化或为油品进行反应提供足够的热量和反应空间,都需采用加热设备,常用的是管式加热炉。

(一)管式加热炉的结构和作用

管式炉主要由辐射室、对流室、炉管、燃烧器及烟道等组成。

1. 辐射室与对流室

管式炉四周有炉墙(由耐火层、保温层等组成),里面排有炉管,原料油或油品从对流室的炉管(称对流管)进入,经辐射室的炉管(辐射管)加热到要求的温度后离开炉子。燃料油和(或)燃料气在炉膛里燃烧,以辐射方式直接加热原料油。燃烧产生的高温烟气进入对流室,以对流方式把热量传给原料,最后从烟囱中排出。在加热炉里,70%~80%的加热任务是在辐射室里完成的。对流室除用以加热油品以外,有时还有部分炉管用来生产过热蒸汽供装置内用。

2. 炉管

排列在辐射室里的炉管,一般材料为优质碳钢(10号钢);处理高温或有腐蚀性的原料油则采用铬钼合金钢(如 Cr_5Mo 等)。为了增加传热面积,强化传热过程,对流室炉管外表面可以带有钉头。

3. 燃烧器

是喷散燃料与空气混合的设备,以使燃料完全燃烧。加热炉所用的燃料有两种:一种是重质油品,即燃料油;另一种是燃料气。烧燃料油时,一般采用蒸汽与燃料油混合,经油嘴高速喷出,使油雾化,空气从风门中进入,进行燃烧。常用的燃烧器是同时使用燃料油和燃料气的油气联合燃烧器。

4. 几种常见的管式炉结构

目前炼油厂中应用较广泛的管式炉有圆筒炉、立式炉、无焰炉等,三种炉型的结构示意图分别见图3-6、图3-7和图3-8。

(1)圆筒炉。炉膛为直立圆筒形,辐射管在炉膛周围垂直排成一圈,炉底装有一圈燃烧器,即辐射室内燃烧器和管排成同心圆布置。辐射管距火焰的相对位置匀称,炉管径向的辐射热量均匀，同时便于布置成多程并联(即一个以上的进出口)。圆筒炉的结构紧凑，材料用量、投资和占地面积均小于立式炉。但这种炉型由于受辐射管高度与炉管节圆直径(即以辐射管中心连线所形成圆的直径)之比的限制(约在2.5)，所以沿管长受热不均匀，辐射管的平均热流密度也较低。为了弥补大型圆筒炉炉膛热流密度低的缺点，有的圆筒炉除沿炉膛周边排炉管外，又在炉膛中间布置了炉管，除能充分利用炉膛空间外，由于中间设置的炉管承受双面辐射，所以还可提高辐射管的平均热流密度，从而节省材料用量。

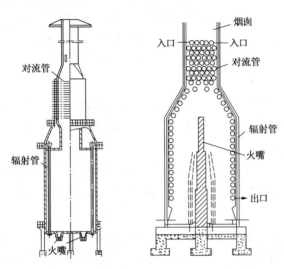 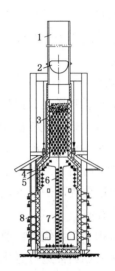

图 3-6 圆筒炉结构示意图   图 3-7 立式炉结构示意图   图 3-8 无焰炉结构示意图

1—烟囱；2—烟道挡板；3—对流管；4—炉墙；
5—吊架；6—花板；7—辐射管；8—无焰燃烧器

圆筒炉的方形对流室在圆筒体(辐射室)上部，对流管均为横排的。水蒸气管一般在对流管的中部。

(2) 立式炉。炉膛为长方型，辐射管水平排列在两侧，所以又叫卧管立式炉。这种炉型的高宽比小，且燃烧器沿管长布置，故辐射管受热均匀，平均热流密度较高。由于在两排燃烧器之间有一火墙，辐射管沿两面侧墙排列，故适用于布置双程并联。

立式炉炉管沿管长方向受热虽较均匀，但沿辐射室高度方向因受燃烧器形式和焰形的制约，各部位的炉管热流密度仍有差异。为改善这种状态，可选用较合适的燃烧器或在炉管的排列上作适当调整。辐射管沿两面侧墙排列，适于布置双重并联。一般在热负荷较大时使用。

(3) 无焰炉。炉体为长方形，辐射室炉管排在中间，两面受热，燃烧器排在两侧炉墙上，形成无焰燃烧，所以炉管受热均匀，允许热强度大，金属耗量小，炉墙散热少，热效率高。

无焰炉的特点是采用了无焰燃烧器。燃料气以高速(300~400m/s)通过喷嘴把空气由风门中带入，在混合管中混合，通过分布室分布到燃烧孔道中去，以极高的速度在孔道中完成全部燃烧过程，因此看不到火焰。孔道温度很高，把炉墙烧至高温，形成一面温度均匀的辐射墙，由炉墙把热量传给炉管，因此，炉管受热比较均匀。

由于无焰炉必须使用燃料气，且燃烧器较多，操作麻烦，故只有在炉管受热均匀程度要求较高的情况下才使用这种炉型，如焦化装置中常用无焰炉。

（二）管式炉的主要工艺指标

管式炉除了保证将原料油加热到要求的温度外，还应具有节省燃料、低金属耗量、长周期运转、结构简单紧凑、便于安装检修、噪音小等特点。这些特点是相互联系和制约的。

1. 热负荷

燃料在加热炉内燃烧所产生的热量并非全为原料油所吸收。原料油在炉内所吸收的热量叫做炉子的热负荷，单位是 kJ/h，例如一套处理量为 $250×10^4t/a$ 的常减压蒸馏装置，其常压炉的热负荷约为 $16750×10^4kJ/h$。当炉子尺寸相同时，能承担的热负荷越大，则表明炉子的性能越好。

2. 热效率

热负荷与燃料燃烧放出的总热量之比叫做炉子的热效率，以百分数表示。管式炉的热效率一般为 65%~85%，先进的热效率可达 85%~90%，甚至更高。热效率越高，对相同的热负荷而言，所消耗的燃料量就越小。

燃料燃烧时所放出的热量，除被原料油吸收以外，其余的热量都被烟气带走和炉体散热损失掉。所以要提高炉子的热效率，除应使燃料燃烧完全外，还应尽量减少这两部分热量的损失，其途径有：

（1）采用新型燃烧器，使燃料燃烧完全。燃烧器在燃料燃烧过程中所起的作用，一是借喷嘴将预热的燃料油进行雾化；二是通过调风口使空气进入火道和炉膛形成旋流式空气动力场，与雾化的燃料油充分混合，促使燃料燃烧完全。雾化越细，混合越充分，燃烧效率越高。因此，燃烧器的结构是影响燃料燃烧效率的重要因素之一。燃烧器的型号很多，我国目前主要采用 VI 和 SJ 型两种油-气联合燃烧器。在烧渣油时，VI 型结焦情况稍优于 SJ 型。

（2）控制过剩空气系数。要保证燃料完全燃烧，入炉的空气量必须大于理论所需空气量。实际进入炉膛的空气量与理论空气量之比，叫做过剩空气系数。烧油时，过剩空气系数一般为 1.2~1.3，烧气时为 1.1。此值过小，燃烧不完全；过大则表明入炉空气太多，烟气带走的热量也多，降低炉子的热效率。因此，要控制加热炉在合适的过剩空气系数条件下操作。

（3）在经济合理的前提下，充分回收烟气余热。利用烟气余热发生蒸汽和预热空气，不仅可以扩大蒸汽来源，而且热空气能促进燃料的燃烧速度，提高燃料的燃烧效率。

（4）采取一定措施减少炉子漏气及炉体的散热损失。

3. 炉管表面热强度

每平方米炉管表面积每小时所传递的热量叫做炉管表面热强度，以 kJ/($m^2 \cdot h$) 表示。炉管表面热强度越高，则炉管用量越少。在管式炉的总投资中，炉管系统所占的比例很大。因此，提高炉管表面热强度，不仅可以降低炉子的金属耗量，还可以缩小炉膛尺寸。但是炉管表面热强度不能无限提高，一方面随着炉管表面热强度的增加，管壁温度升高，易引起原料油分解结焦，缩短炉管使用时效，严重时可能引起炉管烧穿，影响炉子的运转周期和安全操作，增加设备的维修费；另一方面，因为各个炉管之间及同一根炉管的各个部位距火焰、炉墙的位置不同，受热不均匀，所以，炉子不同部位的炉管其表面热强度有一定差别。为了使最大热强度不超过允许值，平均热强度就不能太高。对原油常减压装置而言，一般常压炉辐射炉管的允许平均表面热强度为 90850 ~ 136070kJ/（m² · h）（圆筒炉）或 90850 ~ 164540kJ/（m² · h）（立式炉）；减压炉为 90850 ~ 113460kJ/（m² · h）（圆筒炉）或 90850 ~ 181700kJ/（m² · h）（立式炉）。如前所述，无焰炉炉管受热较均匀，因此允许炉管表面热强度可高达 209340 ~ 251200kJ/（m² · h）。

加热炉在炼油厂建设和生产上都占有重要地位。一般用作炼厂加热炉的自用燃料约占全厂原油加工量的 3% ~ 8%。在炼油装置中，加热炉约占总建设费用的 15% 左右，总设备制造费用的 30% 以上。

三、换热设备

把热量从高温流体传给低温流体的设备，叫做热交换器或换热器。炼油厂使用换热器的目的是加热原料、冷凝、冷却油品，并从中回收热量、节约燃料。这些设备也叫冷换设备。

在炼油装置中，各种换热器的钢材耗量占炼油厂工艺设备总重量的 40% 以上；建设投资在原油蒸馏装置中约占 20%，在催化重整和加氢脱硫装置中约占 15%。一个年处理量为 250×10⁴t 的炼油厂，各个装置所需的换热器在 200 台以上。

根据使用目的的不同，可将换热设备分为换热器、冷凝器、冷却器、重沸器等。用于回收热量的叫换热器；用水或空气作冷却介质的叫冷却器；将介质从蒸气状态冷凝为液体状态的叫冷凝器；重沸器是一种特殊形式的换热器，安装在精馏塔底部，用以加热塔底液体使之部分汽化。

换热器的类型很多，在炼油工艺装置中应用较多的是管壳式换热器和空气冷却器，个别装置还使用套管式换热器及沉浸式、喷淋式冷却器等。

（一）几种换热器的结构和作用

1. 管壳式换热器

管壳式换热器外形是卧式圆筒体，筒体内排列许多小管子。冷热两种流体分别在管内外流动，在管内流动的叫管程流体，在管外流动的叫壳程流体。热流通过管壁把热量传给冷流。

管壳式换热器主要由管束、管箱、壳体、折流板、管板、头盖等几部分组成，如图 3-9 所示。

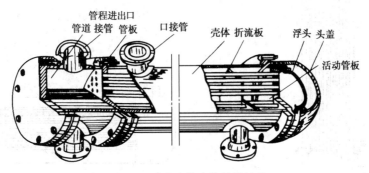

图 3-9　浮头式管壳换热器结构

管束由许多根管子组成，以一定的方式固定在管板上。管子一般采用 10 号碳钢或不锈钢无缝钢管，常用的排列方式是正方形斜转 45°和正三角形。

管箱置于管束之前，管程流体先进入管箱，再到管束中去。管箱的作用是分配流体及配置管程数。管程数是指管程流体从管束一端流至另一端，往返流动的次数。流动次数为一叫单管程，两次的叫双管程，依此类推，有四管程、六管程、八管程等。管箱里的隔板起着配置管程数的作用。管程数越多，管内流动的流速越大，对流传热系数也越大，但是流动阻力也越大，冷热流的平均温差降低。所以常用的是二、四、六管程。

为了提高壳程流体的流速和减少流动死角，在壳体内安装有若干折流板(个数不等)。折流板有多种形式，常用的是弓形折流板。在对着壳程入口的管束上安装有防冲板，防止流体进入时冲刷管束。

管束一端的管板通常是固定在管箱(或壳体)上，而另一端与壳体的连接方式有三种，因此，管壳式换热器的形式也就有以下三种。

(1)固定管板式换热器。其两端管板与壳体固定连接，管束与壳体不能相对运动。这种换热器结构简单，制造成本低。但当管子与壳体温度相差较大时，由于膨胀程度不同，会产生较大的热应力；另外，壳程无法进行机械清洗，所以一般适用于壳体和管束温差小、壳程物料比较清洁、不易结垢的场合。

当壳体和管束之间的温差较大(大于50℃)而壳体承受压力不太高时，仍可采用固定管板式，但须在壳体上加上热补偿结构以消除过大的热应力。图 3-10 为壳体上具有补偿圈(或称膨胀节)的固定管板式换热器。

(2)浮头式换热器。两端的管板有一端(称活动管板)不与壳体相连，可以沿管长方向在壳体内自由伸缩(此端称为浮头)，管束还可以拉出来清洗。因此这种形式的换热器适用于壳体与管束间的温差比较大、管子内外经常需要清洗的场合。但其缺点是结构比较复杂，金属耗量多，制造成本高。

(3)U 形管式换热器。如图 3-11 所示，只有一块管板，每根管子都弯成 U 形，管子的两端分别安装在固定管板的两侧，并用隔板将封头隔成两室。管束利用本身的 U 形弯头来解决胀缩问题。缺点是管内的清洗比较困难。因此适用于温差大、管内流体清洁的场合。

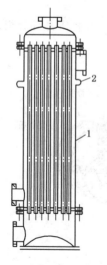

图 3-10 具有补偿圈的固定管板式换热器

1—壳体；2—补偿圈

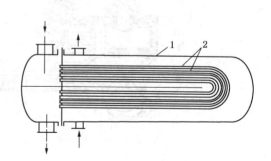

图 3-11 U 形管换热器

1—外壳；2—U 形管

以上三种管壳式换热器，尤以浮头式换热器用得最为广泛，因为其具有对换热介质的流量、温度适应性强，又不受冷热介质温差限制的特点。固定管板式换热器和U形管式换热器使用较少。根据实际需要，浮头式换热器和固定管板式换热器在我国已经系列化生产，可根据工艺要求选择适当的规格。

2. 套管式换热器

结构见图3-12。这种换热器构造比较简单，加工方便，可根据实际需要确定排数和程数。适当选择内外管直径，可使两种流体都达到较高的流速，从而提高传热系数，而且两股流体始终以逆流方向流动，平均温差较大。缺点是接头多而易漏，单位传热面消耗的金属量大。因此适用于流量不大、所需传热面积不多的场合。

3. 沉浸式(或水箱式)换热器

结构见图3-13。优点是在停水后仍可操作一段时间，清扫方便，结构简单，便于防腐。但金属耗量大，管外流体传热系数较小，传热面积有限。这种换热器只用在个别流量较小、油品冷却的场合。

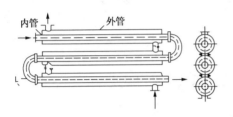 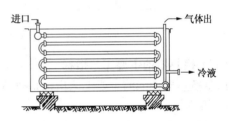

图3-12　套管式换热器　　　　　　　图3-13　水箱式冷却器

4. 喷淋式换热器

这种形式的换热器通常用于冷却或冷凝管内的流体，结构见图3-14。被冷却的流体在管内流动，冷却水由管上方的水槽经分布装置均匀淋下，管子之间装有齿形檐板，使自上流下的冷却水不断重新分布，再沿横管周围逐管下降，最后落入水池中。喷淋式换热器除了具有沉浸式的结构简单、造价便宜、可用各种材料制造等优点外，它比沉浸式更便于检修和清洗，传热系数也较其大。缺点是喷淋不易均匀，同时喷淋式换热器只能安装在室外，要定期清除管外积垢。

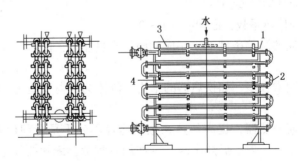

图3-14　喷淋式冷却器
1—直管；2—U形管；3—水槽；4—齿形檐板

5. 空气冷却器

空气冷却器用空气代替水作冷却剂。它的优点是大量节约用水，干净不结垢，操作费用和基建费用低，在水源不足或水质不好的地区使用更为有利。此外，使用空气冷却器可减少对环境的污染。

空冷器的结构见图 3-15，主要由翅片管束、管箱、构架、风机和百叶窗(只在特定地区使用)等几部分组成。热流在翅片管束内流动，风机将空气送经管束外，与管内流体换热。百叶窗置于管之上，开度可调节，用以调节风量和遮挡阳光。

我国生产的空冷器，其管束有水平式和斜顶式两种。斜顶式多用于有冷凝发生的场合。每组管束的外形尺寸有 3×9m、2×9m、4.5×3m 等，管排数大部分为 4 或 6 排。

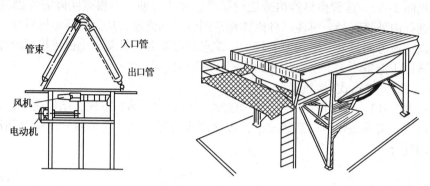

图 3-15　空气冷却器

(二) 换热器的主要工艺指标

衡量换热器性能的主要工艺指标是热负荷、传热系数、平均温差等。

1. 热负荷

换热器每小时传递的热量叫做换热器的热负荷，单位是 kJ/h。换热器的热负荷等于热流放出的热量，也等于冷流得到的热量加上散热损失(一般占总热负荷的 3%~7%)。对一定结构尺寸的换热器，提高热负荷可减少换热器的台数。

2. 传热系数

传热系数是衡量两种流体在换热器里传热速度的指标，其定义式为：

$$K = Q/(A \cdot \Delta t) \tag{3-1}$$

式中　Q——换热器的热负荷，kJ/h；

　　　A——换热器的传热面积，m^2；

　　　Δt——换热器的平均温差，℃；

　　　K——换热器的传热系数，$kJ/(m^2 \cdot h \cdot ℃)$。

由此看出，在相同的温差条件下，完成相同的换热任务，传热系数越大，所需传热面积越小。

影响传热系数的因素较多，如换热器的结构、流体的种类和流速、结垢速度、过程中有无相变等。

对一定结构的任何换热器，提高传热系数的途径不外乎是合理地安排管程和壳程的流体，提高流速和减少结垢。为了提高流速，可增加管程数，缩短折流板间距，采用双壳程，增加流体扰动等。但流速提高必然会使流动阻力增加，消耗较多的动力。通过换热器的液体流速一般为 0.5~3m/s(管程)和 0.2~1.5m/s(壳程)，气体流速为 5~30m/s(管程)和 3~15m/s(壳程)。

为了减少结垢，要加强油品的脱盐脱水，改善水质，同时还可以加入抗结垢剂等。

3. 平均温度差

两种流体之所以能进行热交换是因为存在着温度差。温度差越大，传热越快，传递相同的热量所需的换热面积就越小;反之,温差越小,所需换热面积就越大。由于冷热流体的温度在换热中不断变化,所以其温差是指平均值。

四、传质设备

这类设备用于精馏、吸收、解吸、抽提等过程,由于在这些过程中,物料发生了质量的传递,所以叫传质设备。常用的传质设备有各种塔器,如精馏塔、吸收塔、解吸塔和抽提塔等。

各种塔器的主要组成部分是塔体和塔板或填料。塔板或填料的主要作用是提供气-液或液-液进行质量交换和(或)热量交换的场所。不同的传质设备,所采用的塔板或填料形式也有所区别。

在此,仅着重介绍原油常减压蒸馏装置中的蒸馏塔,其他如吸收塔、解吸塔和抽提塔等将在后面有关章节中作简单介绍。

(一)塔和塔板的结构和作用

塔是直立的圆筒体,其高度为直径的十几甚至二十多倍。典型的原油蒸馏塔的结构如图3-16所示。

塔板是塔的主要构件,对蒸馏效果和塔的操作影响很大。在石油蒸馏中应用较多的塔板有浮阀塔板、文丘里型浮阀塔板、圆形泡帽塔板、伞形泡帽塔板、浮动舌形塔板、网孔塔板、条形浮阀和船形浮阀塔板等多种形式。

1. 浮阀塔板

浮阀塔板(见图3-17)是在塔板上开许多圆孔,每一个孔上装一个带三条腿的阀片。进行蒸馏时,液体从上一层塔板的降液管流下,流经塔板上面,再从此块塔板的降液管流到下层塔板去。为使塔板上能保持一定厚度的液层,在液体出口处装有堰板。气体通过阀孔将阀片向上顶起,沿水平方向喷出,通过液层,气液两相形成泡沫状态进行传质(见图3-18)。由于阀片开度可随气量(或气速)而变化,当气量少时,阀片在重力作用下下降或关闭,减少了泄漏,所以它具有效率高、操作弹性大的优点。

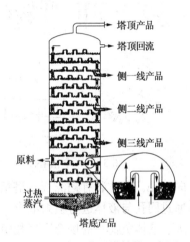

图3-16 原油蒸馏塔结构示意图

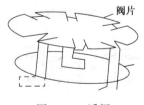

图3-17 浮阀

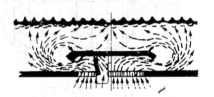

图3-18 浮阀塔板上气液接触情况

文丘里型浮阀塔板(又叫 V-4 型浮阀),其升气口(即阀孔)呈文丘里型,浮阀是轻型的,其余结构与上述浮阀塔板相同。由于它的压降较小,所以常用在要求塔板压力降较小的蒸馏塔中,如原油的减压蒸馏塔。

2. 圆形泡帽塔板

在塔板上开有许多小孔,每孔焊上一根圆短管,称为升气管;管上再罩一个帽子,称为泡帽。泡帽下沿有一圈矩形或齿形开口,称为气缝(结构见图3-19)。

气体从升气管上升,拐弯通过管与帽的环形空间,从气缝喷散出去。气体鼓泡通过液层,形成激烈的搅拌,进行传质传热,如图3-20所示。

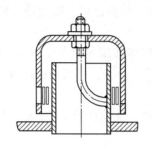

图3-19 圆形泡帽

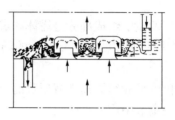

图3-20 圆形泡帽塔板气液接触情况

3. 伞形泡帽塔板

伞形泡帽塔板是圆泡帽塔板的改进型,它的泡帽成伞形,如图3-21。气体通过升气管和泡帽之间的空间大,路程短,升气孔是文丘里型,塔板压降较圆泡帽的小。此外,相邻泡帽之间气体相撞的现象也大大减少。这种塔板操作弹性大,不易泄漏,分馏效率高,但压降仍较大,只适用于低负荷操作。

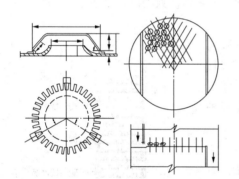

图3-21 伞帽塔板

4. 网孔塔板

这是一种喷射型塔板(见图3-22),板上有定向斜孔,上方装有挡沫板。塔板分成若干个区段,每一区段内相邻两排孔成90°排列,气体通过网孔与液体进行喷射混合,同时又有方向变化,强化了气液接触。这种塔板适合于气量大、液体负荷小的场合。气相负荷增加,压降增加很小,是这种塔板的一个特点。

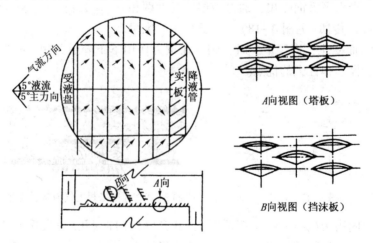

图3-22 网孔塔板

5. 浮动舌形塔板

这也是一种喷射型塔板(见图3-23)。与网孔塔板相近似,但压降大于网孔塔板,气相负荷增加时,压降增加较多。

6. 条形浮阀和船形浮阀塔板

这两种塔板均为浮阀塔板的改进新型,国内已工业化的条形浮阀是T形排列的(图3-24)。T形排列的条形浮阀气体和液体在塔板上流动方向不断发生变化,增加了气液接触的机会,有利于传质;另外,相邻浮阀出来的气体不直接碰撞,减少了雾沫夹带。

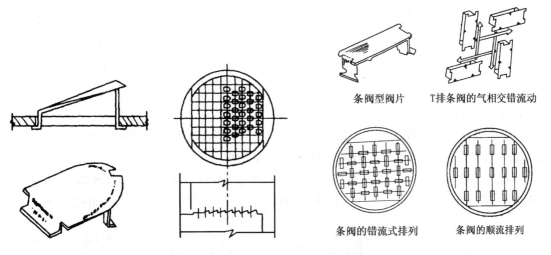

图 3-23　浮动舌形塔板　　　　　　　　图 3-24　条形浮阀塔板

船形浮阀塔板其阀体似船形(图3-25),两端有腿,卡在塔板下矩形孔中。阀体的排列采取阀的长轴与液流方向平行的方式,可使气液两相增加接触,减少液体的逆向返混,提高了传质效率和分馏精度。

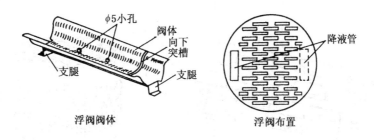

图 3-25　船形浮阀塔板

以上所述的各种塔板中,圆形泡帽塔板是气液传质设备应用最早的塔板形式之一,塔板效率较高,操作弹性大,操作稳定;但由于其结构比较复杂,制造成本高,塔板压降大等,所以已逐渐被其他形式的塔板所取代。浮阀塔板是目前用在原油常压蒸馏塔中比较多的一种塔板;而条形浮阀和船形浮阀塔板是近几年来用在常压蒸馏塔的新型改进塔板形式。文丘里型浮阀塔板、网孔塔板、浮动舌形塔板、伞形泡帽塔板等是应用于减压蒸馏塔的塔板。这些塔板各有其优缺点,它们的性能比较见表3-7。

表 3-7　塔板的性能比较

项　　目	圆泡帽	伞形泡帽	浮阀	V-4 型浮阀	条型浮阀	船型浮阀	网孔	浮动舌型
分离效率①	良好	良好	良好	良好	良好	良好	较好	尚可
操作弹性	良好	良好	良好	良好	良好	良好	尚可	较好
低气相负荷	良好	较好	良好	良好	良好	良好	尚可	较好
低液相负荷	良好	较好	良好	良好	良好	良好	尚可	尚可
塔板压降	大	较大	较大	较小	较大	较大	小	较小
设备结构	复杂	较复	简单	较简	简单	简单	较简	较简
制造费用	大	较大	较小	较小	较小	小	较小	较小
安装维修	复杂	较复	尚可	尚可	较简	较简	简单	较简

①在泛点80%附近操作时。

7. 各种填料

近年来，填料作为原油减压蒸馏塔内件，用于传质传热表现出良好的性能。与板式塔相比，填料的突出优点是压降小，操作弹性接近浮阀塔板。

我国原油减压蒸馏塔应用的填料有金属矩鞍环形（英特洛克斯）、阶梯环形（格里奇）、格栅型、金属孔板波纹型等，它们的结构分别见图3-26、图3-27、图3-28和图3-29。

图 3-26　矩鞍环形填料

图 3-27　阶梯环形填料

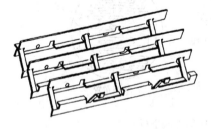

图 3-28　格栅形填料组装图

图 3-29　金属孔板波纹填料

矩鞍环型兼有环形和鞍形的优点，接触面积大，气液分布好，可采用较小的液体喷淋密度，性能优于阶梯环。因此矩鞍环型填料是目前在石油化工方面应用最广泛的填料。格栅填料是高空隙率填料，特别适用于负荷大、压降小、介质较重、有固体颗粒的场合。金属孔板波纹填料具有阻力小、气液分布均匀、效率高、通量大、操作弹性大、滞液量少、几乎没有放大效应等优点，适用于蒸馏、吸收等过程。几种填料的性能见表3-8。

表 3-8　几种金属填料性能

项　目	矩鞍环填料	阶梯环填料	格栅填料
规格/mm	腰径×高×壁厚	外径×高×壁厚	宽×高×板厚
	50×40×1	50×25×1	67×60×2
比表面积 $\alpha/(m^2/m^3)$	74.9	109.2	44.7
空隙率 $\varepsilon/(m^3/m^3)$	0.96	0.95	0.96
堆积密度/(kg/m^3)	291	400	318
干填料因子 $(\alpha/\varepsilon^3)/m^{-1}$	84.7	127.4	50.7
等板高度/mm	560~740	350~800	—
最小喷淋密度/$[m^3/(m^3 \cdot h)]$	1.2	1.2	1.2
相对压力降	130	210	100

由于填料的良好性能，在燃料型减压蒸馏塔中已得到了广泛的应用；在润滑油型减压蒸馏塔中可与塔板同时使用。

用好填料的关键，一是保证填料上有一定的液体喷淋密度；二是保证液体在填料中均匀分配。因此每一段填料床层上方的液体分配器也是十分重要的塔部件。我国常采用的液体分配器有旋芯式、筛孔盘式、排管式、槽式等液体分配器，它们的结构如图 3-30~图 3-33 所示。除此之外，填料塔内还有填料压板、填料支承板等部件。

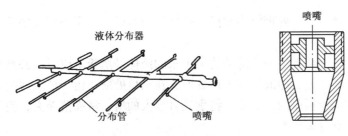

图 3-30　旋芯式液体分配器

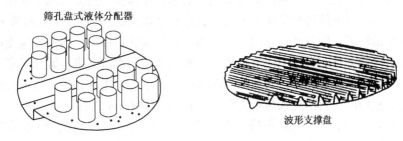

图 3-31　筛孔盘式液体分配器

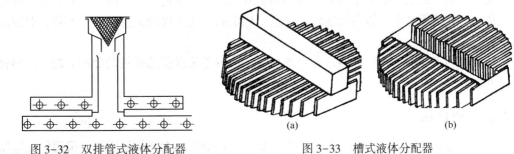

图 3-32　双排管式液体分配器　　　　图 3-33　槽式液体分配器

（二）蒸馏塔的工艺指标

蒸馏塔（或精馏塔、分馏塔）的工艺指标主要有以下几个。

1. 分馏精确度（或分离精确度）

通常用相邻两个馏分的馏程或蒸馏曲线（一般恩式蒸馏）的相互关系来表示石油精馏塔的分馏精确度。如果较重馏分的初馏点（或5%点）高于较轻馏分的终馏点（或95%点），则称这两个馏分之间有间隙（或脱空）；反之，如果较重馏分的初馏点（或5%点）低于较轻馏分的终馏点（或95%点），则称这两个馏分之间有重叠。间隙越大，或重叠越小，表明精馏塔的分离效果好，分馏精确度高；相反，重叠越大，表明分馏精确度越差。精馏塔的分馏精确度与分离体系的性质、回流比和塔板数等有关。在体系一定的情况下，回流比愈大，塔板数愈多，则分馏精确度愈高。

2. 汽液相负荷

汽液相负荷表示塔的处理能力。汽液相负荷愈高，表示塔的处理能力愈大。汽液相负荷是确定塔径和塔板结构尺寸的关键。

3. 操作弹性

塔板在一定的精馏效率下能适应处理量变化的范围叫做该塔板操作弹性。操作弹性大，在生产中的灵活性会更大。

影响塔板的分离效果、处理能力和操作弹性的因素较多，下面仅就塔板结构的影响加以简单分析。

在蒸馏过程中，当从上层塔板降液管流下来的液体经塔板下流时，必然会在塔板上形成一个坡度，叫做液面落差，即液层在入口处厚、在出口处薄。由于液层薄的地方阻力小，从那里通过的气体就比液层厚的地方多。特别是直径大的塔，液面落差大，使气体分布很不均匀，因而会大大降低分离效率。

为了减少液面落差，在直径较大的塔上，采取把液体分成两路或若干路往下流的方式，借以缩短液体流过塔板的距离，叫做双溢流或多溢流；液体按一路流动的方式叫单溢流。一般直径在 2.2~2.4m 以下的塔可采用单溢流，直径在 2.4m 以上的塔采用双溢流或多溢流。

在一定直径的塔里，随着处理量的增大，塔内油气流速也提高。当油气速度增大到一定程度后，气体会把部分液滴带到上层塔板去，这种现象叫做雾沫夹带。雾沫夹带还会将不易挥发的杂质带到上层塔板甚至塔顶，造成产品污染。为了防止雾沫夹带，塔板之间要保持一定的距离，称为板间距。石油蒸馏塔板间距一般在 450~900mm 左右。

对于没有升气管的塔板，如浮阀塔、舌型塔等，当油气流量（或流速）很低时，液体会从气体上升的通道漏到下层塔板去，这种现象叫做泄漏。可见对一定的蒸馏塔而言，每种塔板只是在一定范围的处理量下才具有较高的精馏效果，处理量过大，塔内气速大，会出现雾沫夹带现象；处理量过小，塔内气速低，又会出现泄漏。这两种现象使板效率下降，对精馏都是不利的。

在石油炼制工业中，各种塔器占有重要地位，约占工艺设备总投资的20%~25%，钢材消耗量的20%~30%。

五、反应设备

反应设备是为炼油工艺中进行的各类化学反应提供场所。工艺装置不同，采用的反应器类型也有差别，如催化裂化采用提升管反应器，催化加氢采用固定床、沸腾床或悬浮床反应器，烷基化采用阶梯式反应器等等。各种工艺装置的反应器将在以后有关章节中介绍。

六、储罐

储存与运输气体、液体、液化气等介质的设备统称为储运设备，在石油、化工、能源、环保等行业应用广泛。大多数储运设备的主体是压力容器。在固定位置使用、以介质储存为目的的容器称为储罐，如加氢站用高压氢气储罐、液化石油气储罐、战略石油储罐、天然气接收站用液化天然气储罐等；没有固定使用位置、以介质运输为目的的压力容器称为移动式压力容器，如汽车罐车、铁路罐车及罐式集装箱上的罐体等。

储罐主要适用于储存各种油品、石油气或其他物料，其中储油罐的用量最大。炼油装置中的储罐(容器)有些是用于气和液、油和水的分离以及用作某些物流的缓冲罐。根据物料量和用途的不同，储罐的大小可以从小于 $1m^3$ 到几万甚至十几万 m^3，单罐容积大于 $1000m^3$ 的称为大型储罐。

储罐有多种分类方法，按几何形状可分为卧式圆柱形储罐、立式平底筒形储罐、球形储罐；按温度划分可分为低温储罐、常温储罐(<90℃)和高温储罐(90~250℃)；按材料划分可分为非金属储罐、金属储罐和复合材料储罐；按所处的位置又可分为地面储罐、地下储罐、半地下储罐和海上储罐等。其中金属制焊接式储罐是应用最多的一种储存设备，目前世界上最大的金属储罐的容积已达到 $20×10^4 m^3$。

在以上各种设备中，有的主要用于炼油装置，如加热炉、塔、换热器等叫工艺设备；有的则不限于炼油装置，如泵、压缩机等叫通用设备。

第四章　原油的常减压蒸馏

原油蒸馏是原油加工的第一道工序，通过蒸馏将原油分成汽油、煤油、柴油等各种油品和后续加工过程的原料，因此，又叫原油的初馏。原油蒸馏装置在炼化企业中占有十分重要的地位，被称为炼化企业的"龙头"。由于原油中含有水分、盐类和泥沙等杂质，在蒸馏前需要进行原油的预处理。

第一节　原油的预处理

从油井开采出来的原油大多含有水分、盐类和泥沙等，一般在油田脱除后外输至炼油厂。但由于一次脱盐、脱水不易彻底，因此，原油进炼厂进行蒸馏前，还需要再一次进行脱盐、脱水。表4-1是我国几种主要原油进厂时含盐含水情况。

表4-1　我国几种主要原油进厂时含盐含水情况

原油种类	含盐量/(mg/L)	含水量/%（质）
大庆原油	3~13	0.15~1.0
胜利原油	33~45	0.1~0.8
中原原油	~200	~1.0
华北原油	3~18	0.08~0.2
辽河原油	6~26	0.3~1.0
鲁宁管输原油	16~60	0.1~0.5
新疆原油(外输)	33~49	0.3~1.8

一、原油含盐含水的影响

在油田脱过水后的原油，仍然含有一定量的盐和水。所含盐类除有一小部分以结晶状态悬浮于油中外，绝大部分溶于水中，并以微粒状态分散在油中，形成较稳定的油包水型乳化液。

原油含水、含盐给运输、储存增加负担，也给加工过程带来不利的影响。由于水的汽化潜热很大，原油含水就会增加燃料的消耗和蒸馏塔顶冷凝冷却设备的负荷，如一个250×10⁴t/a的常减压蒸馏装置，原油含水量增加1%，蒸馏过程增加热能消耗约7×10⁶kJ/h。其次，由于水的相对分子质量比油品的平均相对分子质量小很多，原油中少量水汽化后，使塔内气相体积急剧增加，导致蒸馏过程波动，影响正常操作，系统压力降增大，动力消耗增加，严重时引起蒸馏塔超压或出现冲塔事故。

原油中所含的无机盐主要有氯化钠、氯化钙、氯化镁等，其中以氯化钠的含量为最多，约占75%。这些物质受热后易水解，生成盐酸，腐蚀设备；其次，在换热器和加热炉中，随着水分的蒸发，盐类沉积在管壁上形成盐垢，降低传热效率，增大流动压降，严重时甚至会烧穿炉管或堵塞管路；再次，由于原油中的盐类大多残留在重馏分油和渣油中，所以还会影响二次加工过程及其产品的质量。

随着重油深加工技术的发展，对原油脱后含盐提出了更高要求。目前一般要求脱后原油的含盐量不大于 3mg/L，含水量不大于 0.2%，脱盐排水的含油量不大于 200mg/L。为了减小装置的腐蚀，有些企业还要求常压蒸馏塔塔顶冷凝水中的氯离子含量小于 20mg/L。

二、原油脱盐脱水的基本原理

（一）原油脱盐脱水的基本原理

原油能够形成乳化液的主要原因是由于油中含有环烷酸、胶质和沥青质等天然"乳化剂"，它们都是表面活性物质（油包水型）。在油中这些物质向水界面移动，分散在水滴的表面，引起油相表面张力降低，像一层保护膜一样使水滴稳定地分散在油中，从而阻止了水滴的聚集。因此，脱水的关键是破坏乳化剂的作用，使油水不能形成乳化液，细小的水滴就可相互聚集成大的颗粒、沉降，最终达到油水分离的目的。由于大部分盐是溶解在水中的，所以脱水的同时也就脱除了盐分。

破乳的方法是加入适当的破乳剂和利用高压电场的作用。破乳剂本身也是表面活性物质，但是它的性质与乳化剂相反，是水包油型的表面活性剂。破乳剂的破乳作用是在油水界面进行的，它能迅速浓集于界面，并与乳化剂竞争，最终占据界面的位置，使原来比较牢固的保护膜减弱其至破坏，小水滴也就比较容易聚集，进而沉降分出。近来所用的破乳剂都是合成高分子或超高分子量的表面活性剂，按化学组成分类有醚型、酰胺型、胺型和酯型四大类。国内炼油厂常用的原油破乳剂是 BP-169（聚醚型）和 2040 破乳剂（聚丙二醇醚与环氧乙烷化合物），加入量约为 $10 \sim 20 \times 10^{-6}$。不同原油所适用的破乳剂及其加入量是不同的，应通过试验选择。

原油乳化液通过高电场时，由于感应使水滴的两端带上不同极性的电荷。电荷按极性排列，因而水滴在电场中形成定向键，每两个靠近的水滴，电荷相等，极性相反，产生偶极聚结力，聚集成较大水滴（图 4-1）。

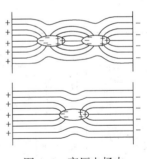

图 4-1　高压电场中水滴的偶极聚结

对于原油这样一种比较稳定的乳化液，单凭加破乳剂的方法往往还不能达到脱盐脱水的要水。因此，炼油厂广泛采用的是加破乳剂和高压电场联合作用的方法，即所谓电脱盐脱水。为了提高水滴的沉降速度，电脱盐过程是在一定的温度下进行的。电脱盐罐的温度高，对破乳和水滴沉降均有利，但温度过高，耗能多，且容易导致油品和水分汽化。因此，应根据原油性质和试验确定最佳操作温度，一般为 $80 \sim 120℃$。为防止原油汽化影响脱盐效果，通常规定操作压力比脱盐温度下原油饱和蒸汽压高 $150 \sim 200kPa$。

（二）原油电脱盐脱水的工艺流程

原油电脱盐工艺流程级数的选定与原油含盐量和对脱后原油含盐量要求有关。目前，二级脱盐脱水工艺流程在炼油厂被广泛采用，它是综合运用加热、加破乳剂和高压电场几种措施，使原油破乳、水滴聚结而沉降分离的电化学脱盐方法。但当原油含盐量较高，或原油密度、黏度较大，脱盐脱水困难时，往往需要采用三级脱盐脱水流程。

图 4-2 是原油二级电脱盐脱水的原理流程。原油自油罐抽出，与破乳剂、洗涤水按比

例混合，经换热器与装置中某热流换热达到一定的温度，再经过一个混合阀（或混合器）将原油、破乳剂和水充分混合后，送入一级电脱盐罐进行第一次脱盐、脱水。在电脱盐罐内，在破乳剂和高压电场（强电场梯度为500~1000V/cm，弱电场梯度为150~300V/cm）的共同作用下，乳化液被破坏，小水滴聚结成大水滴，通过沉降分离，排出污水（主要是水及溶解在其中的盐，还有少量的油）。一级电脱盐的脱盐率约为90%。一级脱后原油再与破乳剂及洗涤水混合后送入二级电脱盐罐进行第二次脱盐、脱水。通常二级电脱盐罐排出的水含盐量不高，可将它回注到一级混合阀前，这样既节省用水，又减少含盐污水的排出量。在上述电脱盐过程中，注水的目的在于溶解原油中的结晶盐，同时也可以减弱乳化剂的作用，有利于水滴的聚集。

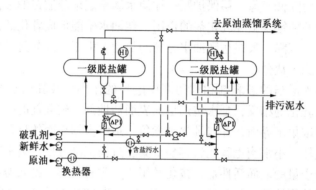

图4-2 二级电脱盐原理流程图

原油经过二级电脱盐、脱水，其含盐含水量一般都能达到规定指标，然后送往后面的蒸馏装置。国内几个炼厂的脱盐脱水效果见表4-2。

表4-2 炼油厂脱盐脱水效果

原油	密度(20℃)/(g/cm³)	一级脱盐				二级脱盐				脱前原油		一级脱后		二级脱后		脱盐率/%	强电场梯度/(V/cm)	弱电场梯度/(V/cm)
		温度/℃	注水量/%	破乳剂		温度/℃	注水量/%	破乳剂		含盐/(mg/L)	含水/%	含盐/(mg/L)	含水/%	含盐/(mg/L)	含水/%			
				型号	用量/×10⁻⁶			型号	用量/×10⁻⁶									
江汉	0.8600~0.8930	91	5.79	BP-169	11.5	88	3.1	BP-169	7	24.0	8.8	4.42	2.1	3.08		87.17	>1000	>375
鲁宁管输油	0.8770~0.8890	120~128	3.6		0	120~129	4.75	PE-2040	11.3	56.7	11.2	25.2	2.95	0.77	0.39	98.6	413~574	212~307
鲁宁管输油	0.8793~0.8860	122~128	5	PE-2040	11.4	118~132	4~5	PE-2040	16~28	60.4	0.6~20	13	0.32	2.1	0.33	96.5	403~574	216~307
鲁宁管输油	0.8850~0.8950	123	5	BP-169	14.7	121		BP-169	13	17.3	0.05	7.3	0.2	2.13	0.18	87.7	640~739	271~313

（三）电脱盐脱水的主要设备

原油电脱盐的主要设备是电脱盐罐，其他还有变压器、混合设施等。

电脱盐罐有卧式、立式和球形等几种形式，国内外炼油厂一般都采用卧式罐，图4-3是卧式电脱盐罐的示意图。

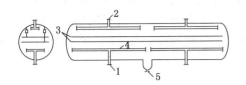

图 4-3 卧式电脱盐罐
1—原油入口；2—原油出口；3—电极板；
4—原油分配器；5—含盐废水出口

卧式电脱盐罐主要由外壳、电极板、原油分配器等组成。外壳直径一般为 3～4m，其长度视处理量而定，有的长达 20～30m。电极板一般是格栅状的，有水平和垂直的两类，采用水平的较多。电极板一般是两层，下极板通电，在两层电极板之间形成一个强电场区，该区是脱盐、脱水的关键区。在下层电极板与下面的水面之间又形成一个弱电场区，这个弱电场促使下沉水滴进一步聚结，提高脱盐脱水效率。

原油分配器的作用是使原油从罐底进入后能均匀垂直地向上流动，从而提高脱盐脱水效果。有两种类型的分配器，一种是带小孔的分配管，另一种是低速倒槽型分配器。

变压器是电脱盐设施中最关键的设备，与电脱盐的正常操作和保证脱盐效果有直接关系。根据电脱盐的特点，采用的是防爆高阻抗变压器。

油、水和破乳剂在进脱盐罐前需借混合设施充分混合，使水和破乳剂在原油中尽量分散。分散得细，脱盐率高。但分散过细，会形成稳定的乳化液，脱盐率反而下降，且能耗增大。故混合强度要适度。新建电脱盐装置的混合设施多采用可调压差的混合阀，可根据脱盐脱水情况来调节混合强度。有的炼油厂采用静态混合器，其混合强度好但不能调节。这两种混合设施串联使用效果会更佳。

近年来，国内不断开发出一些新型电脱盐罐，如洛阳石化工程公司设备研究所研制的 SHE 平流式脱盐罐（见图 4-4）。其主要特点是罐中电极结构由鼠笼式电极构成，分弱电场区、过度电场区和强电场区组成，整个罐内均充满了电场。原油以水平方式进入罐内，依次通过三个不同强度的电场区分段脱水。进罐原油始终在电场作用下，空间利用率高，能提高电场对原油的作用时间，缩短水滴下沉时间，

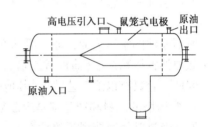

图 4-4　平流卧式电脱盐罐示意图

在同样处理量条件下，耗电省、罐体积小，电脱盐效率可提高 20%～50%。

近年来，随着原油性质的劣质化趋势及原油开采过程中大量使用助剂，使得原油的脱盐脱水异常困难，推动了电脱盐技术的迅速发展和进步。目前我国开发成功了交直流电脱盐技术、过滤电脱盐技术、平流卧式电脱盐技术、原油脱钙脱重金属技术、大型高速电脱盐技术等。此外，电脱盐技术在供电方式和破乳方面也取得显著进展，如直流电场、交流电场、交直流电场、脉冲电场、微波破乳、超声波破乳、合成破乳剂、油溶性破乳剂，以及过滤脱盐、旋流脱盐等，大大提高了原油的脱盐效率。

第二节　原油的常减压蒸馏

原油中所含的轻质油品是有限的。如前所述，我国主要油田的原油中含汽油、煤油、柴油等轻质油品的量一般为 20%～30%。为了蒸出更多的馏分油作为二次加工的原料，原油的常压蒸馏和减压蒸馏一般是联接在一起而构成常减压蒸馏。

通过常减压蒸馏，可以按产品方案将原油分割成相应的直馏汽油、煤油、喷气燃料、轻

柴油或重柴油及各种润滑油馏分等半成品，这些半成品经过适当的精制和调配等，即可成为合格产品。在常减压蒸馏过程中，也可以根据不同生产方案分割出各种二次加工原料，如重整原料、催化裂化原料、加氢裂化原料等。由此可见，常减压蒸馏装置的生产与运行在炼化企业占有十分重要的经济地位。

一、原油蒸馏的基本原理及特点

(一) 蒸馏与精馏

将液体混合物加热使之汽化，然后再将蒸气冷凝和冷却，使原液体混合物达到一定程度的分离，这个过程叫做蒸馏。蒸馏的依据是混合物中各组分沸点(挥发度)的不同。

蒸馏有多种形式，可归纳为闪蒸(平衡汽化或一次汽化)、简单蒸馏(渐次汽化)和精馏三种。其中简单蒸馏常用于实验室或小型装置上，如前介绍的恩氏蒸馏；闪蒸和精馏是在工业上常用的两种蒸馏方式，前者如闪蒸塔、蒸发塔或精馏塔的汽化段等，精馏过程通常是在精馏塔中进行的。

精馏是分离液相混合物的一种很有效的方法，它是在多次部分汽化和多次部分冷凝过程的基础上发展起来的一种蒸馏方式，炼油厂中大部分的石油精馏塔，如原油精馏塔、催化裂化和焦化产品的分馏塔、催化重整原料的预分馏塔以及一些工艺过程中的溶剂回收塔等，都是通过精馏这种蒸馏方式进行操作的。

(二) 原油常压蒸馏及其特点

原油蒸馏一般包括常压蒸馏和减压蒸馏两个部分，在此首先就原油的常压蒸馏作有关简述。

所谓原油的常压蒸馏，即为原油在常压(或稍高于常压)下进行的蒸馏，所用的蒸馏设备叫做原油常压精馏塔(简称常压塔)。由于原油常压精馏塔的原料和产品不同于一般精馏塔，因此，它具有以下工艺特点(其他的石油精馏塔也常常具有与之相似的工艺特点)。

1. 常压塔的原料和产品都是组成复杂的混合物

原油经过常压蒸馏得到的是汽油、煤油、柴油等轻质馏分油和常压重油，这些产品不同于一般精馏塔的产品，它们也是复杂的混合物，其质量是靠一些质量标准来控制的，如汽油馏程的干点不能高于205℃，柴油馏程的95%馏出温度不高于365℃等，所以对各产品的分馏精确度要求不是很高，即不要求把原油这一复杂的混合物精确分开。

2. 常压塔是一个复合塔结构

一般的精馏塔，通常一个塔只能得到塔顶和塔底两个产品。而原油常压精馏塔却是在塔的侧部开若干侧线以得到如上所述的多个产品，就像几个塔叠置在一起一样，故称之为复合塔或复杂塔。

3. 常压塔下部设置汽提段，侧线产品设汽提塔

一般的精馏塔，汽化段(亦称进料段)以上称为精馏段，塔顶产品冷凝冷却后一部分返回塔顶作为塔顶液相回流；进料段以下称为提馏段，塔底产品一部分经再沸器加热汽化后返回塔底作为塔底气相回流。

原油常压精馏塔的汽化段(即进料段)以上亦称精馏段，塔顶的汽油馏分经冷凝冷却后，一部分返回塔顶作为回流。从汽化段上升的汽体与向下流的回流液体，在精馏段各层塔板或填料上多次接触，进行传质传热，或多次的部分汽化和部分冷凝最终达到轻重组分或各产品馏分间的分离。值得一提的是，常压塔汽化段以下通常不叫提馏段而叫汽提段。原油精馏塔

的塔底温度较高，常压塔底温度一般在350℃左右，在这样的高温下，很难找到合适的再沸器热源，因此通常不用再沸器产生汽相回流，而是在塔底注入水蒸气，以降低油气分压，使塔底重油中的轻组分汽化，这种方法称为汽提。汽提段的分离效果不如一般精馏塔的提馏段。

侧线产品是从原油精馏塔的精馏段中部以液相状态抽出，相当于未经提馏的液体产品，因此其中必然含有相当数量的低沸点组分，为了控制和调节侧线产品质量（如闪点等）和改善产品间的分离效果，通常在常压塔的旁边设置若干个侧线汽提塔，侧线产品从常压塔中部抽出，送入汽提塔上部，从该塔下部注入水蒸气进行汽提，原理同前。汽提出的低沸点组分同水蒸气一道从汽提塔顶部引出返回主塔，侧线产品由汽提塔底部抽出送出装置。由此看出，侧线汽提塔相当于一般精馏塔的提馏段，塔内通常设置3~4层塔板或一定高度的填料。汽提所用的水蒸气通常是400~450℃、约3atm的过热水蒸气，为的是在精馏塔中始终保持为气相，它一般产生于加热炉的对流室。

4. 常压塔常设置中段循环回流

在原油精馏塔中，除了采用塔顶回流外，通常还设置了1~2个中段循环回流，即从精馏塔上部的精馏段引出部分液相热油（或者是侧线产品），经与其他冷流换热或冷却后再返回塔中，返回口比抽出口通常高2~3层塔板。一般而言，中段循环回流的数目越多，气液负荷分布越均衡，回收的热量也越多，但投资也会提高，且扩大处理量的弹性越小，对产品质量也会有影响。因此，应有一个适宜的数目。对有3~4个侧线的常压塔，一般采用2个中段循环回流；对有2个侧线抽出的常压塔一般采用1个中段循环回流为宜。

中段循环回流的作用是：在保证各产品分离效果的前提下，取走精馏塔中多余的热量。采用中段循环回流的好处是：在相同的处理量下可缩小塔径，或者在相同的塔径下可提高塔的处理能力；可回收利用这部分温度较高的热源。

（三）减压蒸馏及其特点

原油在常压蒸馏的条件下，只能够得到各种轻质馏分，而各种高沸点馏分，如裂化原料和润滑油馏分等都存在于常压塔底重油之中。要想从重油中分出这些馏分，在常压条件下必须将重油加热到较高温度。因为这些馏分中所含的大分子烃类在450℃时就可发生较严重的热裂解反应，生成较多的烯烃使馏出油品变质，同时伴随着缩合反应生成一些焦炭，影响正常生产。

减压蒸馏是在压力低于100kPa的负压状态下进行的蒸馏过程。由于物质的沸点随外压的减小而降低，因此在较低的压力下加热常压重油，上述高沸点馏分就会在较低的温度下汽化，从而避免了高沸点馏分的裂解。通过减压精馏塔可得到这些高沸点馏分，而塔底得到的是沸点在500℃以上的减压渣油。

减压蒸馏所依据的原理与常压蒸馏相同，关键是减压塔顶采用了抽真空设备，使塔顶的压力降到几kPa。

减压塔的抽真空设备常用的是蒸汽喷射器（也称蒸汽喷射泵）或机械真空泵。其中机械真空泵只在一些干式减压蒸馏塔和小炼油厂的减压塔中采用，而广泛应用的是蒸汽喷射器。

抽真空设备的作用是将塔内产生的不凝气（主要是裂解气和漏入的空气）和吹入的水蒸气连续地抽走以保证减压塔的真空度要求。蒸馏喷射器的基本工作原理是利用高压水蒸气（一般是800~1000kPa）在喷管内膨胀（减压），使压力能转化为动能从而达到高速流动，在喷管出口周围形成真空，从而将塔中的气体抽出。

与一般的精馏塔和原油常压精馏塔相比，减压精馏塔具有如下几个特点：

1. 减压精馏塔分燃料型和润滑油型两种

燃料型减压塔主要生产二次加工如催化裂化、加氢裂化等原料，它对分离精确度要求不高，希望在控制杂质含量的前提下，如残炭值低、重金属含量少等，尽可能提高馏分油拔出率。

润滑油型减压塔以生产润滑油馏分为主，希望得到颜色浅、残炭值低、馏程较窄、安定性好的减压馏分油，因此不仅要求拔出率高，而且具有较高的分离精确度。

2. 减压精馏塔的塔径大、板数少、压降小、真空度高

由于对减压塔的基本要求是在尽量减少油料发生热解反应的条件下尽可能多地拔出馏分油，因此要求尽可能提高塔顶的真空度，降低塔的压降，进而提高汽化段的真空度。塔内的压力低，一方面使气体体积增大，塔径变大；另一方面由于低压下各组分之间的相对挥发度变大，易于分离，所以与常压塔相比，减压塔的塔板数有所减少。如前所述，燃料型减压塔的塔板数可进一步减少，亦利于降低压降。

3. 缩短渣油在减压塔内的停留时间

减压塔底的温度一般在390℃左右，减压渣油在这样高的温度下如果停留时间过长，其分解和缩合反应会显著增加，导致不凝气增加，使塔的真空度下降，塔底部结焦，影响塔的正常操作。为此，减压塔底常采用减小塔径（即缩径）的办法，以缩短渣油在塔底的停留时间。另外，由于在减压蒸馏的条件下，各馏分之间比较容易分离和/或分离精确度要求不高，加之一般情况下塔顶不出产品，所以中段循环回流取热量较多，减压塔的上部气相负荷较小，通常也采用缩径的办法，使减压塔成为一个中间粗、两头细的精馏塔。

（四）减压深拔技术

传统上的减压蒸馏通常只能将原油拔到切割点520~540℃（TBP）。目前国外许多炼油厂可以把原油切割到560℃（TBP）以上，有的炼油厂甚至达到600℃（TBP）以上，使重质蜡油的收率显著提高，给炼化企业带来了显著的经济效益。

减压深拔亦称减压蒸馏的"深度切割"，其设计的基本理念是在保证减压瓦斯油质量的前提下，以尽可能提高减压瓦斯油收率为目的，并使去下游加工的减压渣油最小化。减压深拔是指原油切割至560℃（TBP）以上，且所拔出的重质馏分油（即重质蜡油）及塔底渣油的质量能够满足下游二次加工装置对原料的质量要求，同时减压渣油中<538℃的轻组分含量不超过5%。减压深拔得到的重质蜡油主要用于加氢裂化、加氢处理及调和燃料油，减压渣油则主要用作焦化原料。减压深拔设计的最高温度可以达到593~621℃。

减压深拔的主要目标是最大限度地提高减压塔的拔出率，其技术特点是高真空度、高炉温，技术难点是在高炉温、高的塔操作温度下，如何延缓加热炉管内油品过度裂解缩合而产生结焦现象，提高减压蜡油收率，保证产品质量，保证加热炉和减压塔长周期平稳运行，这就是近几年来快速发展减压深拔技术的主要目标。一般深拔条件下，减压炉出口温度要求达到410℃以上，进料段温度通常达到390℃以上，塔顶温度控制在60~80℃，塔顶压力约为1.1~4.0kPa。此外，深拔操作时，抽真空蒸汽的能耗比不深拔条件下增加约8.37MJ/t左右。

减压深拔技术主要包括深拔条件下的减压加热炉技术、减压转油线技术、减压塔技术及减压塔顶抽真空技术等。其中加热炉的设计与操作是实现减压深拔技术的关键，设计原则是降低油品在炉管内高温区的停留时间，保持炉管内两相流介质合理的流型，保证油品在炉管

内受热均匀，避免炉管内油膜的温度超过油品的裂解温度。采用三级、四级甚至更多级的抽真空系统，可以大大降低减压塔塔顶残压，实现高真空度减压蒸馏。

近年来，随着延迟焦化工艺的不断改进，焦化装置已可以加工更为劣质的减压渣油；重质减压蜡油经加氢处理后可以用作优质的催化裂化原料。因此，以提高原油拔出率、降低减压渣油产率为主要目的的减压深拔技术得到快速发展和广泛应用。美国 KBC 公司开发的减压深拔技术，可使减压蒸馏实沸点切割温度达到 608~621℃；壳牌公司为了实现减压馏分油的最大回收率，其减压蒸馏深度切割技术闪蒸段（即进料段）的压力可低至 2.2kPa，在金属含量维持可接受的前提下，减压馏分油的切割点可以达到 600℃；德国 MIRO 炼油厂减压蒸馏装置的切割点达到 605℃时，其减压馏分油的残炭仍能保持在 1.7% 的水平。在国内，也有越来越多的炼化企业采用减压深拔技术，如中国石化青岛炼油化工股份有限公司 1200×10⁴t 常减压蒸馏装置，减压蒸馏塔采用了深拔技术，原油切割温度可达 565℃以上。

二、原油蒸馏的工艺装置

一个炼油生产装置有各种工艺设备（如加热炉、塔、反应器）及机泵等，它们是为完成一定的生产任务，按照一定的工艺技术要求和原料的加工流向互相联系在一起，即构成一定的工艺流程。

（一）原油蒸馏的工艺流程

目前炼油厂最常采用的原油蒸馏流程是双塔流程和三塔流程。双塔流程包括两个部分（不包括原油的预处理）：常压蒸馏和减压蒸馏。三塔流程包括三个部分：原油初馏、常压蒸馏和减压蒸馏。大型炼油厂的原油蒸馏装置多采用三塔流程，现以此为例加以介绍。

根据产品用途和炼油厂类型不同，可将原油蒸馏工艺流程大致分为燃料型、燃料-润滑油型和化工型三种类型，但我国原油蒸馏工艺流程一般采用前两种类型，以下分别介绍。

1. 燃料型

这种类型的工艺流程如图 4-5 所示。

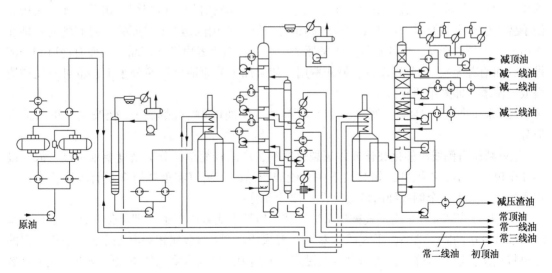

图 4-5　原油常减压蒸馏工艺流程图（燃料型）

1)原油初馏　其主要作用是拔出原油中的轻汽油馏分。从罐区来的原油先经过换热(热源一般是本装置内的热源),温度达到80~120℃左右进入电脱盐罐进行脱盐、脱水。脱后原油再经过换热,温度达到210~250℃,这时较轻的组分已经汽化,气液混合物一起进入初馏塔,塔顶出轻汽油馏分(初顶油),塔底为拔头原油。

2)常压蒸馏　其主要作用是分出原油中沸点低于350℃的轻质馏分油。

拔头原油经换热、常压炉加热至360~370℃,形成的气液混合物进入常压塔,塔顶压力一般为130~170kPa。塔顶出汽油(常顶油),经冷凝冷却至40℃左右,一部分作塔顶回流,一部分作汽油馏分。各侧线馏分油经汽提塔汽提、换热、冷却后出装置。各侧线之间一般设1~2个中段循环回流。塔底是沸点高于350℃的常压重油。

3)减压蒸馏　其作用是从常压重油中分出沸点低于500℃的高沸点馏分油和渣油。

常压重油(也叫常压渣油)的温度为350℃左右,用热油泵从常压塔底部抽出送到减压炉加热。温度达390~400℃进入减压精馏塔,减压塔顶的压力一般是1~5kPa。为了减小管线压力降和提高减压塔顶的真空度,减压塔顶一般不出产品或出少量产品(减顶油),直接与抽真空设备联接,并采用顶循环回流方式(即从塔顶以下几块塔板处或减一线抽出口引出一部分热流,经换热或冷却后返回到塔顶,这种回流方式可减小塔顶冷凝冷却器负荷,降低塔顶管线压力降等)。侧线各馏分油经换热、冷却后出装置,作为二次加工的原料。各侧线之间也设1~2个中段循环回流。塔底减压渣油经换热、冷却后出装置,也可稍经换热或直接送至下道工序如焦化、溶剂脱沥青等,作为热进料。

从上述流程来看,在原油蒸馏工艺流程的初馏、常压蒸馏和减压蒸馏这三个部分中,油料在每一部分都经历了一次加热-汽化-冷凝过程,故为三段汽化,通常叫做三塔流程。但从过程的原理来看,初馏也属于常压蒸馏。同理,在两段汽化的流程中,没有初馏部分,脱后原油经换热后直接进常压炉,其后与三段汽化的相同。油料在经过常压蒸馏和减压蒸馏时,经历了两次加热-汽化-冷凝过程,故称为两段汽化,习惯上叫做双塔流程。

三段汽化原油蒸馏工艺流程(燃料型)的特点如下:

(1)初馏塔顶产品轻汽油是良好的催化重整原料,其含砷量小(催化重整催化剂的有害物质),且不含烯烃。大庆原油(含砷量高)生产重整原料时均设初馏塔。相反,加工大庆原油不要求生产重整原料,或加工原油含砷量低,则可采用闪蒸塔(闪蒸塔与初馏塔的差别在于前者不出塔顶产品,塔顶蒸气进入常压塔中上部;而后者出塔顶产品,因而有冷凝和回流设施,而前者无),以节省设备和操作费用。如果加工的原油含轻馏分很少,也可不设初馏塔或闪蒸塔,即采用两段汽化流程。

(2)常压塔可设3~4个侧线,生产溶剂油、煤油(或喷气燃料)、轻柴油、重柴油等馏分。

(3)减压塔侧线出催化裂化或加氢裂化原料,产品较简单,分馏精度要求不高,故只设2~3个侧线,不设汽提塔,如对最下一个侧线产品的残炭值和重金属含量有较高要求,需在塔进口与最下一个侧线抽出口之间设1~2个洗涤段。

(4)减压蒸馏可以采用干式减压蒸馏工艺。所谓干式减压蒸馏,即不依靠注入水蒸气来降低油气分压的减压蒸馏。干式减压蒸馏一般采用填料(如金属矩鞍环)而不是塔板。它的主要特点是:填料压降小,塔内真空度提高,加热炉出口温度降低使不凝气减少,大大降低了塔顶冷凝冷却负荷,减少冷却水用量,降低能耗等。因此,干式减压蒸馏(见图4-6)被广泛地用于原油蒸馏装置中。

实际上，也有采用板式塔的湿式减压蒸馏，这种减压蒸馏塔的特点是：塔板数少（由于分馏精确度要求不高），中段循环回流取热比例较大，以减小塔中的内回流。缺点是塔板压降较大，为保证一定的拔出率，必须依靠注水蒸气来降低油气分压。湿式减压蒸馏工艺正逐渐被干式的所取代。

图4-7是减压塔顶二级蒸汽喷射器的原理流程，由管壳式冷凝器、蒸汽喷射器、水封罐等几部分组成。减压塔顶出来的不凝气、水蒸气和少量油气首先进入冷凝器，其中的水蒸气和油气被冷凝后排入水封罐，不凝气则由一级喷射器抽出从而在冷凝器中形成真空。由一级喷射器出来的不凝气和工作蒸汽再排入一个中间冷凝器，将水蒸气冷凝，不凝气再由二级喷射器抽走而排入大气，或者再设置一个后冷器，将水蒸气冷凝，不凝气排入大气。这种二级蒸气喷射抽真空系统，减压塔塔顶的残压取决于冷凝器的残压，而冷凝器所能达到的残压最低只能达到该处温度下水的饱和蒸气压。因冷凝器的水温难以低于20℃，故减压塔顶的残压就很难低于4.0kPa。若要获得更高的真空度，就必须打破水的饱和蒸气压这个限制。为此，如果在减压塔顶出来的气体进入第一个冷凝器之前再安装一个蒸汽喷射器（叫增压喷射器），使馏出气体升压，则减压塔的真空度就能进一步提高。设增压喷射器的抽真空系统如图4-8所示。

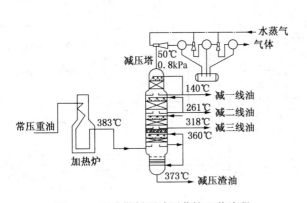

图4-6　干式燃料型减压蒸馏工艺流程

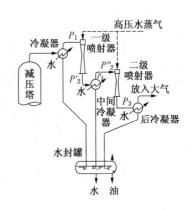

图4-7　蒸汽喷射器抽真空系统流程

由图4-8看出，增压喷射器的上游没有冷凝器，它是与减压塔顶的馏出线直接联接，因此，塔顶真空度就能完全摆脱水温（或水的饱和蒸气压）的限制，减压塔的残压相当于增压喷射器所能造成的残压加上馏出管线压降。增压喷射器所吸入的气体，除减压塔来的不凝气以外，还有减压塔的汽提水蒸气，故操作负荷很大。这不仅会使增压喷射器要有很大的尺寸，而且它的蒸汽耗量很大，致使装置的能耗和操作费用大大增加。因此，这种抽真空系统流程一般适于干式减压蒸馏。

2. 燃料-润滑油型

这种类型的原油常减压蒸馏工艺流程如图4-9所示，其流程特点如下：

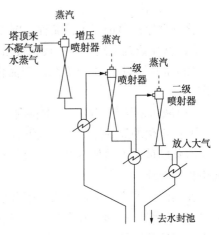

图4-8　设增压喷射器的
抽真空系统系统流程

（1）常压系统在原油和产品要求方面与燃料型相同时，其流程亦相同。

（2）减压系统流程较燃料型复杂。减压塔要出各种润滑油馏分，其分馏效果的优劣直接影响到后面的加工过程和润滑油产品的质量，所以各侧线馏分馏程要窄，塔的分馏精确度要求较高。为此，减压塔一般是采用板式塔或塔板-填料混合式减压塔，塔板数较燃料型多，侧线一般是 4~5 个，而且有侧线汽提塔以满足对润滑油馏分闪点的要求，并改善各馏分的馏程范围。

（3）控制减压炉出口最高油温不大于 395℃，以免油料因局部过热而裂解，进而影响润滑油质量。

（4）减压蒸馏系统一般采用在减压炉管和减压塔底注入水蒸气的操作工艺。注入水蒸气的目的在于改善炉管内油的流动情况，避免油料因局部过热裂解；降低减压塔内油气分压，提高减压馏分油的拔出率。

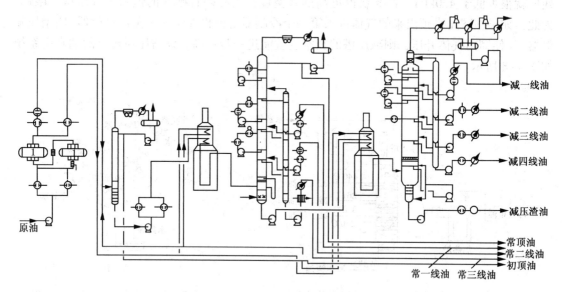

图 4-9　原油常减压工艺流程图(燃料型)

3. 化工型

化工型原油蒸馏的工艺流程如图 4-10 所示。其流程最为简单，它的特点是：

（1）常压蒸馏系统一般不设初馏塔而设闪蒸塔，闪蒸塔顶油气引入常压塔中上部。

（2）常压塔设 2~3 个侧线，产品作裂解原料，分离精度要求低，塔板数减少，不设汽提塔。

（3）减压系统与燃料型基本相同。

两段汽化的原油蒸馏流程也可分为燃料型、燃料-润滑油型和化工型三类。在设备上与三段汽化的最大不同是不设前面的初馏塔或闪蒸塔，其余基本相同。两段汽化的工艺流程在此不再作介绍。

在实际生产中，个别炼油厂还有采用四段汽化的原油蒸馏流程，即原油初馏-常压蒸馏-一级减压蒸馏-二级减压蒸馏。这种流程只有在需要从原油中生产高黏度润滑油时才加以考虑，以便从减压渣油中拔出更多的重质馏分作润滑油原料。

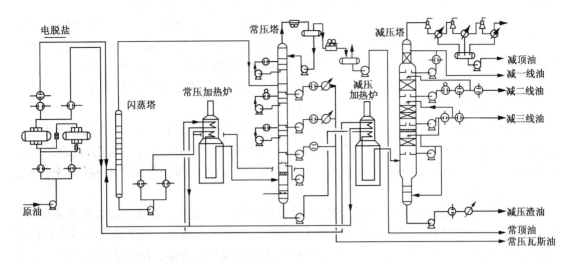

图 4-10　原油常减压蒸馏工艺流程(化工型)

(二) 原油蒸馏装置的技术进展

截至 2018 年底,全球约有 767 座炼油厂,世界总炼油能力约 $49.05×10^8 t/a$,最大的单套常减压装置规模达到 $1800×10^4 t/a$,我国最大单套常减压装置规模为 $1200×10^4 t/a$。目前,我国原油蒸馏装置的加工规模已超过 $8.5×10^8 t/a$,蒸馏装置的大型化发展是炼化企业提高加工能力、降低能耗、增加效益的主要途径和重要手段。近年来,世界原油性质重质化、劣质化变化趋势,推动了原油蒸馏技术不断进步,其技术进步主要体现在防腐蚀、负荷转移、多产柴油、四级蒸馏、轻烃回收、节能降耗、深度切割及高效电脱盐、高效塔内件应用等,进一步提高了装置的拔出率及运行周期,降低了加工损失和装置能耗。

1. 防腐蚀

原油常减压蒸馏装置是原油进炼油厂的第一道加工工序,其开工周期的长短直接影响到后序各加工过程的进行。而设备与管线的腐蚀又直接影响着装置开工周期的长短。因此,防腐问题历来被人们所重视。

原油中引起设备和管线腐蚀的主要物质有无机盐类、各种硫化物和有机酸等。因此,常减压装置的防腐主要是针对盐类腐蚀、硫腐蚀和环烷酸腐蚀。腐蚀可以发生在高温的重油部位,如减压炉管、塔底等,也可发生在低温轻油部位,如常减压塔顶管线和冷凝冷却系统,尤以后者更为普遍。

引起塔顶冷凝冷却系统腐蚀的根本原因在于原油中的盐,其次是硫。在蒸馏过程中,原油中的盐类受热水解,生成具有强烈腐蚀性的氯化氢(遇水成盐酸)。氯化氢和硫化氢(H_2S,原油中硫化物在蒸馏过程中的分解产物)在蒸馏过程中随原油的轻馏分和水分一起挥发和冷凝,在塔顶部及冷凝系统内形成低温 $HCl-H_2S-H_2O$ 型腐蚀介质,对初馏塔、常压塔顶部的塔体、塔板、馏出线、冷凝冷却器等有相变的部位产生严重腐蚀。特别值得注意的是:无论原油含硫高低,只要含盐,就会引起上述部位的严重腐蚀。

抑制原油蒸馏装置中设备和管线腐蚀的主要办法是:对低温的塔顶以及塔顶油气馏出线上的冷凝冷却系统采取化学防腐措施,即"一脱三注"——深度电脱盐、注氨、注缓蚀剂和注碱性水。工业实践证实,这一防腐措施基本消除了氯化氢的产生,抑制了原油蒸馏馏出系统的腐蚀;对温度大于 250℃的塔体及塔底出口系统的设备和管线等高温部位的抗硫腐蚀和抗环烷酸腐蚀，主要是依靠选用合适的耐蚀材料和合理的结构设计加以解决。

"一脱三注"（也叫化学防腐）是目前在炼油厂普遍采取的防腐措施，已基本取代过去的"一脱四注"方法，停止向原油中注入纯碱（碳酸钠）或烧碱（氢氧化钠），以减少对后续二次加工过程的不利影响，如钠离子（Na^+）会造成裂化催化剂中毒，使延迟焦化装置的炉管结焦、焦炭灰分增加、换热器结垢等。其中原油脱盐脱水已在前面有关章节介绍，以下仅就"三注"加以说明。

（1）塔顶馏出管线注氨。在塔顶馏出线注氨的目的是中和氯化氢和硫化氢等酸性物质，抑制管线腐蚀。注入位置应在水的露点之前，这样做可以使氨与氯化氢气体充分混合，才能达到理想的效果，生成的氯化铵被水洗后带出冷凝系统，注入量按冷凝水的 pH 值来控制，一般维持 pH 值在 7~9。

（2）塔顶馏出线注缓蚀剂。氨分别与氯化氢和硫化氢中和后，生成的硫化铵无腐蚀性，但氯化铵仍有腐蚀作用，必须注入缓蚀剂才能消除它的沉积和腐蚀。所谓缓蚀剂即具有延缓腐蚀作用的物质，它是一种表面活性剂，能够吸附在金属设备表面，形成保护膜，使金属不被腐蚀。将缓蚀剂配成溶液后，注入到塔顶管线的注氨点之后，保护冷凝冷却系统，也可以注入到塔顶回流管线内，以防止塔顶部的腐蚀。

（3）塔顶馏出线注碱性水。在注氨过程中会生成氯化铵沉积，既影响传热效果，又会造成垢下腐蚀，由于氯化铵在水中的溶解度很大，所以在塔顶馏出管线注氨的同时，连续注水可以洗去注氨时生成的氯化铵，也可以降低常压塔顶馏出物中氯化氢和硫化氢的浓度，以确保冷凝冷却器的传热效果，防止设备的垢下腐蚀。连续注水量一般为塔顶总馏出量的 5%~10%。

实践证实，原油深度脱盐脱水，以及向塔顶馏出管线注氨、注缓蚀剂和注碱性水的"一脱三注"的化学防腐工艺，是低温轻油部位行之有效的防腐措施。

2. 常压塔负荷转移技术

负荷转移技术是充分发挥初馏塔的作用，其技术关键是最大限度地提高初馏塔的拔出率。利用换热网络为初馏塔提供热量，设置多条侧线抽出，并直接引入常压塔的相应组分位置，进而拔出更多的轻组分，减少常压炉和常压塔的负荷；同时，通过设置中段循环回流，提高装置的余热回收率。由此可见，负荷转移技术不仅可以提高常压塔的加工能力，也是装置节能的重要手段。

3. 多产柴油技术

受限于常压塔加热炉出口温度和装置的加工能耗，常压塔难以将原油中的柴油组分全部分离出来，约有 3%~5% 的柴油组分溶解于常压重油中。若不加以分馏回收，这部分柴油组分会随着减压蜡油一起送到下游的生产装置，既增加了下游装置的负荷和能耗，也损失了优质的直馏柴油。

多产柴油技术就是通过在减压塔减一线抽出集油箱下方增设精馏段，来提高减一线和减二线的分离精度，这样就可以在减一线获得质量很好的直馏柴油，这一技术措施已经广泛应用于国内的常减压蒸馏装置。

4. 四级蒸馏技术

原油常减压装置通常采用初馏（或预闪蒸）- 常压蒸馏 - 减压蒸馏的三级蒸馏流程。近年来，在扩大蒸馏装置加工能力的改造项目中，出现了四级蒸馏流程，它是在传统常减压三级蒸馏流程的基础上，新增了一级减压炉和一级减压塔，即采用"初馏塔–常压炉—常压塔——一级减压炉 ——一级减压塔—二级减压炉—二级减压塔"的三炉、四塔四级蒸馏新工艺。前后分别转移部分常压负荷和减压负荷至一级减压塔，主要是分离出柴油和蜡油，一级减压塔流程的设置较为简单。

5. 蒸馏装置的轻烃回收

近年来，我国许多炼化企业加工进口原油(特别是中东原油)的比例与日俱增。中东原油一般具有硫含量高($>1.5\%$)、轻油收率高的特点，从蒸馏装置所得的轻烃组成看，其中C_1、C_2占20%左右，C_3、C_4占60%左右，且都是以饱和烃为主。而国产原油几乎不含C_5以下的轻烃，这就给原油蒸馏装置带来一个新问题——即轻烃回收问题。如果轻烃没有很好的回收设施，会造成蒸馏装置的压力波动，影响正常操作。可以看出，回收轻烃不仅是石油资源合理利用的需要，也是加工轻质含硫原油实际生产操作的要求。只有处理好轻烃回收和含硫轻烃回收问题，才能提高炼化企业的综合效益。因此，对新建的以加工中东原油为主的炼油厂，应考虑建立单独的轻烃回收系统；而对于掺炼部分进口原油的炼化企业，在没有单独设立回收系统时，可借助催化裂化的富余能力。

目前蒸馏装置的轻烃回收方法主要有：有压缩机回收工艺、无压缩机回收工艺及轻烃回收集成工艺等。

有压缩机回收技术是将初顶气和常顶气用压缩机升压后，再与常压塔顶石脑油一起送至轻烃回收系统；而无压缩机回收技术则是通过初馏塔适当提压操作，使$C_1 \sim C_4$组分几乎全部溶解于初馏塔顶油中，以液体的形态由机泵送至轻烃回收系统。与有压缩机流程方案相比，无压缩机方案的流程更简单、占地面积小、投资省、操作费用低、且安全、易操作，可以长周期运行，因而是一种先进成熟的工艺技术。

近年来，炼化企业特别是大型炼化企业，为避免各装置重复建设轻烃回收系统，采取工艺整合技术将全厂的轻烃集中回收，即轻烃回收集成技术。该技术采用了无压缩机回收和脱丁烷塔–脱乙烷塔–石脑油分离塔–液化气吸收塔集成的工艺流程，可以大大降低操作费用，节省投资，充分提高轻烃回收率，目前已在我国大型炼化企业得到推广应用。

6. 节约能量降低消耗

炼油厂既加工能源，又在加工过程中消耗大量的能源，因此，提高炼油工业的能源利用率和降低能耗，对降低生产成本、提高经济效益具有重要意义。

常减压蒸馏装置属于典型的能量密集型加工过程，该装置的能耗主要由燃料、电力、水及水蒸气等各项消耗组成。常减压蒸馏装置的节能分为单体设备节能、装置内综合节能和多装置系统综合节能三个层次，其中单体设备节能是节能的基础。蒸馏装置的耗能设备主要有蒸馏塔、加热炉、机泵及冷换设备等，通过提高加热炉热效率，降低燃料消耗；通过采用节能机泵和高效变频调速电机，提高机泵效率，降低电耗等。而装置内的综合节能是通过流程的组合及能量梯级技术的应用进行多参数、多变量的综合节能，其中最为典型的是利用"窄点"技术优化设计或改造换热流程网络，应用高效换热器，可以大大提高原油的换热终温(300℃以上)和降低加热炉的燃料消耗。

常减压蒸馏装置的中间产物可以直接供入下游装置进行"接口进料"，通过高度集成、高度一体化的组合流程，大大降低常减压装置的冷却负荷和下游装置的加热负荷，达到全局节能的目的。多装置系统的综合节能是根据不同温位热源、热阱的分布及特点，合理进行装置间的热联合，在较大范围内进行冷、热物流的优化匹配，尽可能避免"高热低用"，由此实现企业能量利用的最优化。近年来，国内炼化企业在控制节能、管理节能方面也取得了显著成效，已有400多项先进控制和优化软件在各类炼油装置上获得了广泛应用，其中加拿大Treiber Control公司开发的优化预估控制技术（OPC）在常减压蒸馏装置上取得了良好效果。

除了继续应用上述节能措施外，还需通过以下几个途径来进一步降低原油常减压蒸馏装置的能耗：

（1）不断提高塔、加热炉和换热器的计算机应用软件精度并开发实用的优化软件；

（2）开发、完善和推广换热网络优化程序等；

（3）采用干式减压蒸馏工艺，蒸汽抽真空改为机械抽真空，降低装置蒸汽消耗；

（4）结合高效塔盘、填料等塔内件的开发应用，进行常压塔进料方式及汽化段设计改进优化，如采用双切环式进料分布器及配套的液体收集器，减少汽提蒸汽量；减压塔、减压炉及减压转油线应用一体化集成设计技术，降低减压蒸馏过程的能耗；

（5）选择应用高效换热器，如波纹管、螺纹管及板壳式等换热器，进一步提高传热系数，在大量回收余热的同时减少换热面积及换热器台数；

（6）机泵和风机都采用变频技术，电脱盐采用性能可靠、耗电较低的交直流电脱盐或高速电脱盐技术，进一步节省电能；

（7）减少能量损失，主要是设备及管线的散热损失；其次，要加强低压燃料气的回收利用。

7. 提高拔出率

原油通过蒸馏得到的各馏分油的总和与原油处理量之比叫做总拔出率。各馏分油包括汽油、煤油、柴油、裂化原料、润滑油原料等（不包括减压渣油）。由于精馏塔的不同，又有常压塔拔出率和减压塔拔出率之分。

原油拔出率与原油的性质有着直接的关系，不同的原油，其拔出率是不同的。其次，原油蒸馏的技术条件也影响原油拔出率。

原油拔出率是设计原油蒸馏装置的一条主要依据，换句话说，对于一定的原油和装置，其拔出率在设计前就已确定了。当然，在实际生产过程中也可作适当调整。

在不影响质量的前提下，提高拔出率显然是有利的。常压塔的拔出率提高，可增加轻质油品的产量；减压塔拔出率提高，为深度加工创造了条件。但是，提高拔出率常常受到产品质量的制约，甚至会降低塔的分馏精确度，使产品质量下降。所以要合理地解决好拔出率与分馏精确度这对矛盾。

由于常压与减压蒸馏生产的产品不同，又在两个不同的压力下操作，因此对拔出率和分馏精确度有不同的侧重。常压蒸馏生产轻质燃料，其馏分组成要求严格（见第二章），所以以提高分馏精确度为主；减压系统当生产裂化原料时，对馏分组成要求不严，对馏出油只要求其残炭和重金属含量要少，在此前提下应尽可能提高拔出率。

提高原油拔出率主要是提高减压塔的拔出率，或提高原油的切割深度。在减压拔出率上，国内与国外相比存在一定差距。我国原油减压渣油实沸点的切割温度一般多为520～540℃左右，即减压蒸馏最多只能拔出沸点在540℃以前的馏分。而国外采用深度的切割技术，已将减压渣油的切割温度设在565℃，有的减压蒸馏的切割温度甚至设在600℃以上。提高减压塔拔出率的关键取决于闪蒸段的真空度和温度。在相同的汽化温度下，真空度愈高（或压力愈低），则油品汽化率愈高，塔的拔出率也就愈高。

第五章 催化裂化

催化裂化是炼油工业中最重要的一种二次加工工艺，在炼油工业生产中占有十分重要的地位。

石油炼制工艺的根本目的，一是提高原油加工深度，得到更多数量的轻质油产品；二是增加品种，提高产品质量。然而，原油经过一次加工（即原油蒸馏）所能得到的轻质油品只占原油的 10%~40%，其余为重质馏分和残渣油；而且某些轻质油品的质量也不高，例如，直馏汽油的辛烷值只有 40~60。随着国民经济和国防工业的发展，对轻质油品的需求量不断增加，对油品质量要求也日趋严格。这种供求矛盾促进了炼油工艺，特别是重油轻质化技术的发展。

催化裂化是最重要的重质油轻质化转化过程之一，催化裂化过程投资较少、操作费用较低、原料适应性强，轻质产品收率高，技术成熟，加工深度和难度大，是炼油工业中最为复杂也是最重要的炼油装置之一，是目前石化企业经济效益的重要支柱。我国现已有 150 多套不同类型的催化裂化装置建成投产，提供了大约 70 %（质）以上的车用汽油、40%（质）的丙烯和 30%（质）的柴油。截至 2018 年，我国催化裂化加工能力超过 2.21×10^8 t/a，约占原油加工量的 27%（质），且掺渣比例高达 30%（质），居世界之首，可将超过 5000×10^4 t 低价值的减压渣油转化为附加值更高的轻质燃料和化工产品。因此，提高催化裂化轻质油品和低碳烯烃产率对于提高炼化行业的经济效益至关重要。在石油加工的总流程中，催化裂化工艺占据十分重要的地位，已成为当今石油炼制工业的核心工艺之一，并将继续发挥举足轻重的作用。

第一节 催化裂化的工艺特点及基本原理

一、催化裂化工艺过程的特点

催化裂化过程是使原料在有催化剂存在下，在 500℃左右的温度和 0.2~0.4MPa 的压力条件下，发生一系列化学反应，转化成气体、汽油、柴油等轻质产品和焦炭的过程。反应产物的产率与原料性质、反应条件及催化剂性能有密切关系。

催化裂化的原料一般是重质馏分油，例如减压馏分油（减压蜡油）和焦化馏分油等；随着催化裂化技术和催化剂工艺的不断发展，进一步扩大了催化裂化原料范围，一些重质油或渣油也作为催化裂化的原料，例如减压渣油、溶剂脱沥青油、加氢处理重油等。一般都是在减压馏分油中掺入上述重质原料，其掺入的比例主要受限制于原料的金属含量和残炭值。对于一些金属含量很低的石蜡基原油也可以直接用常压渣油作为原料。当减压馏分油中掺入更重质的原料时，则通称为重油催化裂化。

催化裂化过程具有以下几个特点：

（1）轻质油收率高，可达 70%~80%，而原料初馏的轻质油收率仅为 10%~40%。这里所说轻质油是指汽油、煤油和柴油的总和。

（2）催化汽油产率约 30%～60%（质），其辛烷值较高，研究法辛烷值可达 88～93，汽油的安定性也较好。

（3）催化柴油产率约 0～40%（质），由于含有较多的芳烃，其十六烷值较直馏柴油低，由重油催化裂化所得的柴油的十六烷值更低，且其安定性也更差。

（4）催化裂化气体产品约占 10%～20%，其中 90% 左右是 C_3、C_4（称为液化石油气）。C_3、C_4 组分中含大量烯烃，且其中的烯烃的质量分数可达 50% 左右。因此，这部分产品是优良的石油化工原料及生产高辛烷值汽油组分的原料。例如，丁烯与异丁烷经烷基化反应可合成高辛烷值汽油，异丁烯与甲醇可合成高辛烷值调和组分 MTBE 等；丙烯是合成聚丙烯及丙烯腈等的原料；干气中的乙烯可用于合成乙苯等，C_3、C_4 还可以用于民用液化气。

（5）焦炭产率在 5%～7% 左右，原料中掺入渣油时的焦炭产率则更高些，可达 8%～10%（质）。焦炭是反应过程的缩合产物，它沉积在催化剂的表面上，只能用空气烧去而不能作为产品分离出来。

由以上产品产率和产品质量情况可以看出，催化裂化过程在炼油工业中的重要地位。中国和美国均属于原油加工深度较大的国家，催化裂化工艺的处理能力均达原油加工能力的 27% 以上。我国由于多数原油偏重，但 H/C 比相对较高、金属含量相对较低，催化裂化过程，尤其是重油催化裂化过程的地位就显得更为重要。

二、催化裂化的化学原理

（一）催化裂化条件下可能进行的化学反应

1. 烷烃裂化为较小分子的烯烃和烷烃

$$C_nH_{2n+2} \longrightarrow C_mH_{2m}+C_pH_{2p+2} \qquad n=m+p$$
$$\text{烷烃} \qquad \text{烯烃} \quad \text{烷烃}$$

2. 烯烃裂化为较小分子的烯烃

$$C_nH_{2n} \longrightarrow C_mH_{2m}+C_pH_{2p} \qquad n=m+p$$

3. 烷基芳烃脱烷基反应

$$ArC_nH_{2n+1} \longrightarrow ArH+C_nH_{2n}$$
$$\text{烷基芳烃} \qquad \text{芳烃} \quad \text{烯烃}$$

4. 烷基芳烃侧链断裂

$$ArC_nH_{2n+1} \longrightarrow ArC_mH_{2m-1}+C_pH_{2p+2} \qquad n=m+p$$
$$\text{烷基芳烃} \qquad \text{烯基芳烃} \quad \text{烷烃}$$

5. 环烷烃裂化为烯烃

$$C_nH_{2n} \longrightarrow C_mH_{2m}+C_pH_{2p} \qquad n=m+p$$
$$\text{环烷烃} \quad \text{烯烃} \quad \text{烯烃}$$

假如环烷烃中仅有单环，则环不打开：

$$C_nH_{2n} \longrightarrow C_6H_{12}+C_mH_{2m}+C_pH_{2p}$$
$$\text{环己烷} \quad \text{烯烃} \quad \text{烯烃}$$

6. 氢转移反应

$$\text{环烷烃}+\text{烯烃} \longrightarrow \text{芳香烃}+\text{烷烃}$$

7. 异构化反应

$$\text{烷烃} \longrightarrow \text{异构烷烃}$$

烯烃 ——→ 异构烯烃

8. 芳构化反应

烯烃环化脱氢生成芳香烃，如：

$$C—C—C—C—C=C—C \longrightarrow \underset{芳烃}{\text{⌬}}—C \ +3H_2$$

烯烃

9. 缩合反应

单环芳烃可缩合成稠环芳烃，最后可缩合成焦炭，并放出氢气，使烯烃饱和。如：

$$\underset{}{\text{⌬}}—CH=CH_2 \ +R_1CH=CHR_2 \longrightarrow \underset{}{\text{⌬⌬}}\overset{R_1}{\underset{R_2}{}} \ +2H_2$$

上述化学反应中，裂化反应、氢转移反应以及缩合反应是催化裂化的特征反应。

由以上列举的反应可见，在烃类的催化裂化反应过程中，裂化反应的进行使大分子分解为小分子的烃类，这是催化裂化工艺成为重质油轻质化重要手段的根本依据；而氢转移反应使催化汽油饱和度提高、安定性好；异构化、芳构化反应是催化汽油辛烷值高的重要原因。

在催化裂化条件下，主要反应的平衡常数很大，可视为不可逆反应，因而不受化学平衡的限制；最主要的反应——裂解反应是吸热反应，其他一些反应，有的虽属放热反应，但不是主要反应，或者其热效应较小，因此，就整个催化裂化过程而言是吸热过程。欲使反应在一定条件下进行下去，必须不断向反应系统提供足够的热量。

（二）石油馏分的催化裂化

石油馏分的催化裂化反应结果，并非各族烃类单独反应的综合结果，而是各反应之间相互影响的综合体现。更加重要的是，石油馏分的催化裂化反应是在固体催化剂表面上进行的，某种烃类的反应速度不仅与化学反应本身的速度有关，而且与它们的吸附和脱附性能有关，烃类分子必须被吸附在催化剂表面上才能进行反应。如果某一烃类尽管本身的反应速度很快，但吸附速度很慢，那么该烃类的最终反应速度也不会很快。换言之，某种烃类催化裂化反应的总速度是由吸附速度和反应速度共同决定的。大量实验证明，不同烃类分子在催化剂表面上的吸附能力不同，其顺序如下：

稠环芳烃>稠环环烷烃>烯烃>单烷基单环芳烃>单环环烷烃>烷烃同类分子，相对分子质量越大越容易被吸附。

按烃类化学反应速度顺序排列，大致如下：

烯烃>大分子单烷基侧链的单环芳烃>异构烷烃和环烷烃>小分子单烷基侧链的单环芳烃>正构烷烃>稠环芳烃

综合上述两个排列顺序可知，石油馏分中芳烃虽然吸附能力强，但反应能力弱，吸附在催化剂表面上占据了相当的表面积，阻碍了其他烃类的吸附和反应，使整个石油馏分的反应速度变慢。对于烷烃，虽然反应速度快，但吸附能力弱，从而对原料反应的总效应不利。从而可得出结论：环烷烃有一定的吸附能力，又具适宜的反应速度，因此可以认为，富含环烷烃的石油馏分是催化裂化的理想原料，然而实际生产中这类原料并不多见。

石油馏分的催化裂化反应是复杂反应，这是它的另一个特点。反应可同时向几个方向进行，中间产物又可继续反应，从反应工程观点来看，这种反应属于平行-顺序反应。原料油可直接裂化为汽油或气体，属于一次反应，汽油又可进一步裂化生成气体，这就是二次反应。如图 5-1 所示。

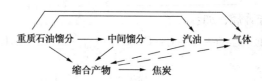

图 5-1 石油馏分的催化裂化反应(虚线表示不重要的反应)

平行-顺序反应的一个重要特点是反应深度对产品产率分布有重大影响。如图 5-2 所示，随着反应时间的增长，转化率提高，气体和焦炭产率一直增加，而汽油产率开始增加，经过一最高点后又下降。这是因为到一定反应深度后，汽油分解为气体的速度超过了汽油的生成速度，亦即二次反应速度超过了一次反应速度。催化裂化的二次反应是多种多样的，有些二次反应是有利的，有些则不利。例如，烯烃和环烷烃氢转移生成稳定的烷烃和芳烃是我们所希望的，中间馏分缩合生成焦炭则是不希望的。因此，在催化裂化工业生产中，对二次反应进行有效的控制是重要的。另外，要根据原料的特点选择合适的转化率，这一转化率应选择在汽油产率最高点附近。如果希望有更多的原料转化成产品，则应将反应产物中的沸程与原料油沸程相似的馏分与新鲜原料混合，重新送回反应器进一步反应。这里所说的沸点范围与原料相当的那一部分馏分，工业上称为回炼油或循环油。

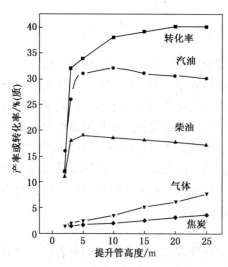

图 5-2 某馏分催化裂化的结果
(转化率=气体、汽油、焦炭产率之和)

三、催化裂化催化剂

催化裂化技术的发展密切依赖于催化剂的发展。例如，有了微球催化剂，才出现了流化床催化裂化装置；沸石催化剂的诞生，才发展了提升管催化裂化；CO 助燃催化剂使高效再生技术得到普遍推广；抗重金属污染催化剂使用后，渣油催化裂化技术的发展才有了可靠的基础。选用适宜的催化剂对于催化裂化过程的产品产率、产品质量以及经济效益具有重大影响。

(一) 催化剂及催化作用基本概念

能够改变化学反应速度而自身不发生化学变化的物质称为催化剂。这种改变化学反应速度的作用叫做催化作用。催化剂可以加快某些反应进行的速度，也可以抑制另一些反应的进行。加快反应速度称正催化作用，减慢反应速度称负催化作用。不同的催化剂对化学反应的作用情况会大不相同。催化剂的催化作用具有如下特征：

(1)催化剂积极参与化学反应，改变化学反应速度(加快或减慢)，但反应前后其本身并不发生化学变化；

(2)催化剂不能促进那些热力学看来不能进行的化学反应；对可逆反应，能促进正反应也能促进逆反应，即不能改变化学平衡；

（3）催化剂能有选择性地加速某些化学反应，从而改变产品的分布；

（4）在反应过程中，催化剂基本上不消耗（从设备中跑损除外）。

（二）催化裂化催化剂的种类

工业上广泛采用的裂化催化剂分为两大类：无定形硅酸铝催化剂和结晶形硅酸铝催化剂。前者通常称为普通硅酸铝催化剂（简称硅酸铝催化剂），后者称为沸石催化剂（通常叫分子筛催化剂）。

1. 普通硅酸铝催化剂

硅铝催化剂的主要成分是氧化硅和氧化铝（SiO_2，Al_2O_3）。按 Al_2O_3 含量的多少又分为低铝和高铝催化剂，低铝催化剂 Al_2O_3 含量在 12%~13% 左右；Al_2O_3 含量超过 25% 称高铝催化剂。高铝催化剂活性较高。

硅铝催化剂是一种多孔性物质，具有很大的表面积，每克新鲜催化剂的表面积（称比表面）可达 500~700m²。这些表面就是进行化学反应的场所，催化剂表面具有酸性，并形成许多酸性中心，催化剂的活性来源于这些酸性中心。

普通硅铝催化剂用于早期的床层反应器流化催化裂化装置。

2. 沸石催化剂

沸石（又称分子筛）催化剂是一种新型的高活性催化剂，它是一种具有结晶结构的硅铝酸盐。与无定形硅铝催化剂相似，沸石催化剂也是一种多孔性物质，具有很大的内表面积。所不同的是它是一种具有规则晶体结构的硅铝酸盐，它的晶格结构中排列着整齐均匀、孔径大小一定的微孔，只有直径小于孔径的分子才能进入其中，而直径大于孔径的分子则无法进入。由于它能像筛子一样将不同直径的分子分开，因而形象地称为分子筛。

按其组成及晶体结构的差异，沸石催化剂可分为 A 型、X 型、Y 型和丝光沸石等几种类型。目前工业上常用的是 X 型和 Y 型。X 型和 Y 型的晶体结构是相同的，其主要差别是硅铝比不同。

X 型和 Y 型沸石的初型含有钠离子，这时催化剂并不具多少活性，必须用多价阳离子置换出钠离子后才具有很高的活性。目前催化裂化装置上常用的催化剂包括：H-Y 型、RE-Y 型和 RE-H-Y 型（分别用氢离子、稀土金属离子和二者兼用置换得到）。

沸石催化剂表面也具有酸性，单位表面上的活性中心数目约为硅铝催化剂的 100 倍，其活性也相应高出 100 倍左右。如此高的活性，在目前的生产工艺中还难以应用，因此，工业上所用的沸石催化剂实际上仅含 5%~20% 的沸石，其余是起稀释作用的载体（低铝或高铝硅酸铝）。

沸石催化剂与无定型硅铝催化剂相比，大幅度提高了汽油产率和装置处理能力。这种催化剂主要用于提升管催化裂化装置。

（三）催化剂的使用性能及要求

催化裂化工艺对所用催化剂有诸多的使用要求。催化剂的活性、选择性、稳定性、抗重金属污染性能、流化性能和抗磨性能是评定催化剂性能的重要指标。

1. 活性

活性是指催化剂促进化学反应进行的能力。对不同类型的催化剂，实验室评定和表示方法有所不同。对无定形硅铝催化剂，采用 D+L 法，它是以待定催化剂和标准原料在标准裂化条件下进行化学反应，以反应所得干点小于 204℃ 的汽油加上蒸馏损失占原料油的质量分数，即(D+L)%来表示。工业上经常采用更为简便的间接测定方法：硅铝催化剂带有酸性，而酸性的强弱和活性有直接关系，因此，以过量的 KOH 滴定，再以 HCl 滴定过量的 KOH，根据滴定结果算出 KOH 指数，然后再用图表查出相应的(D+L)活性，称为 KOH 指数法。新鲜微球硅铝催化剂的活性约为 55。

对沸石催化剂，由于活性很高，对吸附在催化剂上的焦炭量很敏感。在实际使用时，反应时间很短，而(D+L)试验方法的反应时间过长，会使焦炭产率增加，用 D+L 法不能显示分子筛催化剂的真实活性。目前，对分子筛催化剂，采用反应时间短、催化剂用量少的微活性测定法，所得活性称为微活性。

平衡活性：新鲜催化剂在开始投用时，一段时间内活性急剧下降，降到一定程度后则缓慢下降。另外，由于生产过程中不可避免地损失一部分催化剂而需要定期补充相应数量的新鲜催化剂，因此，在实际生产过程中，反应器内的催化剂活性可保持在一个稳定的水平上，此时催化剂的活性称为平衡活性。显然，平衡活性低于新鲜催化剂的活性。平衡活性的高低取决于催化剂的稳定性和新鲜剂的补充量。普通硅铝催化剂的平衡活性一般在 20~30 左右[(D+L)活性]，沸石催化剂的平衡活性约为 60~70(微活性)。

2. 选择性

将进料转化为目的产品的能力称为选择性，一般采用目的产物产率与转化率之比，或以目的产物与非目的产物产率之比来表示。对于以生产汽油为主要目的的裂化催化剂，常用"汽油产率/焦炭产率"或"汽油产率/转化率"表示其选择性。选择性好的催化剂可使原料生成较多的汽油，而较少生成气体和焦炭。

沸石催化剂的选择性优于无定形硅酸铝催化剂，当焦炭产率相同时，使用分子筛催化剂可提高汽油产率 15%~20%。

3. 稳定性

催化剂在使用过程中保持其活性和选择性的性能称为稳定性。高温和水蒸气可使催化剂的孔径扩大、比表面减小而导致性能下降，活性下降的现象称为"老化"。稳定性高表示催化剂经高温和水蒸气作用时活性下降少、催化剂使用寿命长。

4. 抗重金属污染性能

原料中的镍(Ni)、钒(V)、铁(Fe)、铜(Cu)等金属的盐类，沉积或吸附在催化剂表面上，会大大降低催化剂的活性和选择性，称为催化剂"中毒"或"污染"，从而使汽油产率大大下降，气体和焦炭产率上升。沸石催化剂比硅铝催化剂更具抗重金属污染能力。

为防止重金属污染，一方面应控制原料油中重金属含量，另一方面可使用金属钝化剂以抑制污染金属的活性。

5. 流化性能和抗磨性能

为保证催化剂在流化床中有良好的流化状态，要求催化剂有适宜的粒径或筛分组成。工业用微球催化剂颗粒直径一般在 20~80μm。粒度分布大致为：0~40μm 占 10%~15%，大于 80μm 的占 15%~20%，其余是 40~80μm 的筛分。适当的细粉含量可改善流化质量。

为避免在运转过程中催化剂过度粉碎，以保证流化质量和减少催化剂损耗，要求催化剂具有较高的机械强度。通常采用"磨损指数"评价催化剂的机械强度，其测量方法是将一定量的催化剂放在特定的仪器中，用高速气流冲击 4h 后，所生成的小于 15μm 细粉的质量占试样中大于 15μm 催化剂的质量分数即为磨损指数。

（四）催化剂的失活与再生

1. 催化剂失活

石油馏分催化裂化过程中，由于缩合反应和氢转移反应，产生高度缩合产物——焦炭，焦炭沉积在催化剂表面上覆盖活性中心使催化剂的活性及选择性降低，通常称为"结焦失活"。这种失活最严重，也最快，一般在1s之内就能使催化剂活性丧失大半，不过此种失活属于暂时失活，再生后即可恢复。催化剂在使用过程中反复经受高温和水蒸气的作用，催化剂的表面结构发生变化、比表面和孔体积减小、分子筛的晶体结构遭到破坏，引起催化剂的活性及选择性下降，这种失活称为水热失活，这种失活一旦发生是不可逆转的，通常只能控制操作条件以尽量减缓水热失活，比如避免超温下与水蒸气的反复接触等。原料油特别是重质油中通常含有一些重金属，如铁、镍、铜、钒、钠、钙等，在催化裂化反应条件下，这些金属元素能引起催化剂中毒或污染，导致催化剂活性下降，称为中毒失活，某些原料中碱性氮化物过高也能使催化剂中毒失活。

2. 催化剂再生

为使催化剂恢复活性以重复利用，必须用空气在高温下烧去沉积的焦炭，这个用空气烧去焦炭的过程称之为催化剂再生。在实际生产中，离开反应器的催化剂含炭量约为1%（质）左右，称为待生催化剂（简称待生剂）；再生后的催化剂称再生催化剂（简称再生剂）。对再生剂的含炭量有一定的要求：对硅铝催化剂要求达到0.5%以下，对沸石催化剂，要求再生剂含炭量小于0.2%（质）。催化剂的再生过程决定着整个装置的热平衡和生产能力。

催化剂再生过程中，焦炭燃烧放出大量热能，这些热量供给反应所需，如果所产生的热量不足供给反应所需要的热量，则还需要另外补充热量（向再生器喷燃烧油）；如果所产热量有富余，则需要从再生器取出多余的部分热量作为别用，以维持整个系统的热量平衡。

（五）催化裂化催化剂的发展

催化剂是催化裂化技术的核心，其性能好坏会直接影响催化裂化装置的产品分布、产品质量及经济效益。新材料催化剂的发现推动了催化裂化工艺的发展，新型催化剂的开发带动了重油催化裂化的迅速发展。而加工渣油对催化剂有不同的要求，于是又推动着催化剂的发展。迄今为止，FCC催化剂已经历80多年的发展，目前世界上公布的FCC催化剂牌号超过200个，是当前工业用量最大的一种催化剂。近年来，我国FCC催化剂的研发、制备及工业应用均已取得很大进展。FCC催化剂的技术进步主要体现在开发研制新沸石及沸石改性、特定性质的基质及新制备技术；催化剂活性组分已由单组元转向双多沸石复合组元；催化剂制备技术也已从传统的化学制备转变为现代的多种功能组件的物理组装。

近年来，针对提高轻质油收率、清洁燃料生产、调整炼油产品结构、多产低碳烯烃等方面，我国相继开发了多产低碳烯烃的催化剂（CHP、LDC、RAG等系列），既能降烯烃又能兼产高液化气及高辛烷值汽油的催化剂（RMG、RGD系列），以及重油转化能力强、焦炭选择性好、提高汽油辛烷值、并能抑制氢转移反应和增加异构化能力的高效复合分子筛催化剂（DCOR、DOCP系列）等，使裂化催化剂的品种走向多样化。此外，我国还开发了降烯烃、生产清洁汽油的新型GOR系列催化剂；深度降烯烃且兼顾保辛烷值的LBO系列催化剂；RIPP-DOS/CDOS（ZDOS）系列重油催化剂；RIPP-ARC/CARC系列专为高酸原油直接催化裂化脱酸成套工艺设计的专用催化剂；RIPP-MP系列增产丙烯助剂；RIPP-FLOS系列增产丙烯、异丁烯助剂；RIPP-LCO、LPC-LAP降烯烃助剂；中国石油石油化工研究院研制的LB系列抗重金属原位晶化催化剂（能够承受钒含量高达15000ppm以上的重金属污染，国内外十分罕见）；LPC-LMP 系列抗重金属污染钝化剂；RIPP-CE 系列、MS 系列硫转移助剂；LPC-AFA 系列、RIPP-1241 油浆阻垢剂等。

催化裂化其他用途的助剂还有，提高 FCC 汽油辛烷值助剂、多产液化气助剂、降低再生器烟气 NO_x 助剂、CO 助燃剂和固钒剂等。可以看出，目前围绕催化裂化工艺所设计的一系列催化剂和助剂，涵盖了原料转化、产品分布、环境保护、节能降耗等各个方面，已基本能够满足国内迅速发展的催化裂化技术的需要，并且仍将不断发展创新。

目前，FCC 催化剂的主要供应商有美国的 Grace Davison、Engelhard 公司、荷兰的 Akzo 公司、日本的 CCIC 公司以及我国的三大 FCC 催化剂厂家（中石化的周村和长岭催化剂厂、中石油的兰州催化剂厂）。综观国内外 FCC 催化剂品种的发展，发现著名 FCC 催化剂公司在重油催化剂方面的发展很快，无论是高岭土基质或分子筛活性组分都取得了很大的进展，系列化地推出了一代又一代的 FCC 催化剂新品种。表 5-1 为国外 FCC 催化剂主要供应商的催化剂品种及特点。

表 5-1　国外 FCC 催化剂主要供应商的催化剂品种及特点

公　司	牌　号	用 途 及 特 点	活 性 组 分
Grace Davison	GDS	渣油改质	Z-14/Z-17
	GDG	提高汽油收率	Z-14/Z-17
	GDP	提高汽油辛烷值及轻烯烃产率	Z-14/Z-17
	Ramcat	提高汽油辛烷值	Z-14/Z-17
	Orion	渣油改质，焦炭选择性好	Z-14/Z-17
	RFG	降低汽油烯烃度	专利
	Aquanus	提高馏分油产率	Z-14/Z-17
	Ultima	渣油改质，高氮进料，焦炭选择性好	Z-14/Z-17
	Orion LC	提高焦炭和汽油选择性	Z-14/Z-17
	XPD	渣油改质	Z-14/Z-17
	DA	活性高，汽油和馏分油收率高，LPG 和气体产率低	CREY
	Nova D	提高汽油收率和辛烷值，焦炭产率低	CSS
	Resoc	提高汽油收率和辛烷值，焦炭产率低	Z-14
	Spectra 400	渣油改值，钒容许度高	Z-14/SAM-100
	Spectra 900	渣油改质，焦炭和干气产率低，辛烷值高	Z-14
	Residcat	高金属含量下活性高，焦炭和气体产率低	Z-14/RV
	Ultima 400	高金属含量进料，渣油改质，焦炭选择性好	Z-14/SAM-200
	Futura	活性和稳定性好，焦炭和干气产率低	CSSN
	Briliant	活性和稳定性好，焦炭选择性好，基质活性高，渣油改质	CSN/SAM-100
	Kristal	渣油改质，耐镍基质，活性和稳定性好	CSSN/SAM-200
	Distimax	馏分油产率高	CSSN/SAM-300/SAM-400
	Access	转化率高，稳定性好，产率高，耐金属性好	分子筛活性基质
	Advance	转化率高，无辛烷值损失	分子筛活性基质
	Aztec	中间馏分油产率高	分子筛活性基质
	Centurion	加工高镍渣油，适用于再生温度受限制的装置	分子筛活性基质

公 司	牌 号	用 途 及 特 点	活 性 组 分
Akzo	Cobra	辛烷值桶模式下，产率高	分子筛活性基质
	Conquest	转化率高，稳定性好	分子筛活性基质
	Conquest HD	堆积密度高，滑阀侧压力高	分子筛活性基质
	Erilpse	异丁烯和支链异戊烷产率高	分子筛活性基质
	Erilpse TP	丙烯选择性好	分子筛活性基质
	FOC	重质渣油，产率高	分子筛活性基质
	Horizon	重质进料，产率高	分子筛活性基质
	Qctavision 500 系列	辛烷值桶模式下，产率高	分子筛活性基质
	Octavision 600 系列	辛烷值高，MON 高	分子筛活性基质
	Vison	辛烷值和 RON 高	分子筛活性基质
Engelhard	Vektor	转化率高，分子筛含量高	分子筛 Y/基质
	IsoPlus	UCS 极低，稀土含量低	分子筛 Y/基质
	Precision	UCS 低，活性高	分子筛 Y/基质
	Reduxion	可控酸性基质	分子筛 Y/基质
	Maxol	改进分子筛，可控基质	分子筛 Y/基质
	Ultrium	高金属含量进料，焦炭和气体量很低	分子筛 Y/基质
	Syntec	Z/M，USY，REUSY 高	分子筛 Y/基质
	Millennium	高金属含量进料，焦炭和气体量很低	分子筛 Y/基质

第二节　催化裂化工业装置

催化裂化技术的工业化始于 1936 年，半个多世纪以来，这一工艺得到了迅速发展，先后出现过多种型式的催化裂化工业装置。固定床和移动床催化裂化是早期的工业装置，随着微球硅铝和沸石催化剂的出现，流化床和提升管催化裂化相继问世。我国催化裂化工艺的发展起点较高，发展迅速，已拥有 $50 \times 10^4 t/a$ 以上规模的催化裂化装置 150 多套，总加工能力达到 $2.21 \times 10^8 t/a$，约占原油加工能力的 27% 左右。

我国催化裂化工业装置绝大部分是技术先进的提升管催化裂化(有些是由床层流化催化裂化装置改建的)。

一、生产中几个常用的基本概念

(一) 转化率和回炼操作

1. 转化率

转化率是原料转化为产品的百分率，它是衡量反应深度的综合指标。转化率又有总转化率和单程转化率之分。总转化率是对新鲜原料而言，按惯例，工业上常用下式定义：

$$总转化率 = \frac{气体+汽油+焦炭}{新鲜原料油} \times 100\%$$

这里需要说明的是，上式中产品只列出气体、汽油和焦炭，其实柴油也是由重油转化而来的产品。为什么这样定义呢？这是因为早期催化裂化是以柴油作原料，当时的定义沿袭至今已成为习惯，本行业人员清楚。然而，由于催化原料早已变得不再是柴油而是蜡油和重油，因此，这样表示的转化率已经名不副实，只是代表原料反应深度的大小。真正意义的转化率应该是原料油量减去未转化油的量与原料油量之比，称为重油转化率，一般在实验室使用。

2. 回炼操作

回炼操作又叫循环裂化。由于新鲜原料经过一次反应后不能都变成要求的产品，还有一部分和原料油馏程相近的中间馏分。把这部分中间馏分送回反应器重新进行反应就叫回炼操作。这部分中间馏分油就称为回炼油(或称循环油)。如果这部分循环油不去回炼而作为产品送出装置，这种操作叫单程裂化。

用比较苛刻的操作条件，例如催化剂活性高、反应温度和再生条件苛刻等，采用单程裂化的方式进行生产可以达到一定的反应深度；在比较缓和的条件下，采用回炼操作，也可使新鲜原料达到相同的转化率。两种方式对比，显然，采用回炼操作产品分布好，即轻质油收率高。这是因为回炼操作条件缓和，汽油和柴油二次裂化少。但是，回炼操作比单程裂化处理能力低，增加能耗。因为回炼油是已经裂化过的馏分，它的化学组成和新鲜原料有区别，芳烃含量多，较难裂化。

总转化率是对新鲜原料而言的，总转化率高，说明新鲜原料最终反应深度大。但是反应条件的苛刻程度或总进料油裂化的难易程度只有用单程转化率才能反映出来。单程转化率表示为：

$$单程转化率 = \frac{气体+汽油+焦炭}{总进料} \times 100\%$$

$$= \frac{气体+汽油+焦炭}{新鲜原料+循环油} \times 100\%$$

$$= \frac{总转化率}{1+回炼比}$$

式中回炼比是回炼油(包括回炼油浆)与新鲜原料质量之比，即：

$$回炼比 = \frac{回炼油+回炼油浆}{新鲜原料}$$

回炼比的大小由原料性质和生产方案决定。通常，多产汽油方案采用小回炼比，多产柴油方案用大回炼比。

(二) 空速和反应时间

在床层流化催化裂化中，常用空速表示原料油与催化剂的接触时间。其定义是每小时进入反应器的原料油量与反应器内催化剂藏量之比，即：

$$空速 = \frac{总进料量(t/h)}{反应器内催化剂藏量(t)}$$

空速单位为 h^{-1}，空速越高，表明催化剂与油接触时间越短，装置处理能力越大。

空速只是在一定程度上反映了反应时间的长短，人们常用空速的倒数相对地表示反应时间，称为假反应时间，即：

$$假反应时间 = \frac{1}{空速}$$

对提升管催化裂化，由于提升管内气速很高，催化剂密度很低，因此，通常用油气在提升管内的停留时间表示反应时间，但停留时间也并非真正的反应时间。

由于提升管催化裂化采用高活性的沸石催化剂，需要的反应时间很短，油气在提升管内的停留时间一般为 1~4s，大大低于床层裂化的假反应时间。反应时间过长引起中间产物发生二次反应，副产物增加，因此，目前催化裂化特别是重油催化裂化趋向短反应时间，同时采用大剂油比和较高的反应温度。

（三）剂油比

催化剂循环量与总进料量之比称为剂油比，用 C/O 表示：

$$C/O = \frac{催化剂循环量(t/h)}{总进料量(t/h)}$$

在同一条件下，剂油比大，表明原料油能与更多的催化剂接触，单位催化剂上的积炭少，催化剂失活程度小，从而使转化率提高。但剂油比增大会使焦炭产率增加；剂油比太小，增加热裂化反应的比例，使产品质量变差。高剂油比操作对改善产品分布和产品质量都有利，实际生产中剂油比为 5~10。

（四）反应温度

如前所述，石油馏分的催化裂化反应总体上是强吸热反应，欲使反应过程顺利进行，必须提供热量使之在一定温度条件下进行。工业生产中石油馏分是在提升管反应器中进行的，由于反应过程中吸收热量和器壁散热，反应器进口和出口的温度是不相同的，进口温度高于出口大约 20~30℃。所谓反应温度通常是指提升管出口温度，根据所加工的原料和生产方案的不同，反应温度在 470~520℃ 左右。通常，原料越重应采用较高的反应温度，处理轻质原料采用较低的反应温度；以多产柴油为目的，应采用较低的反应温度，以生产汽油和液化气为主要目的则应采用较高的反应温度。

反应温度、反应时间和剂油比是催化裂化加工过程最重要的三个操作参数（或称操作变量），无论改变其中哪一个参数，都能对反应过程的转化率和产品分布产生明显的影响，根据这三个参数各自对反应过程的影响规律优化三者的匹配，是开好催化裂化装置的精髓。

二、催化裂化装置的工艺流程

催化裂化装置通常由三大部分组成，即反应-再生系统、分馏系统和吸收稳定系统，除此之外，许多装置还配备有烟气能量回收系统和产品精制系统。其中，反应-再生系统是全装置的核心部分，不同的装置类型（如床层反应式、提升管式、高低并列式以及同轴式等），反应-再生系统的工艺流程会略有差异，但原理都是一样的，本节以高低并列式提升管催化裂化为例，对几大系统分述如下。

（一）反应-再生系统

图 5-3 是高低并列式提升管催化裂化装置反应-再生系统的工艺流程。

新鲜原料(减压馏分油或重油)经过一系列换热后与回炼油混合，进入加热炉预热到 200~300℃(温度过高会发生热裂解，也不利于提高剂油比)，由原料油喷嘴以雾化状态喷入提升管反应器下部(油浆不经加热直接进入提升管)，与来自再生器的高温(约 650~700℃)催化剂接触并立即汽化，油气与雾化蒸汽及预提升蒸汽一起携带着催化剂以 5~8m/s 的线速向上流动，边流动边进行化学反应，在 480~530℃ 的温度下停留 2~4s，然后以 10~15m/s

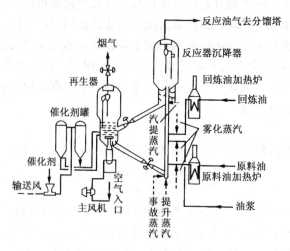

图 5-3　反应-再生系统工艺流程

的高线速通过提升管出口，经快速分离器，大部分催化剂被分出落入沉降器下部，油气携带少量催化剂经两级旋风分离器分出夹带的催化剂后进入集气室，通过沉降器顶部的出口进入分馏系统。

积有焦炭的待生催化剂由沉降器进入其下面的汽提段，用过热水蒸气进行汽提以脱除吸附在催化剂表面上的少量油气。待生催化剂经待生斜管、待生单动滑阀进入再生器，与来自再生器底部的空气(由主风机提供)接触形成流化床层，进行再生(烧焦)反应，同时放出大量燃烧热，以维持再生器足够高的床层温度(密相段温度约 650~720℃)。再生器维持 0.15~0.25MPa(G)的顶部压力，床层线速约为 0.7~1.0m/s。再生后的催化剂含碳量小于 0.1%，甚至降至 0.02%以下。再生剂经淹流管、再生斜管及再生单动滑阀返回提升管反应器循环使用。

烧焦产生的再生烟气，经再生器稀相段进入旋风分离器，经两级旋风分离器分出携带的大部分催化剂，烟气经集气室和双动滑阀排入烟囱(或去能量回收系统)。回收的催化剂经两级料腿返回再生器下部床层。

在生产过程中，少量催化剂细粉随烟气排入大气或(和)进入分馏系统随油浆排出，造成催化剂的损耗。为了维持反-再系统的催化剂藏量，需要定期向系统补充新鲜催化剂。即使是催化剂损失很低的装置，由于催化剂老化减活或受重金属的污染，也需要放出一些催化剂，补充一些新鲜催化剂以维持系统内平衡催化剂的活性。为此，装置内通常设有两个催化剂储罐，并配备加料和卸料系统。

保证催化剂在两器间按正常流向循环以及再生器有良好的流化状况是催化裂化装置的技术关键，除设计时准确无误外，正确操作也非常重要。催化剂在两器间循环是由两器压力平衡决定的，通常情况下，根据两器压差(0.02~0.04MPa)，由双动滑阀控制再生器顶部压力；根据提升管反应器出口温度控制再生滑阀开度调节催化剂循环量；根据系统压力平衡要求由待生滑阀控制汽提段料位高度。

（二）分馏系统

分馏系统的作用是将反应-再生系统的产物进行初步分离，得到部分产品和半成品。原理流程见图 5-4。

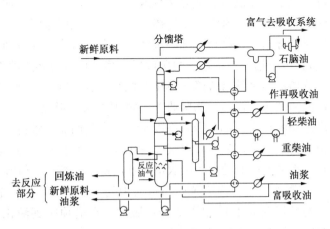

图 5-4　分馏系统工艺原理流程

由反应-再生系统来的高温油气进入催化分馏塔下部，经装有挡板的脱过热段脱过热后进入分馏段，经分馏后得到富气、粗汽油、轻柴油、重柴油、回炼油和油浆(即塔底抽出的带有催化剂细粉的渣油)。富气和粗汽油去吸收稳定系统；轻、重柴油经汽提、换热或冷却后出装置；回炼油返回反应-再生系统进行回炼；油浆的一部分送反应-再生系统回炼，另一部分经换热后循环回分馏塔(也可将其中一部分冷却后送出装置)。将轻柴油的一部分经冷却后送至再吸收塔作为吸收剂(贫吸收油)，吸收了 C_3、C_4 组分的轻柴油(富吸收油)再返回分馏塔。为了取走分馏塔的过剩热量以使塔内气、液负荷分布均匀，在塔的不同位置分别设有 4 个循环回流：顶循环回流、一中段回流、二中段回流和油浆循环回流。

与一般分馏塔相比，催化分馏塔有以下特点：

(1)过热油气进料。分馏塔的进料是由沉降器来的 460~480℃ 的过热油气，并夹带有少量催化剂细粉。为了创造分馏的条件，必须先把过热油气冷至饱和状态并洗去夹带的催化剂细粉，以免在分馏时堵塞塔盘。为此，在分馏塔下部设有脱过热段，其中装有人字挡板，由塔底抽出油浆经换热、冷却后返回挡板上方与向上的油气逆流接触换热，达到冲洗粉尘和脱过热的目的。

(2)由于全塔剩余热量多(由高温油气带入)，催化裂化产品的分馏精确度要求也不高，因此设置四个循环回流分段取热。

(3)塔顶采用循环回流，而不用冷回流。其主要原因是：①进入分馏塔的油气中含有大量惰性气和不凝气，若采用冷回流会影响传热效果或加大塔顶冷凝器的负荷；②采用循环回流可减少塔顶流出的油气量，从而降低分馏塔顶至气压机入口的压力降，使气压机入口压力提高，可降低气压机的动力消耗；③采用顶循环回流可回收一部分热量。

(三) 吸收-稳定系统

如前所述，催化裂化生产过程的主要产品是气体、汽油和柴油，其中气体产品包括干气和液化石油气，干气作为本装置燃料气烧掉，液化石油气是宝贵的石油化工原料和民用燃料。从分馏塔顶油气分离器出来的富气中带有汽油组分，而粗汽油中则溶解有 C_3、C_4 组分。所谓吸收稳定，就是利用吸收和精馏的方法将富气和粗汽油分离成干气($\leqslant C_2$)、液化气(C_3、C_4)和蒸气压合格的稳定汽油。其中的液化气再利用精馏的方法通过气体分馏装置将其中的丙烯、丁烯分离出来，进行化工利用。如丙烯主要用于生产聚丙烯、丙烯腈、异丙醇等；丁烯主要是通过催化烷基化制成工业异辛烷或高辛烷值汽油组分，或与甲醇催化醚化合成甲基叔丁基醚，还可利用正丁烯来生产丁二烯、顺丁二烯酸酐基甲基乙基酮等。同时将混入粗汽油中的少量气体烃分出，以降低汽油的蒸气压，保证符合商品汽油的规格。

吸收-稳定系统包括吸收塔、解吸塔、再吸收塔、稳定塔以及相应的冷换设备。

由分馏系统油气分离器出来的富气经气体压缩机升压后，冷却并分出凝缩油，压缩富气进入吸收塔底部，粗汽油和稳定汽油作为吸收剂由塔顶进入，吸收了 C_3、C_4（及部分 C_2）的富吸收油由塔底抽出送至解吸塔顶部。吸收塔设有一个中段回流以维持塔内较低的温度。吸收塔顶出来的贫气中尚夹带少量汽油，经再吸收塔用轻柴油回收其中的汽油组分后成为干气送燃料气管网。吸收了汽油的轻柴油由再吸收塔底抽出返回分馏塔。解吸塔的作用是通过加热将富吸收油中 C_2 组分解吸出来，由塔顶引出进入中间平衡罐，塔底为脱乙烷汽油被送至稳定塔。稳定塔的目的是将汽油中 C_4 以下的轻烃脱除，在塔顶得到液化石油气（简称液化气），塔底得到合格的汽油（即稳定汽油）。

吸收解吸系统有两种流程，上面介绍的是吸收塔和解吸塔分开的所谓双塔流程，这种流程可以将吸收塔和解吸塔并列分别放置在地上（见图 5-5），也可以将这两个塔重叠在一起，中间用隔板隔开；还有一种单塔流程，即一个塔同时完成吸收和解吸的任务。双塔流程优于单塔流程，它能同时满足高吸收率和高解吸率的要求。

图 5-5 是典型的催化裂化吸收稳定系统的双塔工艺流程。

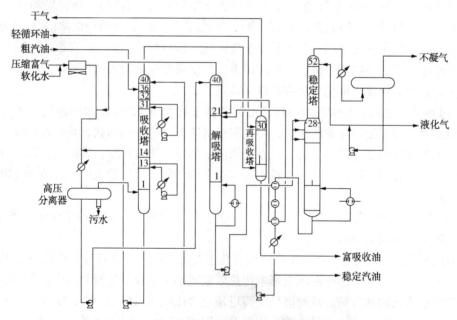

图 5-5　吸收-稳定系统工艺流程

除以上三大系统外，现代催化裂化装置（尤其是大型装置）大都设有烟气能量回收系统，其目的是最大限度地回收能量，降低能耗。常采用的手段有：利用烟气轮机将高速烟气的动能转化为机械能；利用一氧化碳锅炉（对非完全再生装置）使烟气中 CO 燃烧回收其化学能；利用余热锅炉（对完全再生装置）回收烟气的显热，用以发生蒸汽。采用这些措施后，全装置的能耗可大大降低。

通常所说的催化裂化"四机组"就是指用于能量回收的几台大型设备：轴流风机（主风

机)、烟气轮机(膨胀透平)、汽轮机(蒸汽轮机)、电动/发电机,将这四台机器通过轴承和变速箱连在一起称为同轴四机组。烟气轮机运行正常时,由烟气轮机带动主风机,如功率不足则由汽轮机补充,多余功率可用于发电,烟机和汽轮机出现故障时,则由电动机驱动主风机。主风机是催化裂化装置的最关键设备之一,主风机停转则会导致全装置瘫痪,这就是为什么采用四机组、用多种动力确保主风机正常运转的根本原因所在。因此,四机组的安全平稳运转对催化裂化装置而言至关重要。

图 5-6 为典型的四机组烟气能量回收系统示意图。

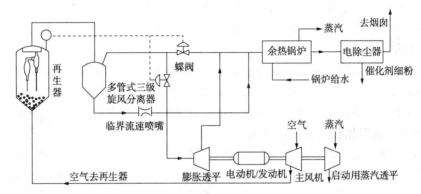

图 5-6 催化裂化再生烟气能量回收系统

三、渣油催化裂化

石油是一种非再生性的化石能源,储量有限,随着大规模开采,消耗量很大。因而近年来普遍出现了原油密度加大,渣油含量不断增加,硫、氮及重金属等杂质日益增多的明显重质化和劣质化的现象,迫使炼厂必须节约使用原油,进行深度加工以提高轻质油收率。

从石油深加工的技术路线来讲,不外乎脱碳和加氢两条基本技术路线。各种加工方法无非是使原油中的氢碳原子进行重新组合,加工至最终石油产品具有一定的氢碳原子比和氢含量水平。加氢裂化固然是一种有吸引力的重油深度加工技术(后面章节叙述),但由于加氢技术复杂、设备制造困难以及一次性投资大等原因,近期内重油加氢裂化在我国不大可能大规模发展。而催化裂化是重要的脱碳加工过程,又有着雄厚的技术基础,尤其是近 10 年来,我国重油催化裂化技术取得了很大进展,已有多套催化裂化装置掺炼渣油,取得了经验。因此,渣油催化裂化无疑是重油轻质化的骨干技术。

由于渣油原料的特性,使渣油催化裂化面临一些难题,必须采取相应的技术措施。

(一) 渣油原料的特性及其对催化裂化过程的影响

渣油是原油中最重的部分,含有大量胶质、沥青质和各种稠环烃类,元素组成中氢碳比小,残炭值高;原油中的硫、氮、重金属以及盐分等杂质大量集中于渣油中;渣油的裂化性能差。由于渣油的这些特点,给渣油催化裂化带来如下一些难题。

1. 焦炭产率高

胶质、沥青质和稠环烃类,在反应过程中易于缩合生成焦炭,加之重金属对催化剂的严重污染,使得渣油催化裂化过程中焦炭产率大大高于馏分油催化裂化的焦炭产率,可高达8%~12%,而馏分油催化裂化焦炭产率通常为 5%~6%。

焦炭产率增加对产品分布和装置热平衡都有很大影响,使轻质油收率下降、再生器烧焦负荷增大和反应-再生系统热量过剩。因此，如何减少生焦量以提高轻油收率以及取出剩余热量是渣油催化裂化的技术关键之一。

2. 重金属的危害

在催化裂化过程中，渣油中的重金属，几乎全部沉积在催化剂表面上，造成严重污染。危害最大的是镍、钒和钠。

在催化裂化条件下，镍是脱氢催化剂，催化剂被镍污染后，其选择性变坏，使焦炭和氢气产率增加而汽油产率降低；当原料中含硫时镍的危害更大。钒可与沸石作用破坏催化剂的晶体结构或酸性中心，造成永久性失活。钠可降低催化剂的稳定性。因此，如何控制重金属对催化剂的污染，使催化剂保持较高的平衡活性和选择性是渣油催化裂化的另一技术关键。

3. 硫、氮等杂质的影响

渣油中硫、氮等杂质含量高，裂化所得轻质油品和焦炭中硫、氮化合物含量也相应增加，前者影响油品质量，后者在催化剂再生时产生更多的 SO_x 和 NO_x，增加对环境的污染。因此，如何改善产品质量、减少环境污染，也是渣油催化裂化应予以注意的问题。

（二）实现渣油催化裂化的技术措施

重油催化裂化是重质油深度加工提高炼厂经济效益的有效方法，受到很多国家的重视。受轻质原油资源短缺和原油普遍偏重的限制，我国的催化裂化装置大都采用掺炼渣油甚至全渣油的重油催化裂化技术。经过多年的研究和生产实践，我国渣油催化裂化技术已经掌握了原料雾化、提升管出口快分、内外取热、重金属钝化、重油催化剂开发、催化剂预提升等一整套渣油催化裂化的基本技术，同时系统地积累了许多成功的生产及操作经验。

渣油催化裂化课题已研究多年，国外已开发出多种类型的渣油催化裂化技术，国内也积累了不少宝贵经验。所采取的技术措施，归纳起来都是针对原料特性和技术关键采取相应对策。如选用适宜催化剂、改善进料系统及操作条件、两段提升管催化裂化技术以及高效再生和取热技术等。图5-7为渣油催化裂化装置反应-再生系统流程示意图。

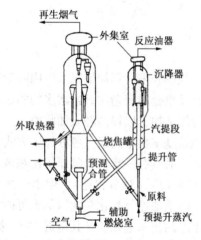

图5-7 渣油催化裂化反应-再生系统流程

现结合国内渣油催化裂化装置，将其工艺特点简述如下：

（1）采用活性稳定性高、重油转化能力强、抗金属污染性能好、汽油辛烷值高、焦炭选择性好、气体产率低且再生性能好的催化剂。

（2）采用高温短接触时间以减少过度裂化，降低焦炭产率，同时在提升管出口安装高效快速分离器。

（3）采用高效原料油喷嘴，强化反应器进料的雾化，使原料油以极小的雾滴进入反应器。同时加大水蒸气用量，降低油气分压，以保证原料迅速汽化，可降低焦炭产率。

（4）为进一步降低焦炭产率，采用小回炼比、出部分澄清油的操作方式。

（5）采用高效再生技术。

（6）为取走再生器的过剩热量，采用外取热器。

(7)采用高效金属钝化剂，抑制重金属对催化剂的污染。

四、催化裂化催化剂再生技术

催化裂化装置中，进行催化剂再生就是用空气烧去沉积在催化剂上的焦碳。焦炭的主要成分是碳和氢，烧焦过程就是利用空气中的氧与碳、氢进行燃烧反应，生成 CO_2、CO 和 H_2O，并放出大量燃烧热。可见，催化剂再生有着双重作用：一是降低催化剂含碳量，使其恢复活性；二是焦炭燃烧放热向反应系统提供热量，以维持系统的热量平衡。通常，再生系统的烧焦能力是决定装置处理能力的关键，同时对产品产率和产品质量也有重大影响。因此，催化裂化装置必须采用先进的再生技术，强化再生过程，尽可能降低再生催化剂含碳量。

强化再生即设法提高烧焦速度，而影响烧焦速度的主要因素是温度、碳浓度（含炭量）、氧浓度（氧分压）及流化状态。先进的再生技术都是在一定条件下强化某些影响烧焦速度的因素，从而提高烧焦效率。

目前裂化催化剂再生技术总的发展趋势是提高烧焦速度，降低再生剂含碳量及系统中催化剂藏量，以提高系统中平衡催化剂的活性水平，降低新鲜催化剂的补充量。为此主要采用以两段再生为主的各种高效再生技术。

（一）两段再生技术

两段再生即把再生过程分为两段，第一段烧去全部氢和 80% 左右的碳，然后进入第二段，并向第二段通入新鲜空气，用提高氧浓度的办法弥补催化剂含碳量降低的影响，提高烧焦速度。按达到同样的再生效果进行比较，两段再生烧焦强度可提高 75% 左右（烧焦强度＝单位时间的烧焦量/藏量），再生器总藏量比常规再生降低约 20%~40%，带来的好处是可降低新鲜催化剂的补充量。图 5-8 是逆流两段再生示意图。

（二）高效再生技术

所谓高效再生，实际是一种高速床再生技术（称烧焦罐技术）。如图 5-9 所示，底部为烧焦罐，烧焦罐顶部有一垂直管道（稀相管），空气和催化剂以较高的速度通过烧焦罐并经稀相管进入第二密相床。烧焦罐内气体线速度在 1~3m/s，催化剂密度约为 160kg/m³，温度约 680~750℃。为了维持烧焦罐内具有一定的催化剂密度和足够高的温度，烧焦罐与第二密相床之间有催化剂循环管相连，以使催化剂从第二密相床返回烧焦罐。由于提高了烧焦罐气体线速，氧及催化剂含碳量的有效浓度也得到提高，从而提高了烧焦速度。绝大部分焦炭在罐内烧掉，然后，再生烟气和催化剂一起以 3~7.5m/s 的高速通过稀相管，在稀相管入口部位补充二次空气和燃料气（如液化气），使烟气中的 CO 完全燃烧生成 CO_2，同时烧去部分残留的焦炭，使再生剂碳含量降到 0.1% 以下。

这种再生方法固然是一种先进技术，但由于 CO 必须在 700℃ 以上的高温下才能快速燃烧，因此对设备材质和催化剂抗高温性能都要求较高。

（三）烟气串联的高速床两段再生

采用快速床（烧焦罐）与湍流床的烟气串联布局，一段再生与二段再生的分界有一个大孔径、低压降的分布板，这种结构不仅能使第一段达到快速床条件，还能使第二段达到湍流床条件，两段烧焦均得到强化，从而使再生器的总烧焦强度提高。此工艺简图见图 5-10。

（四）管式再生

催化剂再生采用了提升管（又叫管式再生器），工艺简图见图 5-11。管内表观线速为 3~10m/s，顶部线速较高，底部线速较低，以保持提升管的催化剂处于活塞流状态。烧焦用的主风分成 3~4 股从提升管的不同部位注入，以控制烧焦管内的密度和氧浓度，催化剂的返混很低，烧焦强度很高，可达 1000kg/(h·t)。在管式再生器内烧掉的焦炭占总焦炭量的80%左右，剩下的焦炭和 CO 在烧焦管顶部的湍流床中继续烧掉，再生催化剂碳含量小于0.05%。这一再生工艺再生催化剂带入反应系统的烟气量很少，有利于催化裂化干气的进一步利用。

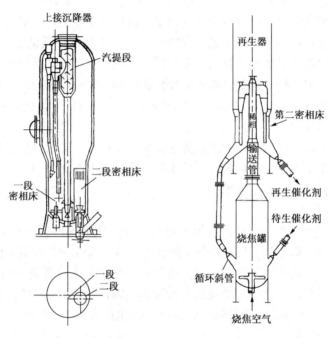

图 5-8　同轴式装置单器两段再生结构　　图 5-9　高效再生示意图

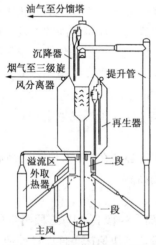

图 5-10　烟气串联的高速床
两段再生示意图

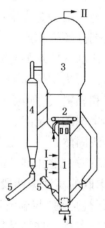

图 5-11　管式再生器示意图
1—管式再生器；2—湍流床；3—再生器稀相；
4—脱气罐；5—催化剂循环线；
Ⅰ—主风入口；Ⅱ—再生烟气

（五）ROCC-V 型再生技术

ROCC-V 型重油催化裂化再生装置采用烟气串联两段再生、三器联体结构。反应再生系统采用同轴式布置，自上而下依次为沉降器、第一再生器和第二再生器，二再与一再垂直偏心。两个再生器采用不同的再生方式，一再采用常规再生方式，二再采用完全再生方式。再生器采用内、外结合的取热技术，外取热器为新型的气控外循环式取热器。该技术的主要特点是：一、二再烟气串联；二再烟气催化剂携带量少，对一再返混影响程度小；不加助燃剂，一再 CO 部分燃烧，二再完全燃烧；过剩氧控制较低，不大于 0.4%；二再烟气进入一再密相，烧掉部分焦炭的催化剂再与一再主风逆流接触烧焦，从而在一再形成分段烧焦，使氧气得到充分利用，主风单耗可以降低，加之采用了待生剂均配技术，再生效果好。此外，该技术还具有可灵活方便地调节一、二再烧焦比例、无尾燃现象等特点。

我国洛阳石化工程公司为加工残炭大于 5% 的劣质原料，开发了 ROCC-V 型重油催化裂化再生技术，并首次于 1996 年 5 月在洛阳石油化工工程公司炼油实验厂 100 kt/a 催化装置上建成投产，1999 年 9 月在青岛石油化工有限责任公司 1.0 Mt/a 重油催化裂化也采用了 ROCC-V 型再生技术。ROCC-V 型再生器结构示意图见 5-12。

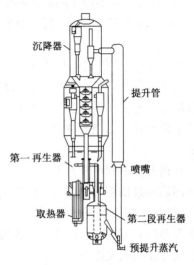

图 5-12　ROCC-V 型再生器结构示意图

（六）单器两级再生 RegenMax™ 技术

1994 年 KBR 和 Mobil 公司对单段再生和两段再生技术进行了分析比较，指出两段再生技术虽有其优势，但其缺点也显而易见，于是提出对单段再生技术进行改进的设想，开发的目标是：改进单段再生，CO 部分燃烧，将炭烧"干净"；设备紧凑，操作简便，投资少；可以通过对现有设备改造实现。KBR 和 Mobil 公司通过在传统的单段再生器中加入其拥有专利的挡板，实现分段燃烧再生，可将再生器上部和下部的催化剂返混减少 80%，使在再生器稀相的催化剂携带量减少 50% 以上。在不增加催化剂藏量和 CO 部分燃烧的情况下，可以达到完全燃烧的再生效果。此外，主风量可以降低 22%，催化剂藏量减少 5%，催化剂补充速度降低 10%，NOₓ 的排放量减少 50%，并且不需要取热。

（七）催化完全再生技术

催化完全再生是借助于 CO 助燃剂使 CO 在较低的温度下完全燃烧变成 CO_2，提高烧焦强度。与高温完全再生相比，催化完全再生的优点是：稀相温度降低，密相温度提高，降低再生剂碳含量，又可避免由高温引起的设备损坏和催化剂减活。因此，目前大部分催化裂化装置都使用 CO 助燃剂，提高再生效果。

第三节　催化裂化装置的主要设备

催化裂化装置设备较多，本节只介绍几种主要设备。

一、提升管反应器及沉降器

(一) 提升管反应器

提升管反应器是进行催化裂化化学反应的场所，是本装置的关键设备。随装置类型不同提升管反应器类型不同，常见的提升管反应器类型有三种：

(1)直管式：多用于高低并列式提升管催化裂化装置。

(2)折叠式：多用于同轴式和由床层反应器改为提升管的装置。

(3)两段提升管反应器：由两根短提升管串联连接构成，用于两段提升管催化裂化装置。

图5-13是直管式提升管反应器及沉降器示意图。

直管式提升管反应器是一根长径比很大的管子，长度一般为30～36m，直径根据装置处理量决定，通常以油气在提升管内的平均停留时间1～4s为限确定提升管内径。由于提升管内自下而上油气线速不断增大，为了不使提升管上部气速过高，提升管可做成上下异径形式。

在提升管的侧面开有上下两个(组)进料口，其作用是根据生产要求使新鲜原料、回炼油和回炼油浆从不同位置进入提升管，进行选择性裂化。

进料口以下的一段称预提升段(见图5-14)，其作用是：由提升管底部吹入水蒸气(称预提升蒸汽)，使由再生斜管来的再生催化剂加速，以保证催化剂与原料油相遇时均匀接触。这种作用叫预提升。

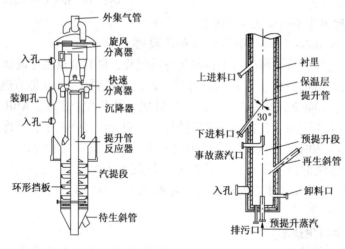

图5-13 提升管反应器及沉降器简图　　图5-14 提升管预提升段

为使油气在离开提升管后立即终止反应，提升管出口均设有快速分离装置，其作用是使油气与大部分催化剂迅速分开。在工业上使用过的快速分离器的类型很多，主要有伞帽形、倒L形、T形、粗旋风分离器、弹射快速分离器和垂直齿缝式快速分离器[分别如图5-15中(a)、(b)、(c)、(d)、(e)、(f)所示]，目前绝大多数采用粗旋风分离器。旋风分离器的性能优劣不仅对反应-再生系统的正常运转和催化剂跑损有直接关系，而且对分馏塔底油浆的固含量有直接影响。

为进行参数测量和取样，沿提升管高度还装有热电偶管、测压管、采样口等。除此之

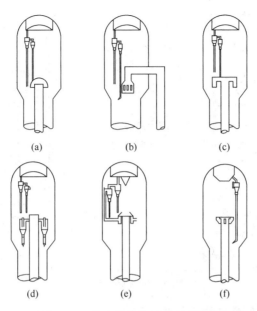

图 5-15　快速分离装置类型示意图

外，提升管反应器的设计还要考虑耐热、耐磨以及热膨胀等问题。

（二）沉降器

沉降器是用碳钢焊制成的圆筒形设备，上段为沉降段，下段是汽提段。沉降段内装有数组旋风分离器，顶部是集气室并开有油气出口。沉降器的作用是使来自提升管的油气和催化剂分离，油气经旋风分离器分出所夹带的催化剂后经集气室去分馏系统；由提升管快速分离器出来的催化剂靠重力在沉降器中向下沉降，落入汽提段。汽提段内设有数层人字挡板和蒸汽吹入口，其作用是将催化剂夹带的油气用过热水蒸气吹出（汽提），并返回沉降段，以便减少油气损失和减小再生器的负荷。

沉降器操作温度一般为 480~530℃，压力为 0.1~0.2MPa（G），为防止催化剂对壳体的磨损及降低壁温，在密相段、稀相段及球形封头内壁衬有 100 mm 厚的隔热耐磨衬里，以保证壳体温度低于 200℃。沉降器多采用直筒形，直径大小根据气体（油气、水蒸气）流率及线速度决定，沉降段线速一般不超过 0.5~0.6m/s。沉降段高度由旋风分离器料腿压力平衡所需料腿长度和所需沉降高度确定，通常为 9~12m。

汽提段位于沉降器下部，内装有 15~20 层人字挡板，挡板间距 450~600 mm；或装环盘形挡板 8~10 层，挡板间距 700~800 mm，分别见图 5-16。挡板之间是催化剂通道，下部挡板的下面装有蒸汽喷管，供汽提催化剂用。

汽提段的尺寸一般由催化剂循环量以及催化剂在汽提段的停留时间决定，停留时间一般是 1.5~3min。汽提段内部构件较多，催化剂流速低，故不衬隔热耐磨衬里，而只在外壁进行保温。

二、再生器

再生器是催化裂化装置的重要设备，其作用是为催化剂再生提供场所和条件。它的结构形式和操作状况直接影响烧焦能力和催化剂损耗。再生器是决定整个装置处理能力的关键设

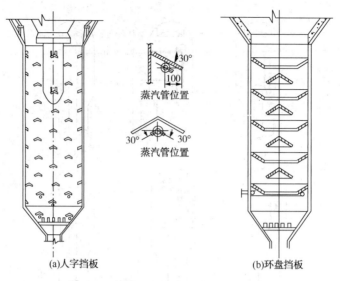

图 5-16　汽提段挡板

备。图 5-17 是常规再生器的结构示意图。

再生器由筒体和内部构件组成。

1. 筒体

再生器筒体是由 A₃ 碳钢焊接而成的，由于经常处于高温和受催化剂颗粒冲刷，因此筒体内壁敷设一层隔热、耐磨衬里以保护设备材质。筒体上部为稀相段，下部为密相段，中间变径处通常叫过渡段。

(1) 密相段。密相段是待生催化剂进行流化和再生反应的主要场所。在空气（主风）的作用下，待生催化剂在这里形成密相流化床层，密相床层气体线速度一般为 0.6~1.0m/s，采用较低气速称为低速床，采用较高气速称为高速床。

密相段直径大小通常由烧焦所能产生的湿烟气量（可计算得到）和气体线速度确定。密相段高度一般由催化剂藏量和密相段催化剂密度确定，一般为 6~7m。

(2) 稀相段。稀相段实际上是催化剂的沉降段。为使催化剂易于沉降，稀相段气体线速度不能太高，要求不大于 0.6~0.7m/s，因此，稀相段直径通常大于密相段直径。稀相段高度应由沉降要求和旋风分离器料腿长度要求确定，适宜的稀相段高度是 9~11m。

2. 旋风分离器

旋风分离器是气固分离并回收催化剂的设备，它的操作状况好坏直接影响催化剂耗量的大小，是催化裂化装置中非常关键的设备。图 5-18 是旋风分离器示意图。

旋风分离器由内圆柱筒、外圆柱筒、圆锥筒以及灰斗组成。灰斗下端与料腿相连，料腿出口装有翼阀。

旋风分离器的类型很多，我国先后从国外引进的有 Dcon（简称 D 型，即杜康型）、Buell 型（简称 B 型，即布埃尔型）、Emtrol 型（简称 E 型）、GE 型等。在消化国外引进技术的基础上，我国成功开发了独特的 PV 型旋风分离器和 VQS 旋流旋风分离器。与国外各种旋风分离器相比，我国开发的旋风分离器具有结构简单、性能优越的特点，并建立了一套完整的优化设计方法，能对各部分尺寸进行优化匹配。针对不同工况做出最佳设计，能在一定压力降下获得最好的分离效率，总分离效率可达 99.997%~99.998%。

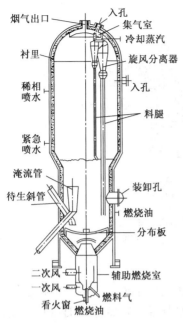

图 5-17 再生器结构示意图

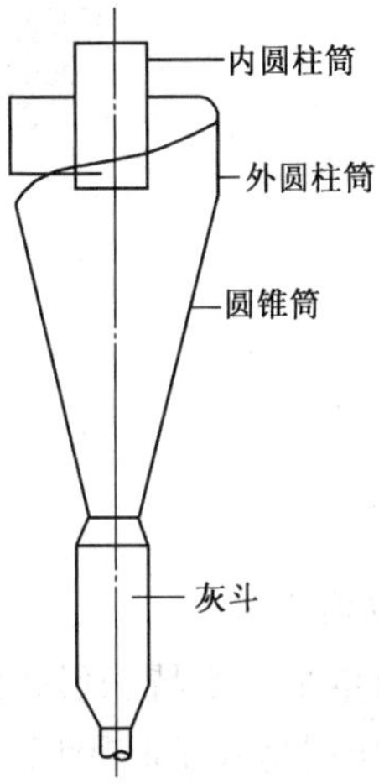

图 5-18 旋风分离器示意图

旋风分离器的作用原理都是相同的，携带催化剂颗粒的气流以很高的速度(15~25m/s)从切线方向进入旋风分离器，并沿内外圆柱筒间的环形通道做旋转运动，使固体颗粒产生离心力，造成气固分离的条件，颗粒沿锥体下转进入灰斗，气体从内圆柱筒排出。

灰斗、料腿和翼阀都是旋风分离器的组成部分。灰斗的作用是脱气，即防止气体被催化剂带入料腿；料腿的作用是将回收的催化剂输送回床层，为此，料腿内催化剂应具有一定的料面高度，以保证催化剂顺利下流，这也就是要求一定料腿长度的原因；翼阀的作用是密封，即允许催化剂流出而阻止气体倒窜。翼阀的结构如图 5-19 所示。

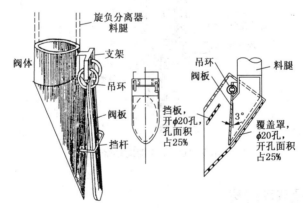

图 5-19 翼阀结构图

3. 主风分布管

主风分布管是再生器的空气分配器，作用是使进入再生器的空气均匀分布，防止气流趋向中心部位，以形成良好的流化状态，保证气固均匀接触，强化再生反应。图 5-20 为分布管结构示意图。

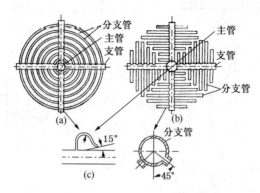

图 5-20 分布管结构示意
(a)树枝式；(b)同心圆式；(c)喷嘴

4. 辅助燃料室

辅助燃料室是一个特殊形式的加热炉，设在再生器下面(可与再生器连为一体，也可分开设置)，其作用是开工时用以加热主风使再生器升温，紧急停工时维持一定的降温速度。正常生产时，辅助燃烧室只作为主风的通道。其结构形式有立式和卧式两种。图 5-21 是立式辅助燃烧室结构简图。

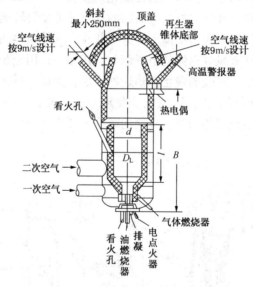

图 5-21 立式辅助燃烧室

三、单动滑阀及双动滑阀

1. 单动滑阀

单动滑阀用于提升管催化裂化装置，安装在输送催化剂的斜管上，其作用是：正常操作时，用来调节催化剂在两器间的循环量；出现重大事故时，用以切断再生器与反应沉降器之间的联系，以防造成更大事故。运转中，滑阀的正常开度为 40%~60%。单动滑阀结构见图 5-22。

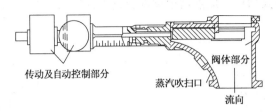

图 5-22　单动滑阀结构示意图(侧剖视)

2. 双动滑阀

双动滑阀是一种两块阀板双向动作的超灵敏调节阀,安装在再生器出口管线上(烟囱),其作用是调节再生器的压力,使之与反应沉降器保持一定的压差。设计滑阀时,两块阀板都留一缺口,即使滑阀全关时,中心仍有一定大小的通道,这样可避免再生器超压。图 5-23是双动滑阀结构示意图。

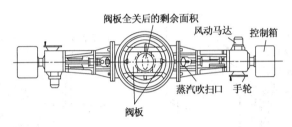

图 5-23　双动滑阀结构示意图(上视图)

四、取热器

为保证催化裂化装置的正常运转,维持反应再生系统的热量平衡至关重要。通常,以馏分油为原料时,反应-再生系统能基本维持自身热量平衡;但加工重质原料(掺渣油原料)时,生焦率升高,会使再生器提供的热量超过两器热平衡的需要,必须设法取出再生器的过剩热量,否则再生器床层超温,破坏正常操作条件。

再生器的取热方式有内、外取热两种,各有特点,但原理都是利用高温催化剂与水换热产生蒸汽达到取热的目的。

内取热是直接在再生器内加设取热管,这种方式投资少、操作简便、传热系数高,但发生故障时只能停工检修,另外,取热量可调范围小。

外取热是将高温催化剂引出再生器,在取热器内装取热水套管,然后再将降温后的催化剂送回再生器,如此达到取热目的。外取热器具有热量可调范围大、操作灵活和维修方便等优点。外取热器又分为上流式和下流式两种,所谓上和下是指取热器内的催化剂是自下而上还是自上而下返回再生器。如图 5-24 属下流式外取热器,催化剂从再生器流入取热器,沿取热器向下流动进行换热,然后从取热器底部返回再生器。图 5-25 是上流式外取热器,情况正好相反。

随着重油催化裂化技术的发展,近年来新开发了一种气控式可调式外取热技术,气控式外取热催化剂采用下流式,依靠提升风代替滑阀调节催化剂循环量,再生器与外取热器之间的催化剂循环是靠外取热器内催化剂的密度($500 \sim 600 \ kg/m^3$)和返回管内催化剂的密度($150 \sim 300 kg/m^3$)之差来实现。通过改变返回管内气体线速可以改变催化剂的循环量,从而改变取热量。气控可调式循环外取热器根据催化剂返回管形式的不同分为内循环和外循环两种，见图 5-26 所示。

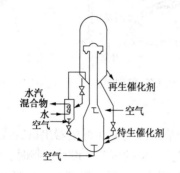

图 5-24　下流式外取热系统示意图

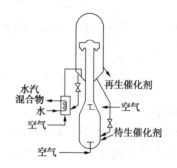

图 5-25　上流式外取热系统示意图

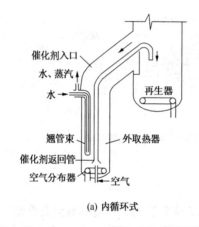

(a) 内循环式

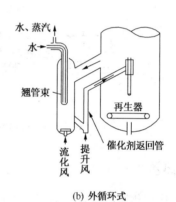

(b) 外循环式

图 5-26　气控可调式循环外取热器

　　除上述设备之外，催化裂化装置还有一些专用设备：主风机、气体压缩机、烟气轮机以及 CO 锅炉、废热锅炉等；常规设备：加热炉、塔器、容器和机泵等，这里不再详述。

第四节　催化裂化技术的发展

一、催化裂化技术进步的推动力

　　由于催化裂化过程的庞大加工规模，目的产品产率提高一个百分点即可产生巨大的经济效益，因此提高目的产品产率始终是催化裂化技术进步的推动力。由于馏分油和重质油性质的显著差别，至今所取得大多数技术进步主要是针对重油催化裂化（RFCC）。近年来，随着环保法规的日趋严格，对催化裂化产品质量的要求越来越高；炼化一体化发展趋势，对催化裂化产品多样化提出了更高要求，这些都促进了催化裂化技术的发展。

　　1. 重油催化裂化

　　重油催化裂化（RFCC）是指以减压馏分油（VGO）掺兑渣油，或常压渣油甚至是减压渣油作为原料的催化裂化过程。渣油与 VGO 相比，原料更重、残炭和金属含量高。原料重，不易雾化，更难以完全汽化，使 RFCC 过程成为更复杂的气-液-固三相反应体系，给油剂有效接触带来困难；原料重，一般胶质和沥青质含量高，残炭高，会显著增加焦炭产率，给催化剂的汽提和再生带来困难。研究表明，对于不含沥青质的抽提油，其胶质含量与催化裂化反应的焦炭产率之间呈直线关系。渣油的 Ni、V 等金属的含量高，直接影响到催化剂的活性、选择性和稳定性。因而，重油催化裂化使传统 FCC 过程面临严峻挑战，对催化剂、油剂接触、油剂快分、待生剂汽提和再生等提出了更高的要求。

在催化剂方面，精心筛选载体，调整孔径分布，减小扩散阻力，提高抗 Ni、V 污染能力；精心调整沸石的性质，在改善稳定性的同时，改善焦炭的选择性。在工艺方面，采用干气预提升技术，减少水热失活，减少污染金属对催化剂的破坏，减少污染金属对反应选择性的影响；采用高效雾化喷嘴，优化喷嘴布置，改善油剂接触，提高反应的转化率和选择性；采用终止剂技术，及时终止反应；采用快分技术和高效汽提技术，强化油剂的分离，减少催化剂携带到再生器的油气量；采用新型催化剂再生技术，在高效再生的同时，减少催化剂的水热失活；采用再生器取热技术，维持反应器和再生器之间的热平衡等。

2. FCC 产品质量

2019 年开始执行的国Ⅵ车用汽油和车用柴油标准对催化裂化技术提出了更高的要求，主要体现在对汽油烯烃含量、苯含量及芳烃含量的限制。在国Ⅴ车用汽油标准中，要求汽油的烯烃含量和硫含量分别不得高于 24%（体）和 $10\mu g/g$，要求汽油的苯含量和芳烃含量分别不得高于 1.0%（体）和 40%（体），而国Ⅵ车用汽油对烯烃含量、苯含量及芳烃含量的限制会更为严格，要求分别不得高于 18%（体）、0.8%（体）及 35%（体）。由于我国商品汽油中约 60%~80% 来自 FCC 过程，因此问题的关键在于解决 FCC 汽油的高烯烃含量和硫含量。

对于传统的 FCC 过程，使用普通的 FCC 催化剂，生产的 FCC 汽油的烯烃含量因原料的不同差别也较大，一般在 40%~50%，加工石蜡基原料的 RFCC 过程生产的汽油烯烃含量可高达 55% 以上。在 FCC 生产过程中降低汽油烯烃含量的技术既可以通过改变 FCC 工艺来实现，也可以通过使用降烯烃催化剂或助剂来实现，但在获得理想产品分布的同时实现高效降烯烃需要各种技术的有效耦合。

在工艺方面，一般可以通过调整反应的苛刻度，将烯烃含量降低到一定的水平。剂油比和反应温度对汽油烯烃度的影响较大，汽油中的烯烃含量随着剂油比的增加和反应温度的降低显著降低。开发新的降烯烃工艺技术可以更有效地降低催化汽油的烯烃含量。

添加降烯烃助剂或使用降烯烃催化剂可以有效降低 FCC 汽油的烯烃含量，目前国内外已有多种降烯烃助剂或催化剂获得工业应用，如 Grace Davison 公司的专利分子筛 Z-17、AKZO Nobel 公司的 TOM 催化剂、中石化洛阳工程有限公司（LPEC）研究开发的（LAP）助剂、中国石化石油化工科学研究院（RIPP）研制开发的 GOR 系列及 LGO-20 催化剂等。但单独使用降烯烃催化剂或助剂，会存在汽柴油收率降低，汽油辛烷值损失或总的目的产品产率降低等问题。为此，中国石油石油化工研究院提出了从反应源头控制烯烃和后转化的新理念，在大幅降低汽油烯烃含量的同时，解决了提高目的产品收率和汽油辛烷值的问题，开发成功了 LBO 降烯烃系列催化剂，包括深度降烯烃保辛烷值的 LBO-12、深度降烯烃提高辛烷值的 LBO-A 及深度降烯烃提高汽柴油收率的 LBO-16 三个产品，可以单独或复配使用。LBO 系列产品以低成本方式为国内石化企业汽油质量升级换代提供了技术支撑，将大幅度减少汽车尾气对环境的污染。

降低汽油硫含量的方法有很多种，如对 FCC 原料进行加氢处理，对 FCC 汽油进行加氢脱硫，采用汽油降硫助剂、吸附脱硫和膜分离技术等。近年来 FCC 过程原位脱硫技术得到广泛关注，FCC 原位脱硫是指在 FCC 反应过程中，通过调整工艺操作条件将汽油的硫含量降下来，但硫含量降低的幅度很有限。该技术无需设备投入，操作简单方便，对于硫含量超过标准不多的炼厂，无疑是一个廉价的选择，对于那些脱硫任务繁重的炼厂，采用脱硫助剂，可以减轻后续工艺的脱硫负荷。RIPP 开发的 MS011、MS012 助剂是专为降低催化裂化汽油硫含量的助剂，可与裂化催化剂直接掺混使用，对催化装置运行、催化剂活性及选择性、产品分布及性质均无不良影响。

3. FCC 多产低碳烯烃

乙烯和丙烯是重要的石油化工原料。利用重油直接制取乙烯、丙烯和丁烯等低碳烯烃的技术一直是国内外炼油行业关注的热点。近年来，随着低碳烯烃需求量，特别是丙烯需求量的不断增加，以重油为原料催化裂化生产低碳烯烃的技术不断涌现，如以多产丙烯为目标的两段提升管催化裂解工艺（TMP）、以多产低碳烯烃为目标的深度催化裂化工艺（DCC）、以最大限度生产高辛烷值汽油和气体烯烃为目标的 MGG 工艺、以多产气体异构烯烃为目标的 MIO 工艺等。

RIPP 在对重油催化裂解中乙烯和丙烯生成化学反应深入研究的基础上，又相继开发了重油催化裂解（CPP）、增强型重油催化裂解（DCC-plus）和重油选择性裂解（MCP）等系列重油催化裂解制取低碳烯烃的创新性技术。这些新技术的出现为我国炼油工业提高轻质油收率、清洁燃料生产、调整炼油产品结构、多产低碳烯烃做出了重要贡献。此外，RIPP 还开发了专用于增产丙烯、丁烯的催化剂助剂，如 FLOS 系列和 MS 系列助剂。目前，国内丙烯总产量的 40% 由催化裂化装置提供，使 FCC 成为炼油行业炼化一体化发展的重要桥梁。

4. FCC 生产过程的清洁化

FCC 过程的环保问题主要涉及 SO_x 和 NO_x 的排放，国外主要采取的措施是在 FCC 反应再生过程中添加 SO_x 和 NO_x 转移剂或转化剂。SO_x 转移剂是在催化剂再生过程中与 SO_x 反应生成硫酸盐，在反应过程中硫酸盐被还原，硫以 H_2S 的形式进入到干气中，被后续过程回收利用。NO_x 转化剂主要是将部分 NO_x 还原成 N_2，从而减少对环境的污染。我国目前用的较多的是 SO_x 转移剂，已有多家研究单位或公司在研究和生产这类产品。如 RIPP 开发的 RFS09 降低催化烟气硫转移助剂，它是一种高性能的降低 FCC 工艺再生器排放的专用助剂，可与裂化催化剂直接掺混使用。

二、催化裂化工艺新技术

（一）新型预提升技术

催化裂化是一个典型的平行顺序反应，目的产物是作为中间产物的汽油、柴油和液化气，干气和焦炭则是不希望的最终产物。根据反应工程的基本原理，平推流有利于提高中间产物汽油和柴油的收率，因而希望提升管内催化剂和油气的流动尽可能接近平推流。此外，催化裂化是在湍流状态进行的多相快速催化反应，催化剂与反应物料的有效接触，以及适宜的反应时间是获得理想产品分布的关键。因此，使催化剂在预提升段内的流动接近于平推流是预提升段改进的重要研究方向，使催化原料高效雾化并迅速气化成为进料装备的开发方向。

传统的预提升段以直管式和环管式两种方式通入预提升蒸汽，其中直管式又有底部缩径和非缩径之分。直管式预提升段在提升管底部易形成死区，开工时催化剂流化极其困难；蒸汽由直管注入，催化剂和原料油的接触不均匀，返混严重，不仅造成产品分布差，还增大了沉降器内设备结焦的可能性。而环管式预提升段，蒸汽在提升管底部以环管形式注入，可以改善催化剂在提升管内的流化状态，但由于蒸汽增加了再生斜管催化剂的下料阻力，一方面造成催化剂循环量提不起来，反应操作弹性降低；另一方面，再生斜管振动大，成为装置运行的不安全隐患。

我国洛阳石化工程公司开发的新型预提升器(图 5-27)在预提升管区增设了扩大段并设内输送管。催化剂经再生斜管进入扩大段，在流化蒸汽的作用下得到充分流化，其后，在预提升蒸汽的作用下催化剂经由内输送管形成催化剂流束，射入提升管中心区域。这种新型的预提升段的剂气比分布较直筒式及底部缩径式结构要平缓许多，预提升器喷嘴上方催化剂的分布较常规提升管更均匀，有利于剂油均匀接触与反应，但由于预提升段增设床层，底部流化蒸汽与高温再生催化剂接触时间较长，催化剂水热失活现象在所难免，且结构复杂，催化剂易卸不净，废渣的清除也较困难。

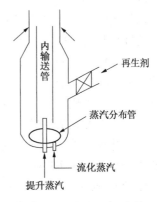

图 5-27 新型预提升器

传统的预提升介质都是水蒸气。水蒸气直接与高温(700℃左右)催化剂接触，对催化剂的老化作用是不能忽视的，近年来国内外相继研究了以干气作为预提升介质替代水蒸气。试验结果表明，用干气替代水蒸气后，平衡剂的微反活性显著提高，比表面积、孔体积等有所改善，干气和焦炭的产率也有所下降。对于 V 污染较为严重的催化剂，采用干气预提升的作用会更加显著，有利于减弱对催化剂的破坏作用，从而减少干气和焦炭产率。

(二) 高效雾化喷嘴新技术

FCC 原料经预热后，由喷嘴喷入提升管反应器中，与催化剂接触并反应。因而，原料的雾化效果和在提升管混合区内的分布情况，会直接影响到原料的转化和产物分布。一般而言，液体原料在雾化蒸汽和喷嘴的作用下应被快速雾化成与催化剂颗粒相当的微液滴，并在提升管混合区横截面上均匀分布，以便于原料与催化剂的充分接触，进行传质、传热和反应。因此，原料雾化效果好，可以提高催化反应，削弱了热裂化反应，从而提高转化率和反应的选择性。

随着催化裂化原料的重质化，高效雾化喷嘴技术是重油催化裂化技术的关键之一，这方面的研究工作一直受到普遍重视，近年来这方面的新技术不断涌现，如 Total 公司的靶式喷嘴、ABB Lummus 公司的 Micro-Jet 喷嘴、UOP 公司的 Optimix 喷嘴，以及 Kellogg 公司的 Atomax™喷嘴等。由于原料的高效雾化是提高轻质油收率、降低焦炭产率的关键，因此对重油催化裂化而言，喷嘴应具有以下几方面的优异性能：ⓐ雾化粒径细小而均匀，最好接近催化剂的平均粒径(60μm)，以提高原料油雾的气化速度和反应速度，抑制焦炭的生成；ⓑ能使已雾化的原料油均匀、迅速、充分地与催化剂接触，为此要求雾滴应具有良好的统计分布与空间分布特性，雾化流股的喷射角度大，覆盖提升管截面，无死区；ⓒ雾滴速度适当，有利于催化剂的正常工作和使用寿命，雾化流股速度合理，既能穿透上升的催化剂流，又不至于喷在器壁上引起结焦；ⓓ喷嘴压降要小，在满足雾化粒径尽可能小的前提下，降低进料压力和雾化蒸汽耗量，以利于节能；ⓔ操作弹性大，性能可靠，结构简单，耐冲蚀，能长周期运行且检修更换方便。

目前，催化裂化装置采用的进料喷嘴按雾化机理的不同大体上划分为四类：喉管类雾化喷嘴（洛阳石化工程公司的 LPC 型、中科院力学所的 KH-II 型）、靶式类进料雾化喷嘴（S&W 公司的 RX-II 型）、气泡雾化喷嘴（中国石油大学的 UPC 型）和旋流式雾化喷嘴（北京设计院的 BWJ 型）。

（三）FCC 反应终止与油剂分离技术

FCC 的目的产物汽油、柴油和液化气是反应的中间产物，那么在适宜的时间及时终止反应以尽量减少这些目的产物的进一步裂化是提高其收率的必要手段。反应温度和催化剂与油气的接触时间是影响 FCC 产物分布的两个关键因素，反应温度高，则接触时间不宜过长，否则气体和焦炭产率就会增加；如果反应温度低，则接触时间不宜太短，否则转化率将受到影响。油气与催化剂的接触和反应并非仅仅局限于提升管反应器内，离开反应器时如果不及时进行油气与催化剂的分离或采取其他措施终止反应，油气在催化剂的作用下依然会继续转化，这样，汽油和柴油进一步转化成非目的产物将不可避免。终止反应技术主要有两种：一种是在提升管末端注入终止剂技术，另一种是在提升管末端增设快分系统。前者是通过骤然降低体系的温度来实现终止反应，而后者则是及时将油气与催化剂分离来终止反应。

1. 终止剂技术

终止剂技术是在提升管末端增设一组终止剂注入口，通过加入冷态的难裂解组分，迅速降低系统的温度，从而大幅度降低反应速度。注入的终止剂通常有直馏汽油、FCC 粗汽油、重柴油、酸性水等。终止剂技术实现起来较为简单，也不会明显增加生产成本，因而被炼厂广泛采用。但使用终止剂后，终止剂在降低二次反应的同时也终止了稠环芳烃等难裂化组分的反应，使生焦量增加，同时也会增加反应器和分馏塔的负荷，对装置内的流化有一定的影响。

2. 反应器出口快分技术

提升管反应器出口快分技术是通过将油气与催化剂快速分离，减少油气在沉降器内的返混，减少油气在高温条件下停留时间过长而发生非选择性反应，从而提高轻油收率，降低干气和焦炭产率。同时，快分技术还可以减少催化剂被油气的带出量，降低催化剂的单耗。传统的提升管顶部一般采用伞帽或倒 L 弯管等形状的分离器对从提升管顶部喷出的油气和催化剂进行粗分，或单纯依靠惯性进行分离。最新的快分系统主要有 Shell Oil 公司的快分技术、UOP 公司的涡旋分离技术（VDS 和 VSS）、S&W 公司的 Ramshorn 轴向旋分器，以及中国石油大学等单位开发的 FSC 和 VQS 旋流式快速分离系统等。提升管末端快分技术会在一定程度上增加设备的复杂性，给设备的设计和操作增加难度。

3. 催化剂汽提系统

从提升管顶部出来的催化剂，经沉降器落入到汽提段，一般用水蒸气汽提催化剂中的挥发性有机物（即催化剂上吸附的油气分子），汽提后的催化剂再进入到再生器中烧焦再生。如果催化剂汽提得不好，挥发性有机物被带到再生器中燃烧，不但会增加 SO_x 的排放，恶化产物分布，破坏体系的热平衡，还会影响催化剂性能和再生器本身的安全，进而影响到正常的反应再生循环。

常规汽提器都是采用挡板，角度在 30°~60°，以促进汽提蒸汽与催化剂的接触。为了使催化剂在汽提挡板上能平稳流动，挡板一般都选用锐角形的，但这样的挡板不利于蒸汽与催化剂的充分接触。对于通常采用的同心圆式的汽提器设计，挡板固定在提升管的外壁上，汽提蒸汽由下向上流动，催化剂由上向下运动，由于挡板的作用，催化剂在总体向下运动的同时，还有水平运动。在汽提器内出现的催化剂偏流是影响汽提效果的主要原因，即使加大汽提蒸汽的用量也无济于事。Mobil Oil 公司开发的新型汽提器在倾斜的挡板基础上增加了导流叶片，使催化剂在向下的运动过程中，除在挡板的作用下产生水平运动外，还可在导流叶片的作用下产生旋流运动，并且在挡板的边缘开有斜孔，使汽提蒸汽从斜孔喷入，促进催化剂的旋流运动。这种新型汽提器，催化剂总体上是螺旋式向下运动，可有效避免催化剂的偏流，促进汽提蒸汽与催化剂的接触，从而改善汽提效果。新型汽提器如图 5-28 所示。

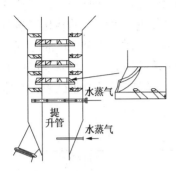

图 5-28 新型预提升器

（四）催化裂化反应技术

FCC 过程的主要任务是生产轻质燃料，随着市场对丙烯需求的强劲增长，传统的蒸气裂解受反应机理的限制难以满足市场需求，而从 FCC 反应机理看，完全有能力通过对工艺过程及反应条件的适当调整，大幅度提高丙烯收率，因此多产丙烯的 FCC 工艺技术开发成为新的研究热点。此外，降低 FCC 汽油的烯烃含量，以满足 2019 年实施的国 VI A/B 车用汽油不大于 18%（体）/15%（体）的标准要求，也是 FCC 过程面临的严峻挑战。可以看出，无论是改善产物分布，多产低碳烯烃，还是降低 FCC 汽油的烯烃含量，都离不开 FCC 反应器的技术升级。近年来国内外以这三方面的研究内容为核心，开展了卓有成效的工作，取得了很大进展。

1. 提升管多反应区控制技术

催化裂化反应是平行-顺序反应，在常规催化裂化反应器条件下，在达到最大柴油产率的反应深度下，液化气产率不会很高；而在液化气产率较高的条件下，柴油已大部分裂化生成汽油和液化气等。提升管多反应区控制技术或称为分层进料技术是在深入分析催化裂化反应规律的基础上，根据不同原料性质选择不同的反应环境，从而对催化裂化反应进行精密控制。

（1）多产液化气和柴油（MGD）技术。MGD 是中国石化石油化工科学研究院开发的提升管分层进料技术家族中的重要一员。该技术将提升管反应器从提升管底部到提升管顶部依次设计为三个反应区：汽油反应区、重质油反应区和反应深度控制区（见图 5-29）。

由于汽油与催化原料相比属于较难裂化的小分子，因此将汽油馏分注入操作条件非常苛刻的汽油反应区与高温再生催化剂接触反应，反应的主要产物是液化气，由于此反应区操作条件苛刻，汽油也会裂化生成一部分干气和焦炭。离开汽油反应区的催化剂由于汽油升温和裂化吸收一部分热量，温度有所下降，催化剂因积炭，活性也有一定程度下降。这样，一方面可以保证重油的转化，另一方面重油反应生成的焦炭和干气也会减少。反应深度控制区的作用在于通过注入一定量的急冷介质，来适当降低反应温度、缩短反应时间，从而控制整个提升管内的反应深

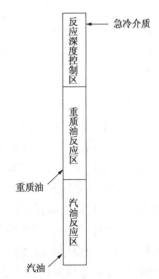

图 5-29 MGD 技术提升管反应器示意图

度，在保证渣油转化率的前提下最大限度地提高柴油和液化气收率。

与常规催化裂化技术相比，MGD 具有以下特点：①采用粗汽油控制裂化深度，可以增加液化气产率，降低汽油烯烃含量，调节裂化原料的反应环境以提高柴油收率；②轻质原料在高苛刻度下、重质原料在低苛刻度下进行选择性反应，可以促进汽油馏分的转化和减少柴油馏分的二次反应；③液化气和柴油产率明显高于常规 FCC 技术，高价值产品（液化气、汽油和柴油）与常规 FCC 技术相当；④能够大幅度降低汽油中的烯烃含量，且汽油辛烷值有一定提高。MGD 工艺于 1999 年分别在福建炼化公司和广州石化总厂进行了工业试验，与常规催化裂化的对比结果见表 5-2。

表 5-2 MGD 工业试验结果

工艺	抚顺炼厂		广州石化	
	FCC	MGD	FCC	MGD
原料密度(20℃)/(g/cm³)	0.9198	0.9300	0.9235	0.9212
残炭/%	2.98	3.19	4.0	5.0
反应温度/℃	516	506	515	515
剂油比	6.7	7.3	6.2	6.5
产品分布/%				
干气	4.67	4.62	3.23	3.98
液化气	16.70	18.00	11.26	15.57
汽油	38.00	31.95	43.37	34.10
柴油	25.78	31.06	28.16	32.17
回炼油	6.96	6.13	6.26	6.31
焦炭	7.37	7.77	7.20	7.36
损失	0.52	0.47	0.52	0.51
液收率	80.48	81.01	82.79	81.84
柴汽比	0.678	0.972	0.649	0.943
辛烷值				
RON	93.2	93.9	92.6	93.2
MON	81.3	81.7	80.6	81.4
汽油中的烯烃含量/%(体)	40.5	31.5	43.8	32.2

（2）多产柴油(MDP)技术。中国石化石油化工科学研究院在 MGD 的基础上，通过改变分层进料方式和采用多产柴油催化剂 MLC-500，开发出了多产柴油的新工艺 MDP，并于 1997 年在沧州炼油厂进行了工业化试验。MDP 工艺的主要特点有：①可以加工重质、劣质的催化裂化原料；②采用配套研制的增产柴油催化剂，可维持适中的平衡活性；③采用原料组分选择性裂化技术，将催化裂化原料按馏分的轻重及其可裂化性能区别处理，在提升管反应器的不同位置注入不同的原料组分，使性质不同的原料在不同的环境和适宜的裂化苛刻度下进行反应；④采用较为苛刻的裂化条件和适宜的回炼比，但对装置的加工量和汽油辛烷值的影响不大。

MDP 技术的进料方式如图 5-30 所示。新鲜原料与 50%的回炼油从提升管最下层的喷嘴喷入，与高温催化剂接触。新鲜原料易于裂化而回炼油较难裂化，在新鲜原料中掺入回炼油后，既可以适当抑制新鲜原料的裂化，又可以促进回炼油的裂化。剩余的回炼油从第二层喷嘴进料，这样既可进一步裂化回炼油，还可以控制反应深度。在提升管最上方注入终止剂，及时终止反应，减少目的产物的进一步反应。

（3）短接触时间双反应区技术。美国 UOP 公司新近开发了短接触时间双反应区 FCC 专

112

利技术(见图5-31)。从再生器过来的再生剂与从第一反应区分离出来的催化剂混合,在预提升介质的推动下向上运动并与喷入的原料反应,接触时间在2s左右,然后有60%~90%的气体被引出,并由旋风分离器分离出催化剂。剩余的油气和催化剂继续向上运动,与第二反应区的喷嘴喷入的原料接触并反应。从形式上看,该技术也属分层进料,与我国石油化工科学研究院开发的MGD和MDP技术的显著区别在于该技术在两个反应区之间增设了油剂分离过程。

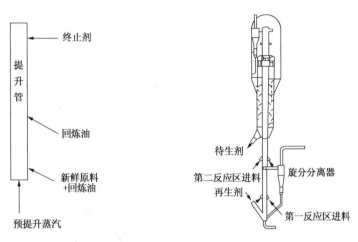

图5-30 MDP技术的进料方式   图5-31 短接触双反应区FCC技术

(4)MIP技术。多产异构烷烃的催化裂化(MIP)工艺由中国石化石油化工科学研究院(RIPP)开发,反应再生原则流程如图5-32所示。热原料油与热再生催化剂在提升管底部接触进入第一反应区,经高温和短油剂接触后进入第二反应区(为扩径的提升管反应器),在较低的温度和较长的油气停留时间下油气继续反应,随后物流进入粗旋,分离油气和催化剂,油气进入后部分离系统,待生催化剂经汽提、再生,进入提升管底部,再与原料接触反应。

MIP工艺技术提出了裂化和转化(氢转移和异构化)两个反应区的概念。针对裂化反应是吸热反应,而氢转移、异构化和烷基化反应是放热反应两种不同的热力学效应,提出了以烯烃为界,将烃类裂化生成烯烃分为第一反应区,烯烃转化异构烷烃和芳烃分为第二反应区,设计了具有2个反应区的新型串联提升管反应系统。高速流化床构成第一反应区,其操作方式类似目前的催化裂化工艺,即高温、短接触时间和高剂油比,反应苛刻度较高,可使较重的原料油裂化生成烯烃,但没有足够的时间进一步发生二次反应;快速流化床构成第二反应区,其操作方式不同于目前的催化裂化工艺,采用较低的反应温度和较长的接触时间,将烯烃转化为异构烷烃或异构烷烃和芳烃。因此,第一反应区基本完成重油到汽油的转化,第二反应区在

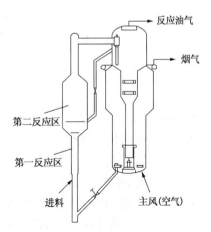

图5-32 MIP反再流程及反应器示意图

适宜的反应条件下主要进行汽油的降烯烃改质，在第一反应区生成的柴油再经过第二反应区较长的反应时间，其质量必然会发生恶化，增加后续加氢工艺的负荷。

基于串联提升管反应器技术平台，RIPP 在 MIP 工艺基础上，又相继开发出了多产异构烷烃并增产清洁汽油和丙烯的 MIP-CGP 工艺、多产异构烷烃并增产高辛烷值汽油的 MIP-LTG 工艺和多产异构烷烃并降低干气和焦炭产率的 MIP-DCR 工艺，这些工艺均获得了工业化应用。

MIP-CGP 工艺采用专用的催化剂与适宜的工艺参数，原料油在第一反应区发生更苛刻的裂化反应，以生成更多的富含烯烃的汽油和富含丙烯的液化气；第二反应区仍以氢转移反应和异构化反应为主，但适度地强化烯烃裂化反应。在烯烃裂化反应和氢转移反应的双重作用下，汽油中的烯烃转化为丙烯和异构烷烃，从而在增产丙烯的同时大幅度降低汽油中的烯烃含量。MIP-LTG 工艺是将轻循环油（LCO）分为轻馏分和重馏分，轻馏分直接回炼，重馏分加氢处理后再回炼，从而可以多产高辛烷值和低烯烃的汽油。MIP-DCR 工艺是在提升管底部设置催化剂混合器，从外取热器引出一股冷再生剂和热再生剂送到混合器中进行混合，或者将热再生剂直接冷却，以减少热裂化反应，从而有效降低干气和焦炭产率，增加液化气和汽油产率。MIP-CGP 装置的工艺流程如图 5-33 所示。

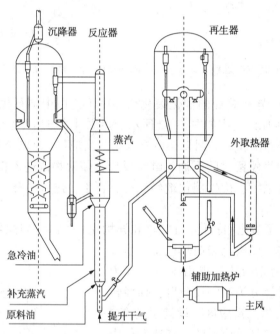

图 5-33　MIP-CGP 技术反应-再生系统工艺流程图

2. 下行式反应器技术

传统的提升管反应器是在油气的推动下催化剂由下向上逆重力场运动，在这样的流动条件下，难以消除返混现象。下行式反应器突破了提升管的传统设计理念，让油气和催化剂在向下的运动过程中接触并反应，其优点在于：①催化剂顺重力场流动，不存在最小提升速度问题，可以完全消除催化剂返混和偏流现象；②油气与催化剂易迅速均匀混合，实现高温短接触时间反应，改善产物分布；③可以不使用高气速喷嘴，显著减少对催化剂的磨耗及设备磨损。

（1）MSCC 技术。带下行式反应器的 FCC 工艺的构想是 Mobil 公司于 1983 年提出的，

Texaco 随后提出了下行式弹射反应器。20 世纪 90 年代，下行式反应器应用于毫秒级催化裂化（MSCC）中。1994 年，Coastal Eagle Point Oil Co.（CEPOC）将一套处理量为 25t/d 的 FCC 装置改造成了 MSCC。改造前的装置为 III 型催化裂化［见图 5-34(a)］，提升管底部进料，催化剂与油气在提升管顶部靠惯性分离，采用单段再生，改造后的 MSCC 如图 5-34(b)所示。反应器置于再生器的下面，再生催化剂直接从再生器向下流入反应器中，与通过原料分布器的原料正交接触并反应。反应产物经外旋风分离器分离出催化剂后去分馏塔，而失活的催化剂进入到汽提器中。汽提后的待生剂再由空气经提升管提升到再生器中进行烧焦。

　　MSCC 的优点在于操作灵活，开停工方便，原料适应能力强，可以提高渣油的处理能力，改善产物分布，提高液收和未转化原料的氢含量，降低干气产率，增加 LPG 中的烯烃含量，提高汽油的辛烷值和柴油的十六烷值，削弱污染金属的脱氢作用，减少催化剂的添加量。

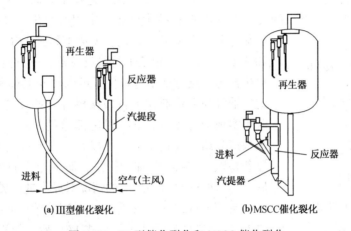

图 5-34　III 型催化裂化和 MSCC 催化裂化

　　尽管 MSCC 的优点很多，但技术的不足之处也显而易见，最突出的一点就是催化剂是顺重力场运动，使得反应器内的流化密度比上行式提升管反应器要低得多，势必影响油气与催化剂的充分接触。针对下行式反应器的这一缺点，日本藤山优一郎提出了在提升管反应器上多处进催化剂的技术方案，以便提高反应器内催化剂的密度和整体活性。改进的下行式反应器在 1/2 处增设一个催化剂入口，在其他条件相同的情况下，下行式反应器中间进再生剂后，因提升管内催化剂的整体活性提高，促进了催化裂化反应，抑制了热裂化反应，使得产物中干气和焦炭的产率有所下降，而汽油和液化气的收率会有所增加。改进的下行式反应器见图 5-35，与常规下行式操作的实验结果比较见表 5-3。

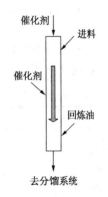

图 5-35　改进的下行式反应器

　　下行式反应器可以采用反应器在入口和出口间增设催化剂入口，提高反应器内催化剂的平均活性的措施，但对于提升管反应器却不易采用这种技术，因为从中间入口引入的催化剂在进入提升管的一瞬间，不但很难随油气和催化剂向上运动，还会破坏反应器内原有的接近平推流的运动状态，加大返混程度，导致产物分布恶化。

表 5-3 两处进再生剂与一次进再生剂的下行式反应结果比较

	两处进再生剂	一次进再生剂
转化率/%	82.4	82.4
收率/%		
干气	6.5	7.6
液化气	27.2	25.8
汽油	43.1	42.9
柴油	10.2	10.2
回炼油	7.4	7.4
焦炭	3.8	4.1

（2）灵活下行式 FCC 技术。在开发下行式催化裂化工艺技术方面，国内也做了大量卓有成效的工作。魏飞等开发的灵活下行式 FCC 技术已经在中国石油化工股份有限公司济南石化分公司实现了工业化。灵活下行式 FCC 工艺流程示意图如图 5-36 所示，包括上行段反应器、下行段反应器、提升管再生器等。通过调整进料位置可以改变上行段反应器的长度，这样油气与催化剂在上行段接触并开始反应，折返到下行段时可实现均匀分布。下行段尾部通过离心分离将油气与催化剂快速分离，终止反应。可以看出，下行式 FCC 与 MSCC 有显著差别，MSCC 没有上行段，而下行式 FCC 有了上行段以后，可以根据原料和反应的情况对操作进行灵活调整。

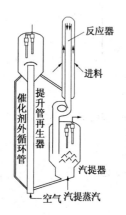

图 5-36 灵活下行式 FCC 工艺流程示意图

灵活下行式 FCC 工艺的工业试验结果如表 5-4 所示。将原 DCC 工艺改造成灵活下行式 FCC 后，使用同样的催化剂，但操作条件比 DCC 缓和，因而改造后的转化率要比改造前低约 9 个百分点。虽然转化率大幅降低，但产物分布却有明显改善。轻油收率，尤其是柴油收率大幅度增加；干气产率显著下降；尽管液化气收率明显下降，但丙烯收率略有增加，总液收也有小幅增加。总之，该技术对改善产物分布成效显著。

表 5-4 下行式 FCC 与 DCC 工业试验数据对比

	DCC	下行式 FCC	变化值
产率/%			
干气	9.16	6.89	-2.27
LPG	42.00	32.83	-9.17
汽油	26.60	27.66	1.06
柴油	13.49	21.87	8.38
回炼油	0	0	0.00
焦炭	8.24	8.16	-0.08
损失	0.51	0.49	-0.02
液收率	82.09	82.36	0.27
丙烯	18.32	19.07	0.75
转化率/%	86.51	77.64	-8.87

3. 多产低碳烯烃技术

（1）双提升管工艺。双提升管工艺是 Exxonmobil 公司开发的专利技术，如图 5-37 所示，两个提升管反应器共用一个沉降器和再生器，原料油先进入第一个提升管反应器进行反应，反应产物中的汽油馏分再进入第二个提升管反应。所用催化剂是含 USY 和 ZSM-5 两种催化剂按一定比例混合。该工艺技术可以显著提高丙烯收率，在适当条件下，该工艺的乙烯和丙烯收率分别达到 2.7% 和 12.1%，是同比条件下普通催化裂化的 2.25 倍和 2.88 倍。

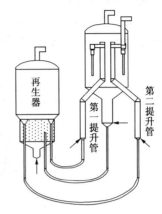

图 5-37　Exxonmobil 公司的双提升管工艺

（2）MAXOFIN™工艺。Mobil 与 Kellogg 公司联合开发的一种灵活 FCC 工艺被称作 MAXOFIN™，如图 5-38 所示，该工艺类似于 Exxonmobil 公司的双提升管工艺，第一根提升管反应器裂化普通的 FCC 原料，第二根提升管进第一根提升管反应生成的裂化石脑油，两个提升管共用一个沉降器和再生器。该工艺使用的催化剂是在普通催化裂化催化剂中添加了含 25%ZSM-5 的添加剂。在最大量生产丙烯的条件下，第一根和第二根提升管顶部温度分别为 537℃ 和 593℃、剂油比分别为 8.9 和 25，乙烯和丙烯的收率分别为 4.30% 和 18.37%。

（3）FDFCC 工艺。西安交通大学、洛阳石化工程公司等单位联合开发了灵活多效双提升管催化裂化(FDFCC-Flexible Dual-Riser Fluid Catalytic Cracking)工艺技术，可以实现多产丙烯。该技术有两种型式：一种类似于 MAXOFIN™双提升管，两个提升管反应器一个用于催化裂化原料的裂化，按常规催化裂化操作，另一个是汽油提升管，可将部分汽油或全部汽油回炼，目标是降低汽油烯烃或多产丙烯，两个反应器共用一个沉降器和再生器；另一种如图 5-39 所示，也采用两个提升管反应器，一个用于裂化催化裂化原料，另一个则用于对裂化生成的石脑油进行升级和生产丙烯，两个提升管共用一个再生器，但分别有自己的沉降器。

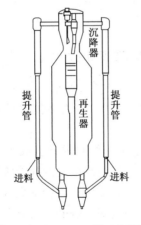

图 5-38　MAXOFIN™工艺流程

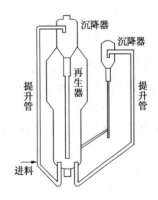

图 5-39　FDFCC 工艺流程

洛阳石化工程公司在 FDFCC-I 的基础上，又开发了 FDFCC-Ⅲ 工艺。FDFCC-Ⅲ 工艺采用双提升管并增设汽油沉降器和副分馏塔，采用"低温接触、大剂油比"的高效催化核心技术，将部分汽油提升管待生催化剂引入原料油提升管催化剂预提升混合器，与高温再生剂混合后进入原料油提升管，既降低了原料油提升管的油剂接触温度，又充分利用了汽油提升管待生催化剂的剩余活性，提高了原料油提升管的剂油比和产品选择性，降低了干气和焦炭产率，提高了丙烯收率和丙烯选择性。单分馏塔的 FDFCC 工艺原则流程见图 5-40(a)，双分馏塔的 FDFCC 工艺原则流程见图 5-40(b)。

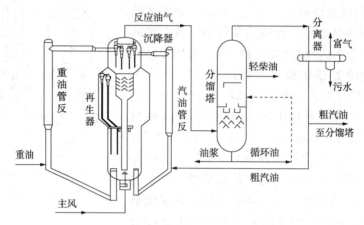

图 5-40　(a)单分馏塔的 FDFCC 工艺原则流程

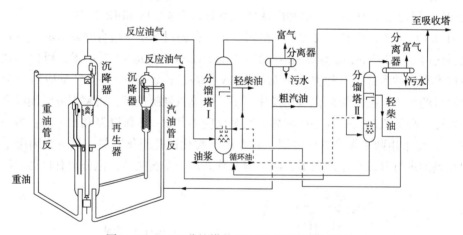

图 5-40　(b)双分馏塔的 FDFCC 工艺原则流程图

与常规 FCC 相比，FDFCC 工艺的丙烯收率可提高 6 个多百分点，生成汽油的硫含量大幅度降低，烯烃含量只有 10%(体)，辛烷值也有一定增加。因而该技术具有多产丙烯和改善 FCC 汽油品质的双重作用。

(4)PetroFCC 工艺。UOP 公司开发的 PetroFCC 也是一种双提升管共用一个再生器的结构。第一提升管在高温、高剂油比的条件下操作，采用掺有高浓度的择形沸石添加剂的高裂化活性、低氢转移活性催化剂，最大限度地将重质原料直接转化为轻烯烃或汽油和轻柴油馏分。为了提高烯烃度，采用低压反应区，并设有快分系统和先进的进料分布系统，控制油气在提升管内的短停留时间，以减少氢气和轻饱和烃的生成。第二提升管在比第一提升管更苛刻的条件下操作，将第一个提升管裂化生成的部分石脑油馏分进一步裂化为更轻的组分，以利于低碳烯烃的生成。该工艺原料可以是馏分油，也可以是减压渣油，丙烯产率可达

22.8%，C_4产率可达15.6%；且汽油馏分可在芳烃装置上进一步处理生产超过50%的对二甲苯和15%的苯。

PetroFCC技术通过改变FCC装置的设计来提高丙烯产量，将炼油与化工过程有机结合起来，可以显著提高企业的经济效益。

（5）DCC工艺。中国石化石油化工科学研究院（RIPP）针对我国原油中轻油含量普遍偏低的实际情况，开发了重油深度催化裂化工艺（DCC）技术，可以多产低碳烯烃。DCC工艺流程类似于传统的FCC，原料可以是VGO，也可以掺炼脱沥青油、焦化蜡油或渣油，但在催化剂、工艺参数和反应深度等方面与FCC有显著差别。DCC-I型采用的是提升管加床层式反应器，在较苛刻的条件下操作，可以多产丙烯；DCC-II采用的是提升管反应器，反应条件较为缓和，可以多产异丁烯和异戊烯，同时兼顾丙烯和优质汽油的生产。两种DCC工艺与FCC工艺加工同一原料时，得到的部分产物分布数据比较见表5-5。

表5-5　DCC-I、DCC-II和FCC部分产物分布数据比较（原料为VGO）

工艺类型	DCC-I	DCC-II	FCC
产率/%（质）			
乙烯	6.1	2.3	0.8
丙烯	21.0	14.3	4.9
石脑油	26.6	39.0	54.8
焦炭	6.0	4.3	4.3

（6）CPP工艺。最近，RIPP在DCC技术的基础上，通过对工艺参数、催化剂以及装置构型的改进，开发出了催化高温裂解（CPP）工艺技术。CPP工艺是一个催化反应和热反应共存的过程，新开发的催化剂具有正碳离子反应和自由基反应双重催化活性，原料在提升管反应器中进行催化裂解及高温热解、择形催化、烯烃共聚、歧化与芳构化等综合反应，能够实现最大限度生产乙烯和丙烯的目的。工业试验结果见表5-6。

表5-6　CPP与HCC工艺乙烯、丙烯收率比较

工艺类型	CPP	HCC
原料	45%大庆VGO+55%大庆VR	大庆AR
催化剂	CEP	LCM-5
反应温度/℃	640	670
水油比（质）	0.3	0.3
剂油比（质）	21.1	18.7
产率/%		
乙烯	20.37	25.95
丙烯	18.23	4.09
乙烯+丙烯	38.60	40.04
液体产品	22.75	24.62
焦炭	10.66	8.99

（7）HCC工艺。洛阳石化工程公司开发的重油直接裂解制乙烯（HCC）的专利技术是针对乙烯生产原料的重质化问题设计的，现已在黑龙江齐齐哈尔化工公司成功地进行了工业应用试验，达到世界同类技术的领先水平。HCC工艺采用类似于催化裂化流态化"反应-再生"工

艺技术，在高反应温度(750~790℃)、短接触时间(0.2~1.0s 左右)、大剂油比(15~25)的工艺条件下，使用活性、选择性、稳定性均良好的专用催化剂(LCM-5)，将重油直接裂解制乙烯，并兼产丙烯、丁烯和轻质芳烃(BTX 等)；同时将生成的焦炭和部分焦油作为内部热源。HCC 工艺最突出的优点是直接裂解各种重质烃类，其中包括 VGO、渣油以及焦化馏分油、热裂化重油、溶剂脱沥青油等二次加工油料。HCC 工艺用与 CPP 工业试验类似的原料，在较为接近的条件下的中试结果列于表 5-6。

(8)选择性组分裂化(SCC)工艺。选择性组分裂化(SCC)工艺是 Lummus 公司开发的一项最大限度生产丙烯技术。SCC 工艺由以下几项技术组合而成：①高苛刻度催化裂化操作；②优化工艺与催化剂的选择性组分裂化；③汽油回炼；④乙烯和丁烯易位反应生成丙烯。其中，高苛刻度催化裂化的反应体系由短接触时间提升管和直连式旋风分离器组成，其丙烯产率可以由传统的 3%~4% 提高到 6%~7%；选择性组分裂化通过优化工艺操作条件和催化剂配方来实现，选用高 ZSM-5 含量的 FCC 催化剂，在高温、大剂油比条件下操作，可以将丙烯产率提高至 16%~17%；汽油组分回炼可使丙烯产率进一步提高 2%~3%；而乙烯和丁烯在一个固定床反应器内易位反应转化为丙烯，预计可以多生产 9%~12% 的丙烯。

因此，这四项技术的联合可以得到 25%~30% 的丙烯。但该技术至今未见实现工业化的报道。

(9)轻烯烃催化裂化(LOCC)技术。轻烯烃催化裂化(LOCC)是 UOP 公司开发的一项催化裂化生产低碳烯烃技术。该技术采用双提升管反应器和双反应区，第一提升管进行原料油一次裂化，第二提升管进行汽油二次裂化。第一提升管底部设有一个 MxR 混合箱，利用部分待生催化剂循环与高温再生催化剂在混合箱内进行混合，可以降低油剂接触温度，减少热裂化。该技术使用高 ZSM-5 含量的助剂。表 5-7 列出了以蜡油掺渣油为原料的 LOCC 结果。此项技术也未见工业化试验的报道。

表 5-7 LOCC 典型的产物分布

产率/%	LOCC	FCC
干气	6.5	3.0
C_3	21.5	6.0
C_4	20.0	10.5
汽油	27.0	52.0
柴油	12.0	15.0
HCO	5.0	7.0
焦炭	8.0	6.5

(10)NEXCC 工艺。NEXCC 是芬兰 Mesteoy 公司开发的生产气体烯烃的催化裂化工艺，它将两套循环流化床同轴套装起来，外面的一套作为再生器，套在里面的是反应器，并采用多入口旋风分离器取代常规的 FCC 旋风分离器。NEXCC 在苛刻的操作条件下操作，其典型的反应温度为 600~650℃，催化剂循环量是 FCC 过程的 2~3 倍，油剂接触时间为 1~2s。NEXCC 装置的大小仅相当于相同规模 FCC 的 1/3，因此建设成本可以节省 40%~50%。据报道，1999 年在芬兰 Fortum 的 Porvoo 炼油厂建立了一套 120~160 kt/a 的 NEXCC 半工业化装置，产物分布见表 5-8。

表 5-8　NEXCC 典型的产物分布

产率/%	NEXCC	FCC
干气+液化气	10.3	3.2(干气)
乙烯	3.4	1.0
丙烯	16.1	3.5
正丁烯	11.1	4.0
醚化原料	15.4	6.5
汽油	27.0	47.0
柴油+HCO	12.2	28.0
焦炭	3.8	6.8

4. 两段提升管催化裂化(TSRFCC)技术

由中国石油大学(华东)开发的两段提升管催化裂化(TSRFCC—Two-Stage Riser Fluid Catalytic Cracking)新技术，采用催化剂接力、分段反应、短反应时间和大剂油比的操作原理，能大大强化催化反应，抑制不利的二次反应和热裂化反应，具有极强的操作灵活性。催化剂接力是指当原料经过一个适宜的反应时间，由于积炭使催化剂活性下降到一定程度时，及时将其与油气分开并返回再生器，需要继续进行反应的中间物料在第二段提升管与来自再生器的另一路催化剂接触，形成两路催化剂循环。显然，就整个反应过程而言，催化剂的整体活性及选择性可以大大提高，催化反应所占比例增大，有利于降低干气和焦炭产率。采用分段反应就是让新鲜原料和循环油在不同的场所和条件下进行反应，避免两种反应物在吸附和反应方面的相互干扰，使二者都能获得理想的反应环境，从而可以提高原料转化深度，改善产品分布。两段反应时间之和小于常规催化反应的时间，总反应时间一般为 1.6~3.0s。由于催化裂化是一种催化剂迅速失活的反应过程，反应时间缩短可有效控制热反应和不利二次反应，抑制干气和焦炭的生成。

与传统催化裂化技术相比，TSRFCC 工艺技术不仅能显著提高装置的加工能力和目的产品产率，增加柴汽比，还能有效降低催化汽油的烯烃含量，提高柴油的十六烷值，改善产品质量，或显著提高丙烯等低碳烯烃的产率。

两段提升管催化裂化技术反应-再生系统工艺流程如图 5-41 所示。可以看出，TSRFCC 技术打破了原来单一的提升管反应器型式和反应-再生系统流程，用两段提升管反应器取代原来的单一提升管反应器，构成两路循环的新的反应再生系统流程。新鲜催化原料进入第一段提升管反应器与再生催化剂接触进行反应，油剂混合物进入沉降器进行油剂分离，油气去分馏塔，结焦催化剂经汽提后去再生器烧焦再生；循环油(即一段重油以及回炼油和油浆)进入第二段提升管反应器与另一路再生催化剂接触反应，油剂混合物进入沉降器进行油剂分离，油气去分馏塔，结焦催化剂经汽提后去再生器烧焦再生。第二段提升管反应器的进料可以包括部分催化汽油，当生产目的为多产低碳烯烃或最大程度降低汽油烯烃含量时，催化汽油进料喷嘴在下，循环油进料喷嘴在上；当生产目的为多产汽柴油，适度降低汽油烯烃含量时，喷嘴设置则相反，汽油进料喷嘴在循环油之上。

2002 年 5 月，第一套两段提升管催化裂化工业装置在石油大学(华东)胜华教学实验厂 $10×10^4t/a$ 催化裂化装置上改造建成投产。工业运转结果表明，生产装置操作平稳，参数控制灵活，各项技术经济指标先进。与改造前相比，装置加工能力提高了 20% 以上；汽柴油

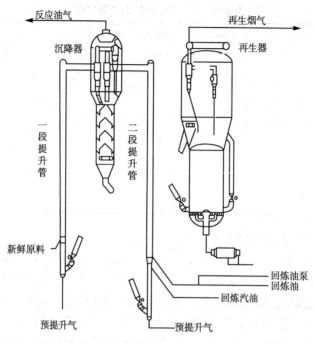

图5-41　两段提升管催化裂化技术反应-再生系统工艺流程图

收率提高3个百分点以上，液收率(汽油+柴油+液化气)提高2个百分点；柴油密度降低，十六烷值提高。到目前为止，国内已经有7套TSRFCC工业装置正常运转，取得了巨大的经济效益。

表5-9给出辽河石化公司80×10⁴t/aTSRFCC装置改造前后的三次标定结果。装置加工原料均为70%大庆原油和30%辽河稀原油混合油的常压渣油，主要目的是确保催化汽油的烯烃含量合格。由表中数据可以看出，在以生产低烯烃含量汽油为目的的条件下，TSRFCC与常规催化相比，轻油收率提高1.76个百分点，目的产品收率提高2.1个百分点，干气+焦炭产率减少1.78个百分点，烯烃含量减少4.3个百分点。即使与不考虑降烯烃操作的常规催化相比，目的产品收率相当，轻油收率略有降低，但烯烃含量降低了23个百分点，同时柴汽比增加。此后，辽河石化公司将汽油烯烃含量放宽到39%(体)，轻油收率仍能提高1.33个百分点，达到73.86%，目的产品收率也提高了1.67个百分点，达到87.53%。以上数据充分显示了TSRFCC新工艺在降低汽油烯烃含量的同时，能显著提高目的产品收率的功能特点和技术优势。

表5-9　辽河石化TSRFCC三次标定时产品收率情况

	标定1(常规催化)	标定2(常规催化，降烯烃剂)	标定3(TSRFCC，降烯烃剂)
干气+损失/%(质)	3.27	4.31	3.63
液化气/%(质)	12.07	12.99	13.33
汽油/%(质)	39.83	42.92	38.09
柴油/%(质)	33.99	27.85	34.44
油浆/%(质)	2.12	1.95	1.63
烧焦/%(质)	8.72	9.98	8.88

	标定 1(常规催化)	标定 2(常规催化，降烯烃剂)	标定 3(TSRFCC，降烯烃剂)
合计/%(质)	100.00	100.00	100.00
柴汽比	0.85	0.65	0.90
总转化率/%(质)	63.89	70.20	63.93
轻油收率/%(质)	73.82	70.77	72.53
目的产品收率/%(质)	85.89	83.76	85.86
总液体收率/%(质)	88.01	85.71	87.49
汽油烯烃含量/%(体)	56.4	37.9	33.6
汽油 RON	90.9	89.7	89.4
催化剂剂耗(标定当月)/(kg 催化剂/t 原料油)	0.73	1.16	0.69

5. 两段提升管催化裂解(TMP)技术

两段提升管催化裂化工艺具有高度的灵活性，优化两段提升管的操作条件及转化深度分配，同时配以多产丙烯或多产丙烯乙烯专用催化剂就成为两段提升管催化裂解技术，大幅度提高丙烯和乙烯产率。实验研究表明，采用该技术，以大庆常渣为原料，丙烯收率可高达 20%(占原料)以上，同时得到 20%左右质量较好的柴油和高质量的汽油组分。与其他技术相比，该技术的最大优势在于：不但可同时获得质量好的汽柴油和高收率低碳烯烃，更加重要的是干气和焦炭产率低(干气+焦炭<15%)，这是目前其他技术难以实现的。其基本原理是：不同馏分的物料分段反应、催化剂接力、短反应时间和大剂油比，催化剂的整体活性和选择性提高了，抑制干气和焦炭的生成、增加中间产物。第一段重油裂化为主，在大剂油比、短反应时间和适宜温度条件下，生成部分质量好的柴油、高烯烃含量汽油和高丙烯含量的液化气，剩余的重油和第一段产生的汽油进第二段提升管继续与再生催化剂接触进行反应。目前，该技术已在国内多家炼化企业获得了工业应用，取得了良好的社会效益。

第六章　催　化　重　整

催化重整是石油加工过程中重要的二次加工方法，其目的是用以生产高辛烷值汽油或化工原料——芳香烃，同时副产大量氢气，可作为加氢工艺的氢气来源。

"重整"系指对烃类分子结构的重新排列，使之变为另外一种分子结构的烃类。原料油中的正构烷烃和环烷烃在催化剂存在条件下，经"重整"转化为异构烷烃和芳烃，从而提高汽油的辛烷值或生产轻质芳烃产品 BTX（苯、甲苯和二甲苯等），这一加工过程就叫催化重整。采用铂金属催化剂叫铂重整，用铂-铼双金属催化剂叫铂-铼重整，采用多金属催化剂就称之为多金属重整，总称催化重整。

第一节　催化重整在炼化工业中的地位

重整装置一直是生产高辛烷值汽油调和组分和芳烃的主力装置。在实施超清洁汽油规格后，重整生成油仍不失为优质汽油的重要调和组分之一。自从 1949 年第一套催化重整装置建成投产后的 50 多年来，催化重整技术朝着降低操作压力，提高催化剂活性、选择性和稳定性，提高重整油和氢气收率，延长装置操作周期等方向不断改进。从早期的单金属催化剂发展到双/多金属催化剂；从半再生、循环再生、批处理连续再生工艺发展到完全连续再生工艺；从轴向反应器、球型反应器发展到径向反应器，目前催化重整技术已趋于成熟和稳定。

一、催化重整工艺的发展空间

炼油工业因面临环境保护法规的压力和油品市场发展趋势的挑战，当前最重要的任务就是生产符合环境保护要求的清洁燃料，把油品对人类健康的危害降到最低。对催化重整装置而言，催化重整生成油目前乃至今后相当长一段时间仍是世界各国炼厂生产清洁汽油最重要的调和组分之一，我国催化重整装置的加工能力也在每年增加。此外，生产高辛烷值的无苯低芳烃汽油组分、石油化工原料芳烃以及生产低硫和超低硫汽油和柴油皆需要氢气，而重整装置可以副产加氢装置最廉价的氢气，这在很大程度上也促进了催化重整工艺的发展。

1. 世界石化工业进入快速发展阶段

芳烃是有机化学最基本的原料，芳烃中的三苯（苯、甲苯、二甲苯）作为化工原料或溶剂，广泛应用于农业、制药、染料工业、香料制作、造漆、喷漆、制鞋、家具制造等行业，其产量和规模仅次于乙烯和丙烯。目前全球大约38%的苯和87%的二甲苯来自催化重整装置，石化工业中芳烃的发展也相当大程度上依赖催化重整的发展。近十多年来，全世界对二甲苯（PX）产能由 $2171×10^4t/a$ 上升到 $4054×10^4t/a$，年均增速 4.9%；同期消费量由 $1692×10^4t$ 上升到 $3330×10^4t$，年均增速 5.3%；其中，东北亚地区 PX 产能占世界总能力的 50%以上。截止 2017 年，我国的 BTX 产能已达到 $3468×10^4t/a$，其中二甲苯产能为 $1756×10^4t/a$。

此外，随着超清洁汽油对苯和芳烃含量的限制要求，石油化工生产对芳烃的需求和汽油中芳烃的过剩正好可以进行互补。

2. 清洁燃料的生产需要大量的氢气

加氢工艺是生产优质燃料必不可少的核心技术之一，近年来逐渐为人们所接受，发展很快。从催化裂化原料预处理，到汽油选择性加氢和柴油深度加氢等工艺，以及加工高硫、高金属、重质原油和生产石油化工产品均需要加氢工艺，氢气的需求量将大幅度上升，如渣油加氢，氢气的消耗量为56Nm³/t原料。而催化重整装置的副产氢气正好满足这一需求，催化重整装置的每吨进料将可提供250~500Nm³副产氢气，但氢气产量和纯度与工艺条件、原料组成、催化剂性能等因素有密切关系。

二、影响催化重整工艺发展的其他因素

1. 实施可持续发展战略需优化利用石油资源

石化工业的发展，特别是三大合成材料工业的发展，对轻质芳烃的需求不断增长，预计到2020年，芳烃需求将达1.33×10^8t，基本有机产品需求将达8400×10^4t，三大合成材料需求将达3.42×10^8t。21世纪炼油工业的发展方向是实现炼油–石油化工一体化生产，在生产运输燃料(汽油、航空煤油、柴油)的同时，还要生产石油化工原料。而催化重整正是炼油–化工一体化的重要生产装置。

2. 一体化氢气供应的发展将对重整装置供氢产生影响

随着优质中间馏分油需求的不断增长，将有力推动渣油转化能力的增长，因而对炼厂氢气的需求量将大幅增加，炼化企业越来越需要现场制氢或就近购买氢气以弥补其厂内氢气供应(主要来自催化重整)的不足，管输氢气应运而生。此外，随着各国电力相继解除管制，打破电力供应行业高度一体化的垂直结构，将发电和SMR结合，实施一体化供氢。这种新兴的氢气–电力一体化和氢气–电力–蒸汽一体化的开拓将为依赖催化重整装置供氢产生影响。其次，从经济上看，汽化制氢可与天然气蒸汽制氢和管输氢气相竞争。尤其是目前的炼厂残渣(焦炭、减黏渣油、沥青、炼厂固体残渣物)汽化制氢不仅可以生产电力、蒸汽，而且能为下游化工装置生产合成气，因此该工艺具有广阔的发展前景。

第二节　催化重整的基本原理

一、催化重整的主要化学反应

催化重整是在一定温度、压力、临氢和催化剂存在的条件下，使石脑油(主要是直馏汽油)转变成富含芳烃(苯、甲苯、二甲苯)的重整生成油并副产氢气的过程，发生的主要反应有以下几种：

1. 六元环烷的脱氢反应

2. 五元环烷的异构脱氢反应

3. 烷烃环化脱氢反应

4. 异构化反应

$$nC_7H_{18} \longleftrightarrow iC_7H_{18}$$

正庚烷　　　　　　异庚烷

5. 加氢裂化反应

$$nC_8H_{18}+H_2 \longrightarrow 2iC_4H_{10}$$

正辛烷　　　　　　异丁烷

除了以上五种主要反应之外，还有烯烃饱和以及缩合生焦的反应。烃类的裂化、缩合反应生成焦炭，沉积在催化剂表面上使催化剂失活。生焦反应虽然不是主要反应，但是它对催化剂的活性和生产操作却有很大的影响。重整催化剂有很强的加氢活性，从而在氢压下使缩合反应受到抑制，但它对催化剂的活性总会带来影响，不容忽视。

以上反应中，前三种都是生成芳烃的反应，这无论对生产芳烃还是生产高辛烷值汽油都是有利的。这三种反应的反应速度有很大差别，六元环烷脱氢反应进行得最快，在工业条件下能达到化学平衡，它是生产芳烃的最重要的反应；五元环烷的异构脱氢比六元环烷脱氢反应速度慢得多，但大部分也能转化为芳烃。在重整原料中，五元环烷烃常常占环烷烃中相当大的比例，因此，如何提高这一类反应的速度是一个重要问题；烷烃环化脱氢反应速度最慢，在早期的铂重整过程中，烷烃转化成芳烃的转化率很低。而目前使用的铂-铼和铂-锡等双金属及多金属催化剂具有促进烷烃脱氢环化的作用，主要原因是降低了反应压力和提高了反应速率，从而可以大大提高芳烃产率，也扩大了重整原料的来源。

异构化反应对五元环异构脱氢生成芳烃具有重要意义，对烷烃来说，虽然不能生成芳烃，但烷烃的异构化反应可大大提高汽油的辛烷值。

加氢裂化反应生成较小的烃分子，而且在催化重整条件下的加氢裂化还包含有异构化反应，因此加氢裂化反应有利于提高辛烷值。但是过多的加氢裂化反应会使液体产物收率降低，因此，对加氢裂化反应要适当控制。

六元环烷的脱氢、五元环烷的异构脱氢以及烷烃的环化脱氢都是强吸热反应，又是体积增大的可逆反应，因此，升高温度时，反应向吸热方向进行，转化率增大；当温度恒定，升高压力，则平衡转化率下降。

在实际生产中，为了获得较高的芳烃产率，应采用高温条件和较低的反应压力，以利于烷烃的脱氢。

在高温条件下，加氢裂化以及缩合反应加剧，易引起催化剂积炭。为减少催化剂上的积炭，控制催化剂减活，通常要向反应系统引入氢气，使反应在氢气存在下进行。

二、催化重整的原料油

催化重整通常以石脑油馏分为原料，根据生产目的的不同，对原料油的馏程有一定的要求，为了维持催化剂的活性，对原料油杂质含量有严格的限制。

1. 原料油馏程的要求

原料油的馏程与化学组成有关，适宜的组成可以增加理想产品的收率。

以生产高辛烷值汽油为目的时，原料油初馏点不宜过低，因为小于 C_6 的馏分本身辛烷值就比较高，例如沸点 71.8℃的甲基环戊烷辛烷值为 107，如果将其转化为苯后，辛烷值反而下降。原料的干点也不能过高，如果干点过高，由于含有较多的环化物，使催化剂表面上的积炭迅速增加，从而使催化剂活性下降。因此，以生产高辛烷值汽油为目的时，适宜的馏程是 80~180℃，俗称宽馏分重整。以生产芳烃为目的时，应根据所希望生成芳烃产品的品种来确定原料的沸点范围。例如，C_6 烷烃及环烷烃的沸点在 60.27~80.74℃ 之间；C_7 烷烃和环烷烃的沸点在 90.05~103.4℃ 之间。而 C_8 烷烃和环烷烃的沸点在 99.24~131.78℃ 之间。因此要根据目的芳烃产品来选择适宜的原料馏分，俗称窄馏分重整。一般要求是：

生产苯时，采用 60~85℃ 的馏分；

生产甲苯时，采用 85~110℃ 的馏分；

生产二甲苯时，采用 110~145℃ 的馏分；

生产苯-甲苯-二甲苯时，采用 60~145℃ 的馏分；

生产轻芳烃-汽油时，采用 60~180℃ 的馏分。

2. 对原料油杂质含量的限制

重整原料除了要有适宜的馏程之外，对原料中杂质含量也要有严格的要求，因为重整催化剂对某些杂质十分敏感，极易被砷、铅、铜、氮、氯化物、硫、水等杂质毒害而降低或失去活性。其中砷、铅、铜等重金属化合物常会使催化剂永久中毒而不能恢复活性，尤其是砷与铂可形成合金，使催化剂丧失活性。原料油中的含硫、含氮化合物和水分在重整条件下，分别生成硫化氢和氨，它们含量过高，会降低催化剂的性能。因此，为保证重整催化剂长期使用，对原料油中各种杂质的含量必须严格控制。表 6-1 列出了重整原料油杂质含量的限制，表 6-2 列出了我国主要原油直馏重整原料油的杂质含量。

表 6-1　对重整原料中杂质含量的限制

杂　　质	含量限制/($\mu g/g$)	杂　　质	含量限制/($\mu g/g$)
砷	<1$\mu g/kg$	硫、氮	<0.5
铅	<20	氯	<1
铜	<10	水	<5

表 6-2　我国主要原油直馏重整原料杂质含量

杂　　质	大　庆	大　港	胜　利	辽　河	华　北	新　疆
砷/($\mu g/g$)	195[①]	14	90	1.5	14	133
铅/($\mu g/g$)	2	4	14.5	0.2	7.9	<10
铜/($\mu g/g$)	3	2.5	3.0	6.4	3.2	<10
硫/($\mu g/g$)	240	17.6	138	67.1	37	37
氮/($\mu g/g$)	<1	0.7	0.7	<1	<1	<0.5

①系初馏塔顶油分析数据，常压塔顶油含砷量在 1000$\mu g/g$ 以上。

从表 6-1 和表 6-2 数据看出，我国几种原油的重整原料的杂质含量大都不符合要求，即不能直接进重整反应器，必须在进反应器之前进行原料预处理。

3. 芳烃潜含量和重整转化率

重整原料油的化学组成对其产率-辛烷值关系有重要影响。生产上通常用"芳烃潜含量"来表征重整原料的反应性能。"芳烃潜含量"的实质是当原料中的环烷烃全部转化为芳烃时所能得到的芳烃量。其计算方法如下（均为质量分数）：

$$芳烃潜含量(\%)＝苯潜含量＋甲苯潜含量＋C_8芳烃潜含量 \qquad (6-1)$$

$$苯潜含量(\%) = C_6环烷(\%) \times 78/84 + 苯(\%) \qquad (6-2)$$
$$甲苯潜含量(\%) = C_7环烷(\%) \times 92/98 + 甲苯(\%) \qquad (6-3)$$
$$C_8芳烃潜含量(\%) = C_8环烷(\%) \times 106/112 + C_8芳烃(\%) \qquad (6-4)$$

式中的 78、84、92、98、106、112 分别为苯、六碳环烷、甲苯、七碳环烷、八碳芳烃、和八碳环烷的分子量。

$$重整转化率(\%) = 芳烃产率(\%)/芳烃潜含量(\%) \qquad (6-5)$$

重整转化率有时也被称为芳烃转化率，是用来反映重整原料的转化深度和装置的操作水平。实际上，式(6-5)的定义并不是很准确的。因为在芳烃产率中包含了原料中原有的芳烃和由环烷烃及烷烃转化生成的芳烃，其中原有的芳烃并没有经过芳构化反应。此外，在以前的铂重整，原料中的烷烃极少转化为芳烃，而且环烷烃也不会全部转化成芳烃，故重整转化率一般都小于100%。但在近代的铂铼重整及其他双金属或多金属重整，由于有相当一部分烷烃也转化成芳烃，因此重整转化率经常大于100%。

4. 拓宽重整原料是我国发展催化重整技术的重要前提

制约我国催化重整技术发展的主要因素是石脑油原料短缺问题，目前我国大多数重整装置基本采用直馏石脑油为原料，而乙烯裂解原料也是石脑油，两种重要工艺争原料现象突出。我国原油以中质原油为主，直馏石脑油收率较低，大庆原油的石脑油收率仅为8%左右，而胜利原油的石脑油收率不足6%，其他原油的石脑油收率也不高。此外，国内生产航空燃料也以直馏馏分为主，使得重整原料更少。因此，发展重整工艺首要的问题就是要扩大原料来源。

为拓宽重整原料，应灵活考虑重整原料的来源和利用问题，尽可能把芳烃潜含量高和杂质含量低的轻质石脑油用作重整原料油，如裂解汽油的萃余油、催化汽油组分、柴油加氢处理的汽油、加氢裂解的汽油等。因此，除直馏石脑油外，各种加氢过程生产的石脑油以及加氢后的焦化石脑油都可作重整原料。但二次加工石脑油作为重整原料很不理想，必须进行深度加氢精制，除去杂质后，才能用作重整原料。

乙烯裂解汽油经抽提后是十分理想的重整原料。而目前，绝大多数的乙烯裂解汽油经抽提分出芳烃后的抽余油基本都返回乙烯裂解装置作裂解原料，这种抽余油75%以上的组分是环烷烃，做裂解料乙烯转化率很低，从炼油-化工一体化考虑，这部分抽余油作为重整原料更为合适。

三、重整催化剂

催化剂对于重整过程的产品产率和产品质量有至关重要的影响。早期的重整工艺没有使用催化剂，只是使原料在温度条件下达到"重整"的目的，叫做"热重整"。由于热重整产品质量差、收率低，因此很快就被催化重整取代。和其他催化过程一样，催化剂的作用是促进那些有利于产品分布的化学反应的进行。重整催化剂是以某些金属高度分散到氧化铝载体上构成的。重整化学反应，有的主要在金属活性中心上进行，如脱氢和氢解；有的则主要在酸性中心上进行，如烷烃异构化和加氢裂化等；还有的则需要在两类中心的相互配合作用下进行，如脱氢环化等。因此，重整催化剂必须具有双功能，而且在反应过程中金属功能与酸性功能要有机地配合才能取得满意的反应结果。

(一) 重整催化剂的类型

按金属的类别和所含金属组分的多少，可分为单金属、双金属和多金属催化剂。

1. 单铂催化剂

以金属铂为活性组分，载体为 Al_2O_3，称为单铂催化剂，是我国第一代重整催化剂。单铂催化剂的铂含量为 0.1%～0.7%(质)，一般来讲，催化剂的脱氢活性、稳定性和抗毒物能力随铂含量增加而增加，芳烃产率和汽油辛烷值也随之增高，焦炭量相应减少。但含铂量过高并不能继续提高芳烃产率，反而由于铂价格昂贵而提高催化剂的成本。

铂催化剂中还含有酸性组分卤素，一般含量为 0.4%～1.0%(质)，其作用是促进异构化和加氢裂化反应。它与金属活性组分配比适当即可得到活性高、选择性和稳定性好的催化剂。

铂催化剂的载体是 Al_2O_3，作为催化剂的骨架，提供相当大的表面积，使活性组分得到均匀分散，从而有效地发挥活性组分的催化作用。除此之外，载体还能减轻毒物对活性组分的毒害，提高催化剂的机械强度及热稳定性。铂催化剂主要适用于较低苛刻度条件下操作(操作压力 2.5MPa 左右)。在较低压力下，这种催化剂的稳定性较差。

2. 双金属和多金属催化剂

为了提高芳烃产率或重整汽油的质量，提高催化剂的活性、选择性和稳定性，缓和操作条件，延长运转周期，同时降低催化剂造价，我国在 20 世纪 70 年代已陆续使用双金属或多金属催化剂，(例如，铂-铼、铂-铼-钛、铂-锡等催化剂)取代原来的单铂催化剂。双金属催化剂的优点是：对热稳定性好，对结焦敏感性差，对原料适应性强，使用寿命长等。多金属催化剂可使稳定性进一步改善，操作温度降低，芳烃产率和液收率较高。双金属和多金属催化剂还可在更加苛刻的条件下操作，例如空速提高、压力降低等。

在现代催化重整工业装置，实际使用的主要是两类催化剂：一是主要用于固定床重整装置的铂-铼催化剂；二是主要用于移动床连续重整装置的铂-锡催化剂。从使用性能比较，铂铼催化剂有更好的稳定性，而铂锡催化剂则有更好的选择性和再生性能。

(二) 重整催化剂的失活与再生

1. 催化剂的失活

催化剂在使用过程中，随着时间的推移，其活性会逐渐下降，选择性变坏，芳烃产率和生成油辛烷值降低。催化剂失活的主要原因有：

(1) 由于反应生成的积炭覆盖在催化剂活性组分上面，使活性组分失去作用；

(2) 催化剂活性组分为杂质污染中毒；

(3) 在高温作用下催化剂金属活性组分晶粒聚集变大或分散不均匀；

(4) 在高温下催化剂载体的孔结构发生变化而使表面积减小；

(5) 水-氯含量的变化。

2. 催化剂的再生

为了使催化剂能循环使用，必须设法使失活的催化剂恢复活性及选择性，即催化剂的再生。重整催化剂的再生过程包括烧焦、氯化更新和干燥还原三个工序。一般来说，经再生后，重整催化剂的活性基本上可以完全恢复。

(1) 烧焦。在适当的氧浓度(0.3%～0.8%)下烧去催化剂上的焦炭。既要尽量提高烧焦速度以缩短烧焦时间，又不能使温度过高，以保证催化剂结构免遭破坏。

(2) 氯化更新。加入氯化物(如二氯乙烷、三氯乙烷等)使金属在高温下充分氧化，形成可以自由移动的化合物，其目的是使聚集的活性金属重新均匀分散，并补充所损失的氯组分，提高催化剂的性能。

（3）干燥还原。将氯化更新后的氧化态催化剂还原为金属态催化剂。还原剂为氢气。除此之外，如果催化剂被硫污染，在烧焦前还要进行临氢系统脱硫。

（三）重整催化剂的还原和硫化

从催化剂厂来的新鲜催化剂及经再生的催化剂中的金属组分都是处于氧化状态，必须先还原成金属状态后才能使用。铂铼催化剂和某些多金属催化剂在刚开始进油时可能会表现出强烈的氢解性能和深度脱氢性能，前者导致催化剂床层产生剧烈的温升，严重时可能损坏催化剂和反应器；后者导致催化剂迅速积炭，使其活性、选择性和稳定性变差。因此在进原料油以前须进行预硫化以抑制其氢解活性和深度脱氢活性。铂锡催化剂不需预硫化，因为锡能起到与硫相当的抑制作用。

还原过程是在480℃左右及氢气气氛下进行。还原过程中有水生成，应注意控制系统中的含水量。

预硫化时采用硫醇或二硫化碳作硫化剂，用预加氢精制油稀释后经加热进入反应系统。硫化剂的用量一般为百万分之几。预硫化的温度为350~390℃，压力为0.4~0.8MPa。

（四）重整催化剂的发展

产品收率和产品质量的提高需要性能良好的催化剂。此外，随着原油日趋重质化、劣质化以及重整原料的多样化，使得重整原料的杂质含量越来越高，因而对催化剂性能的要求越来越高，由此推动了催化剂的发展。

1. 连续重整催化剂——适用于连续重整装置

近年来，连续重整催化剂的改进主要是提高催化剂的物理强度和水热稳定性，提高催化剂的活性和选择性，降低铂含量等。第一代连续重整技术由于反应压力较高且氢油比也较高，催化剂的积炭速率较低，因此催化剂循环速率也较低。第二代和第三代连续重整技术由于采用了超低压（0.35MPa）且较低的氢油比（1~3），催化剂的积炭速率有了提高，因此，需要较高的催化剂循环速率。当催化剂具有相同的物理强度时，随着循环速率的提高，催化剂的磨损就会增加，因此要求催化剂具有较高的物理强度；催化剂循环速率的提高意味着在确定的时间内催化剂的再生次数增加。由于重整催化剂的再生烧炭是在高温和高水含量的环境下完成的，容易导致催化剂的比表面积下降，直接影响催化剂的使用寿命，因而要求催化剂应具有较好的水热稳定性。

铂锡重整催化剂有较好的低压稳定性能，目前工业上的连续重整催化剂以铂锡重整催化剂为主。UOP研制的连续重整催化剂有R30系列、R130系列、R160系列和R170系列等。R30系列催化剂是早期适合于第一代连续重整技术的催化剂，其设计循环次数约为150次。R130系列催化剂以较好的水热稳定性和较高的物理强度为主要特色，催化剂的比表面积下降速度较慢且磨损减少，从而使催化剂的寿命有所延长，催化剂的循环次数可以提高到300次，主要应用在第二代连续重整装置上。R160系列催化剂以堆密度高为主要特色，其堆密度比R130系列催化剂高约20%，有助于提高装置的处理能力，并可减轻催化剂在反应器中心管附近的贴壁问题。R170系列催化剂以高选择性为主要特色，与R130系列催化剂相比，液收率和氢气产率都有明显提高。在以上系列催化剂研发的基础上，UOP为解决催化剂积炭速率较高的问题，又相继开发出低积炭速率、高选择性的R-230、R260、R270系列催化剂。

IFP研制的连续重整催化剂有CR201和CR401。CR201催化剂与UOP的R32催化剂性能相当。与CR201催化剂相比，CR401催化剂的铂含量低，物理强度和水热稳定性更高，催化剂的循环次数提高，C_5^+ 液收质量分数提高 0.2% ~ 0.8%，氢气质量产率提高 0.10% ~ 0.15%。

Criterion 公司研制的连续重整催化剂为 PS 系列，主要有 PS10 和 PS20 催化剂，其中 PS10 为高铂含量、PS20 低铂含量催化剂。PS 系列催化剂有较好的物理强度、水热稳定性和氯保持能力。

RIPP 在连续重整催化剂的研究和开发方面已达到了国际先进水平，主要代表产品有 3861、3961、GCR-10、GCR-100、RC011、RC031 等催化剂，并在国内连续重整装置上逐步取代进口催化剂。RIPP 研制的新一代高水热稳定性、低积炭高选择性的国产 PS 系列重整催化剂对各种不同类型的重整装置具有广泛的适应性，不仅在 UOP 和 IFP 连续重整装置上得到成功应用，也在我国开发的低压组合床技术的重整装置上获得成功应用。

由于铂是一种贵金属，如果能够适当降低催化剂的铂含量，而催化剂的活性和选择性还能维持在较高的水平上，就可降低连续重整催化剂的成本。通过载体的改性和铂分散程度的提高，可以提高催化剂的活性和选择性，使得重整油收率、芳烃产率和氢气产率等显著提高，从而提高催化重整装置的经济效益。

目前我国重整催化剂的生产已可基本立足于国内，新开发的连续重整催化剂，各方面性能已达到国外同类型催化剂的水平，催化剂的活性、选择性及再生性能均达到世界先进水平。

2. CB 系列半再生重整催化剂——适用于固定床半再生式装置

近年来，我国先后开发的铂-铼"CB"系列重整催化剂，其活性，特别是稳定性有了很大提高，已经达到甚至超过国外同类催化剂的水平。

（1）CB-6 和 CB-7 铂-铼双金属重整催化剂由 RIPP 开发研制、由长岭炼厂催化剂厂生产。催化剂具有良好的活性选择性，能够满足重整装置生产芳烃的需要，可以替代美国 E601 催化剂。CB-6 和 CB-7 均为颗粒均匀的球形催化剂，而 CB-60 和 CB-70 催化剂是性能与 CB-6 和 CB-7 相当的条形催化剂，由于 CB-60 等铼铂比催化剂的金属含量降低、催化剂成型方法改变以及优异的反应性能，使得这一类催化剂在经济上更具有竞争实力。

（2）CB-8 催化剂具有较高的铼铂（Re/Pt）比和较高的活性、选择性、稳定性、再生性能及机械强度，使用寿命长，并有一定的"抗冲击"能力，是一种综合性能较好的半再生重整催化剂。完全能满足高辛烷值汽油组分和芳烃的生产，以及下游加氢装置用氢的要求。

（3）CB-11 是由抚顺石化研究院研制的中铂含量催化剂，具有较低的铼铂（Re/Pt）比和较强的脱氢性能。采用 CB-11、CB-8 的两段装填工艺具有较好的活性、选择性及再生性，其产品辛烷值及液体收率均能达到设计要求。

（4）R-86 是美国 UOP 公司开发的用于固定床重整提高收率的新型催化剂，与 R-56 催化剂相比，在运转周期不变的情况下，收率提高 1%。其次，由于载体密度降低了 15%，载体总体质量降低，从而可减少金属用量。

第三节　催化重整工业装置

一、工业装置的类型

按照不同的分类方法，催化重整有多种类型。

（1）按原料馏程分，可分为窄馏分重整和宽馏分重整两类。

（2）按反应床层状态分，可分为固定床重整、移动床重整和流化床重整。

（3）按催化剂类型分，可分为铂重整、双金属重整和多金属重整。

（4）按催化剂的再生形式分，可分为半再生式、循环再生式和连续再生式等工艺类型。

目前工业应用的催化重整工艺主要有两大类型，一类是固定床重整工艺，另一类是移动床重整工艺。其中，固定床重整工艺又分为固定床半再生式和固定床末反再生或循环再生式，移动床连续重整工艺又分为轴向重叠式和水平并列式。

虽然催化重整工业装置有着不同的类型，但除了使用的催化剂及再生方式不同之外，其他部分基本相同。

截止到2016年，我国催化重整装置数量共计113套（含在建和筹建装置），装置加工能力达到12748×10^4t/a，其中移动床连续重整装置占绝对主力，其加工能力高达12013×10^4t/a，占94.2%，而固定床重整装置的加工能力仅占5.8%。目前，催化重整加工能力仍处于快速发展期。

二、典型工艺流程

根据催化重整的基本原理，一套完整的重整工业装置大都包括原料油预处理、重整反应、产品后加氢和稳定处理几个部分。以生产芳烃为目的的重整装置还包括芳烃抽提和芳烃分离部分。

（一）重整原料油的预处理及其流程

为了满足对重整原料在馏程和杂质上的要求，必须对重整原料油进行预处理，预处理过程包括预分馏、预脱砷和预加氢几个部分。

1. 预分馏

预分馏的目的是根据目的产品要求对原料进行精馏切取适宜的馏分。例如，生产芳烃时，切除<60℃的馏分；生产高辛烷值汽油时，切除<80℃的馏分。原料油的干点一般由上游装置控制，也有的通过预分馏切除过重的组分。预分馏过程中也同时脱除原料油中的部分水分。

2. 预脱砷

砷能使重整催化剂严重中毒失活，因此要求进入重整反应器的原料油中砷含量不得高于$1\mu g/kg$。表6-2所列数据表明，我国大庆与新疆原油（特别是常压塔顶油）中的砷含量高，仅仅依靠常规的预加氢难于达到脱砷要求，必须经过预脱砷。若从常压塔顶来的原料油含砷量较低，例如<$100\mu g/kg$，则可不经预脱砷，只需经过预加氢便可达到要求。

常用的预脱砷方法有：

（1）吸附预脱砷。以硅酸铝小球裂化催化剂作为吸附剂，原料油在常温常压下一次或循环通过吸附剂床层，大部分砷化合物吸附在硅铝小球催化剂上而被脱除，然后再进行预加氢脱砷，使砷含量达到要求的标准。

（2）加氢预脱砷。加氢预脱砷的原理是将含砷化合物加氢分解出金属砷，然后砷吸附在催化剂上被除去。预脱砷所用催化剂是钼酸镍加氢催化剂，该催化剂对有机砷具有很强的吸附力，其砷容量可达4.5%（质）。加氢预脱砷是在预加氢反应器之前加一台以脱砷为主要目的的前置加氢反应器，两台反应器串联操作。在一定条件下，可将原料油中的砷由$1000\mu g/kg$脱至小于$1\mu g/kg$。此法具有工艺流程简单、操作方便等优点。

（3）化学氧化脱砷。原料油与氧化剂接触，砷化合物被氧化后经分馏或水洗被分离出去。常用的氧化剂有过氧化氢异丙苯和高锰酸钾。

3. 预加氢

预加氢的目的是脱除原料油中的杂质。其原理是在催化剂和氢的作用下，使原料油中的硫、氮和氧等杂质分解，分别生成 H_2S、NH_3 和 H_2O。烯烃加氢可生成饱和烃。砷、铅等重金属化合物在预加氢条件下进行分解，并被催化剂吸附除去。预加氢所用催化剂是钼酸钴或钼酸镍。通常原料油含砷量在 $100 \sim 200\mu g/kg$ 时，经预加氢后砷含量可降至 $1 \sim 2\mu g/kg$ 以下。若含砷量过高，则必须先经过预脱砷。

4. 重整原料的脱水及脱硫

从预加氢过程得到的生成油中尚溶解有 H_2S、NH_3 和 H_2O 等，为了保护重整催化剂，必须除去这些杂质。脱除的方法有汽提法和蒸馏脱水法。以蒸馏脱水法较为常用。原料预处理的典型工艺流程如图 6-1 所示。

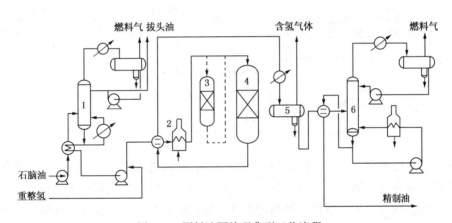

图 6-1　原料油预处理典型工艺流程

1—预分馏塔；2—加热炉；3—脱砷反应器；4—预加氢反应器；5—油气分离罐；6—汽提塔

用泵将原料油抽入装置，先经换热器与预分馏塔底物料换热，随后进入预分馏塔进行预分馏。预分馏塔一般在 0.3MPa 左右的压力下操作，塔顶温度 $60 \sim 75℃$，塔底温度 $140 \sim 180℃$。

预分馏塔顶产物经冷凝冷却后进入回流罐。回流罐顶部不凝气体送往燃料气管网；冷凝液体(拔头油)一部分作为塔顶回流，一部分送出装置作为汽油调和组分或化工原料。

预分馏塔底设有重沸器(或重沸炉)，塔底物料一部分在重沸器内用蒸汽或热载体加热后部分汽化，气相返回塔底，为预分馏塔提供热量；一部分用泵从塔底抽出，经与预分馏塔进料换热后，去预加氢部分，与重整反应产生的氢气混合后与预加氢产物换热，再经加热炉加热后进入预加氢反应器(若原料油需预脱砷，则先经脱砷反应器再进预加氢反应器)。有的装置设有循环氢气压缩机，氢气循环使用，大多数装置氢气采取一次通过方式。

预加氢的反应产物从反应器底流出与预加氢进料换热，再经冷却后进入油气分离器。从油气分离器分出的含氢气体送出装置供其他加氢装置使用。

脱水塔一般在 $0.8 \sim 0.9MPa$ 压力下操作，塔顶温度 $85 \sim 90℃$，塔底温度 $185 \sim 190℃$，塔顶物料经冷凝冷却后进入回流罐，冷凝液体从回流罐抽出打回塔顶作回流，含 H_2S 的气体从回流罐分出送入燃料气管网。水从回流罐底部分水斗排出。

脱水塔底设重沸器作为脱水塔的热源。脱除硫化物、氮化物和水分的塔底物料（即精制油），与该塔进料换热后作为重整反应部分的进料。

（二）重整反应部分工艺流程

图 6-2 为固定床半再生式催化重整反应部分工艺流程。

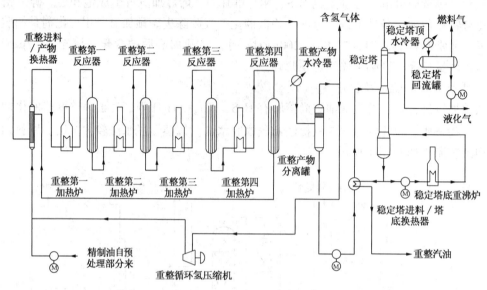

图 6-2　固定床半再生式重整反应部分工艺流程

经预处理后的精制油，由泵抽出与循环氢混合，然后进入换热器与反应产物换热，再经加热炉加热后进入反应器。由于重整反应是吸热反应以及反应器又近似于绝热操作，物料经过反应以后温度降低，为了维持足够高的温度条件（通常是 500℃ 左右），重整反应部分一般设置 3~4 个反应器串联操作，每个反应器之前都设有加热炉，给反应系统补充热量，从而避免温降过大。最后一个反应器出来的物料，部分与原料换热，部分作为稳定塔底重沸器的热源，然后再经冷却后进入油气分离器。

从油气分离器顶分出的气体含有大量氢气，氢气体积含量一般在 85%~95%，经循环氢压缩机升压后，大部分作为循环氢与重整原料混合后重新进入反应器，其余部分去预加氢部分。

上述流程采用一段混氢操作，即全部循环氢与原料油一次混合进入反应系统，有的装置采用两段混氢操作，即将循环氢分为两部分，一部分直接与重整进料混合，另一部分从第二反应器出口加入进第三反应器，这种操作可减小反应系统压降，有利于重整反应，并可降低动力消耗。

油气分离器底分出的液体与稳定塔底液体换热后进入稳定塔。稳定塔的作用是从塔顶脱除溶于重整产物中的少量气体烃和戊烷。以生产高辛烷值汽油为目的时，重整汽油从稳定塔底抽出经冷却后送出装置。

以生产芳烃为目的时，反应部分的流程稍有不同，即在稳定塔之前增加一个后加氢反应器，先进行后加氢再去稳定塔。这是由于加氢裂化反应使重整产物中含有少量烯烃，会使芳烃产品的纯度降低。因此，将最后一台重整反应器出口的生成油和氢气经换热进入后加氢反应器，通过加氢使烯烃饱和。后加氢催化剂为钼酸钴或钼酸镍，反应温度为 330℃ 左右。

134

(三) 芳烃抽提原理及工艺流程

1. 抽提原理

以生产芳烃产品为目的时，由于重整产物是芳烃和非芳烃的混合物，必须设法将芳烃从混合物中分离出来。但是，混合物中芳烃和其他烃类的沸点很接近，很难用精馏的方法分离。目前仍然采用溶剂抽提法从重整产物中分离芳烃。溶剂抽提是分离混合液体的方法之一，其特点是选用一种溶剂，它仅对混合液中某一组分具有高的溶解能力，而对其他组分溶解能力则很弱，并且能形成两个密度不同的液相，以便分离。可以把这种过程看作用一种溶剂将混合液中某一组分抽提出来，所以叫作抽提过程或萃取过程。

溶剂是芳烃抽提的关键因素，一般说来，溶剂应具备以下条件：

(1) 具有较高的溶解选择性，即对芳烃的溶解能力大，对非芳烃的溶解能力小；

(2) 与原料油的密度差大，便于形成两个液相；

(3) 与芳烃的沸点差大，便于溶剂与芳烃分离并回收后循环使用；

(4) 热及化学稳定性好，以防止溶剂变质和过多消耗；

(5) 蒸发潜热及比热小，以降低过程中的热能消耗；

(6) 毒性及腐蚀性小，价廉易得等。

常用的溶剂有：二乙二醇醚、三乙二醇醚、四乙二醇醚、N-甲基吡咯烷酮、N-甲酰基吗啉、二甲基亚砜和环丁砜等。工业用芳烃抽提溶剂对芳烃的溶解能力由高至低依次为：N-甲基吡咯烷酮和四乙二醇醚，环丁砜和N-甲酰基吗啉，二甲基亚砜和三乙二醇醚，二乙二醇醚。

对于不同碳原子数不同族的烃类，在溶剂中的溶解度顺序为：

芳烃>烯烃或环烷烃>烷烃

对于不同碳原子数同族烃类，在溶剂中的溶解度顺序为：

苯>甲苯>二甲苯>重芳烃>轻质烷烃>重质烷烃

2. 抽提工艺流程

图 6-3 为芳烃抽提工艺流程，工业装置上使用过的溶剂有环丁砜、N-甲酰基吗啉、二乙二醇醚、三乙二醇醚和四乙二醇醚。目前二乙二醇醚已不再使用，三乙二醇醚也将逐渐被四乙二醇醚所替代。

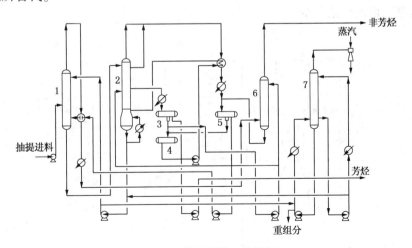

图 6-3 芳烃抽提工艺流程

1—抽提塔；2—汽提塔；3—抽出芳烃罐；4—汽提水罐；5—回流芳烃罐；6—非芳烃水洗塔；7—溶剂再生塔

（1）抽提。经脱戊烷以后的重整生成油从抽提塔中部进入，与从塔顶喷淋而下的溶剂充分接触，由于二者密度相差较大，在塔内形成逆流抽提。塔下部注入从汽提塔顶抽出的芳烃（纯度70%～80%）作为回流，以提高产品纯度。富含芳烃的溶剂沉降在塔下部，称为提取物（或富溶剂），自塔底流出去汽提塔。非芳烃(称提余物)从塔顶排出，去非芳烃水洗塔。塔内温度维持在120～150℃左右，压力为0.8MPa，溶剂比12～17，回流比约为1.1～1.4。

（2）提取物汽提。来自抽提塔底含有溶剂和芳烃的提取物，经调节阀降压后进入汽提塔顶部。从汽提塔顶蒸出的回流芳烃冷凝后进入回流芳烃罐，在罐内回流芳烃与汽提水分离，回流芳烃用泵抽出经换热后打入抽提塔底作回流，以提高芳烃提抽的选择性。

芳烃以蒸气形态从汽提塔中部流出，经冷凝后进入芳烃罐，分出水后用泵送往芳烃精馏部分。

从芳烃罐分出的水，一部分打入非芳烃水洗塔顶洗涤非芳烃和作汽提塔中段回流，另一部分则与从回流芳烃罐分出的水一起进入汽提水罐，然后用泵抽出与汽提塔顶回流芳烃换热汽化后进入汽提塔底作汽提蒸汽。

汽提塔底设有重沸器，塔底出来的溶剂一部分经重沸器后返回汽提塔，一部分用泵抽出打入抽提塔顶。

（3）溶剂回收。从抽提塔顶出来的非芳烃(抽余油)，经换热冷却后进入非芳烃水洗塔，用水洗去所含溶剂，非芳烃从塔顶引出装置，水从塔底流出进汽提水罐。

为防止溶剂中老化产物的积累，从循环溶剂中引出一部分送入溶剂再生塔进行减压再生，再生后的溶剂循环使用，间断地从塔底排出一部分重组分。

（四）芳烃精馏工艺流程

芳烃精馏的目的是将混合芳烃用精馏的方法分成单体芳烃。欲得到的单体芳烃数目越多，则流程越复杂。目前我国芳烃精馏的工艺流程有两种类型。一种是三塔流程，用来生产苯、甲苯、混合二甲苯和重芳烃；另一种是五塔流程，用来生产苯、甲苯、邻二甲苯、间和对二甲苯、乙基苯和重芳烃。由于乙基苯和二甲苯的沸点相近，分离比较困难，所以五塔流程较少采用。

1. 三塔流程

芳烃精馏三塔流程见图6-4。

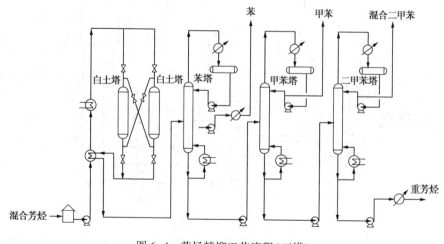

图6-4　芳烃精馏工艺流程(三塔)

136

来自抽提部分的芳烃先经换热和加热后进入白土塔，用白土吸附法除去其中的不饱和烃，从白土塔底出来的混合芳烃与进料换热后进入苯塔。由于塔顶产物中仍可能含有少量轻质非芳烃，因此通常从塔上部侧线抽出苯，经冷却后送出装置。塔顶产物冷凝后进入回流罐，然后用泵打回塔内作回流。苯塔底用重沸器加热。从苯塔塔底流出的物料再依次进入甲苯塔和二甲苯塔，各塔底均设有重沸器以提供热源，从甲苯塔顶得到甲苯，从二甲苯塔顶得到二甲苯，重芳烃则从二甲苯塔底流出。

芳烃精馏是靠各单体芳烃具有不同的沸点加以分离的。因此各塔均应维持特定的操作条件(见表6-3)。

表6-3 芳烃精馏操作条件

项 目	苯 塔	甲苯塔	二甲苯塔
塔顶压力/MPa	0.02	0.02	0.02
塔顶温度/℃	79	114	135
塔底温度/℃	135	149	173
塔板数/块	44	50	40
回流比	7	3.2	1.7

2. 五塔流程

五塔流程(见图6-5)除苯塔、甲苯塔和二甲苯塔外，还设有邻二甲苯塔和乙基苯塔。二甲苯塔顶蒸出的乙基苯和间、对二甲苯混合物进入乙基苯塔，将乙基苯与间、对二甲苯分开。二甲苯塔底出来的邻二甲苯和重芳烃混合物进入邻二甲苯塔，塔顶蒸出邻二甲苯，塔底出重芳烃。

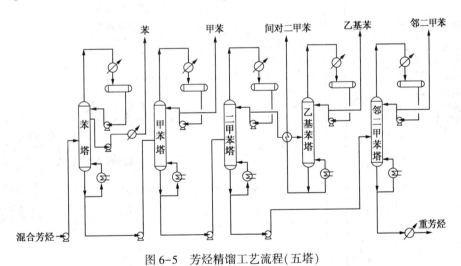

图6-5 芳烃精馏工艺流程(五塔)

三、连续重整

所谓连续重整，是相对于固定床半再生式重整而言的。如前所述，在装置运转过程中，催化剂活性要逐渐降低，为恢复其活性，要进行催化剂再生。

对于固定床半再生式催化重整，催化剂被固定在反应器内，经运转一个周期(一般为一年左右)后，装置停工，进行催化剂再生，然后再开工进行下一周期的生产。尽管生产周期较长，但这种操作方式仍属间歇式操作。另外，经过一个较长周期的运转，催化剂的平均活性较低，综合性能降低，因此，固定床半再生式重整应严格操作，尽量防止或减少失活因素的产生，减小催化剂失活率。

连续重整就是重整反应和催化剂再生过程连续地进行。和半再生式装置相比，连续重整装置设有专门的再生器，反应器和再生器都是采用移动床反应器，催化剂在反应器和再生器之间不断地进行循环反应和再生，一般每3~7天全部催化剂再生一遍。由于重整反应始终在接近新鲜催化剂的最佳条件下进行，可使装置在更低的压力和氢油比下操作，提高了装置的操作苛刻度。因此，连续重整对原料有较大的适应性，重整油和氢气产率较高，氢纯度高，产品质量稳定，运转周期长。

连续重整是20世纪70年代发展起来的新技术，由于它能适应于苛刻条件操作，产品收率高，操作周期长，近年来发展很快，连续重整工艺已在催化重整中占主导地位。

连续重整目前主要有两家专利技术：一家是美国UOP公司的轴向重叠式连续重整技术；另一家是法国石油研究院IFP的水平并列式连续重整技术。

连续重整的工艺流程除反应部分之外，其余各部分均和半再生式相同。图6-6是UOP第三代Cyclemax移动床连续重整工艺流程示意图。这种工艺方法是连续地从反应器中排出失活的催化剂，在另一个容器—再生器中连续进行再生后，重新回到轴向重叠放置的顶部的第一反应器中。现简述如下。

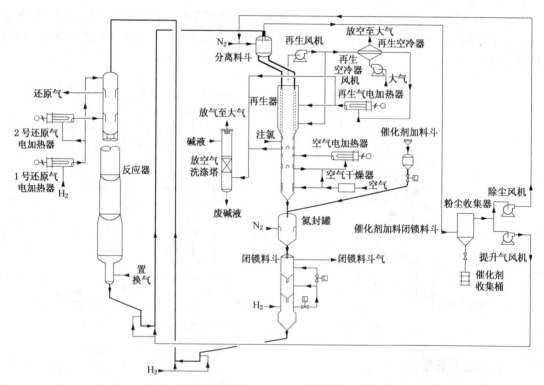

图6-6　UOP第三代Cyclemax连续重整工艺流程

连续重整的第一、二、三、四反应器自上而下叠置排列，催化剂在再生器进行连续再生，反应器和再生器靠输送催化剂管线连接。第四反应器底部用过的催化剂借氮气输送到再生部分，进入再生器的催化剂自上而下借重力移动，在再生器中进行烧焦、氯化更新和干燥，使催化剂再生，再生后的催化剂用氢气提升至反应器上部，使之加热和还原，还原后的催化剂借重力从第一反应器下移至第四反应器，排出后去再生系统，如此就完成了催化剂的循环移动。

来自预处理部分的重整原料，经和重整反应产物换热并加热后，依次通过四个反应器，各反应器间用加热炉供热，反应产物经与原料换热、油气分离和冷却后去后处理部分。

第三代 Cyclemax 连续重整的反应系统条件与第二代相同，变化较大的是再生系统，省掉了催化剂提升器，仅用差压调节并用 L 阀组件将催化剂提升，提升管采用无直角弯头的专门弯管，可使催化剂的磨损减至最小。此外，催化剂还原采用两段还原工艺，还原氢气不需要提纯装置。UOP 连续重整技术正朝着具有催化剂损耗低、工艺更合理及投资省等优点的方向发展

除上述形式连续重整外，还有一种反应器并列布置的流程，其特点是催化剂的连续输送是靠气体(氢气或氮气)提升系统实现的，将催化剂从一个反应器到下一个反应器或再生器都要经过提升。然后，催化剂靠重力流过每一个反应器或再生器。催化剂从最后一个反应器进入固定床再生器中进行再生。并列式移动床连续重整工艺是 IFP 的专利技术，IFP 第二代连续重整工艺流程如图 6-7 所示。

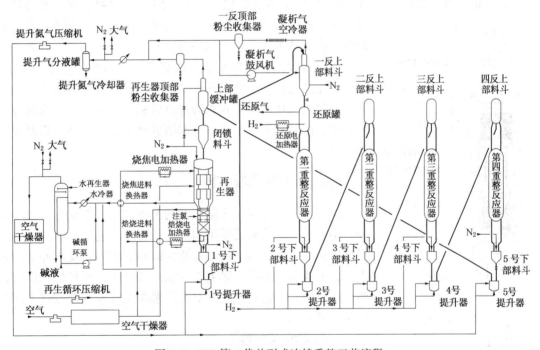

图 6-7 IFP 第二代并列式连续重整工艺流程

IFP 在第二代连续重整技术的基础上，保留了原流程中的催化剂干燥烧焦及再生气冷循环流程，而将催化剂的烧焦气体循环回路与氧氯化及焙烧气体循环回路彼此分开，改进流程控制方案，并在再生器的二段烧焦区出口增加催化剂烧焦的检查区，使催化剂的再生过程更加安全、可靠和高效。IFP 将这一改进称为 Regen C 技术，称之为 IFP 第三代催化剂连续再生技术。

先进的 Regen C 技术把再生区域分为 4 个独立区域：主烧焦区、完全烧焦区、氧氯化区和焙烧区。主烧焦区可以最大限度降低导致烧焦过程催化剂脱氯的主要因素——水分含量，

即实现"干燥烧焦";完全烧焦区采用温度和含氧量调节系统,以延长催化剂寿命,提高烧焦可靠性,改进再生器的操作灵活性。

图6-8为IFP第三代催化剂连续再生技术中的再生气循环系统,图6-9为IFP第三代再生器。

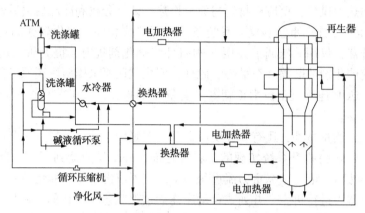

图6-8 IFP第三代催化剂连续再生技术中的再生气循环系统

由图6-9可以看出:ⓐIFP第三代再生器在催化剂烧焦床层下部增加了催化剂的检查区,用来确认催化剂上的积炭是否彻底烧完;ⓑ在第三代催化剂连续再生技术中,由于将一段烧焦气引出再生器,在器外与空气及急冷气混合,以调节二段烧焦区入口的氧含量和温度;ⓒ氧氯化的气体和焙烧用气分别从再生器下部进入器内,故增加了氧氯化气体入口,并在器外就将氯化物和水注入氧氯化的气体中,因此再生器上就可以取消氯化物及水的注入口及分配器部分。

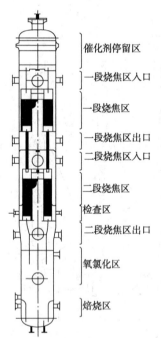

图6-9 IFP第三代再生器

四、催化重整反应器

重整反应器是催化重整装置的关键设备,按反应器类型来分,半再生式重整装置采用固定床反应器,连续再生式重整装置采用移动床反应器。从反应器的结构和物料在反应器的流向来看,工业用重整反应器主要有轴向式反应器和径向式反应器两种结构型式。它们之间的主要差别在于气体流动方式不同和床层压降不同。

(一)轴向反应器

图6-10是重整轴向反应器结构示意图。

反应器为圆筒形,高径比一般略大于3。反应器外壳由20号锅炉钢板制成,当设计压力为4MPa时,外壳厚度约40mm。壳体内衬100mm厚的耐热水泥层,里面有一层厚3mm的高合金钢衬里。衬里可防止碳钢壳体受高温氢气的腐蚀,水泥层则兼有保温和降低外壳壁温的作用。为了使原料气沿整个床层截面分配均匀,在入口处设有分配头。油气出口处设有钢丝网以防止催化剂粉末被带出。入口处设有事故氮气线。反应器内装有催化剂,其上方及下方均装有惰性瓷球以防止操作波动时催化剂层跳动而引起催化剂破碎，同时也有利于气流的均匀分布。催化剂床层中设有呈螺旋形分布的若干测温点以便检测整个床层的温度分布情况，这对再生时尤为重要。

轴向反应器结构简单，但催化剂床层厚，物料通过时压力降比较大。

（二）径向反应器

图 6-11 是径向反应器结构示意图。

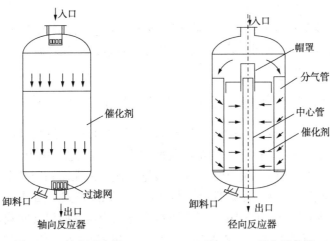

图 6-10　轴向反应器　　　　图 6-11　径向反应器

径向反应器是一种新型的重整反应器。反应器壳体也是圆筒形。与轴向式反应器比较，径向式反应器的主要特点是气流以较低的流速径向通过催化剂床层，床层压降较低。径向反应器的中心部位有两层中心管，内层中心管的壁上钻有许多几毫米的小孔，外层中心管的壁上开了许多矩形小槽。沿反应器外壳壁周围排列几十个开有许多小的长形孔的扇形筒，在扇形筒与中心管之间的环形空间是催化剂床层。反应原料油气从反应器顶部进入，经分布器后进入沿壳壁布满的扇形筒内，从扇型筒小孔出来后沿径向方向通过催化剂床层进行反应，反应后进入中心管，然后导出反应器。中心管顶上的罩帽是由几节圆管组成，其长度可以调节，用以调节催化剂的装入高度。

径向式反应器的压降比轴向式反应器小得多，这一点对连续重整装置尤为重要，因此，连续重整装置的反应器都采用径向式反应器。径向反应器用于铂铼等双、多金属重整是很有利的，其缺点是结构复杂。

第四节　重整工艺技术的主要进展

一、采用新型催化剂和催化剂分段装填技术

由 IFP、ACREON 和 Procatalyse 三家公司联合开发的新型三元金属重整催化剂 RG-582，主要用于半再生重整装置。与一般 Pt-Re 铂铼双金属催化剂相比，操作和再生步骤相似，可明显提高 C_5^+ 液收率和氢气产率。人们普遍认为，要改进半再生重整装置的性能和效益，投资最低的方法就是催化剂的分段装填。催化剂的分段装填技术是针对重整反应器内各段反应不同，采用性质不同的催化剂，充分发挥催化剂的作用，通过提高原料加工量、研究法辛烷值、催化剂开工周期及 C_5 以上液体产率和氢气收率来改进装置性能。

美国的 UOP 公司、Chevron 公司、法国的 IFP 公司、荷兰的 Akzo 公司等均有相应的技术。如 Chevron 谢夫隆公司的两段高铼分段装填工艺；IFP 公司的前段装高铼催化剂，后段装等量铂铼催化剂分段装填的重整工艺等。UOP 公司推荐的 R-72 催化剂分段装填技术，在前部反应器装填 R-72 催化剂(一种稀释的单金属催化剂，不含 Re)，其他反应器则装填一般的 Pt/Re 催化剂。该技术与所有反应器都装填 Pt/Re 催化剂的工艺相比，C_5 以上液体产率可以提高 1.5%。

1990 年 1 月，我国长岭炼油总厂在催化重整装置上进行了首次催化剂的分段装填工艺试验，采用 CB-6/CB-7 催化剂，取得了良好的经济效益，在此之后，国内又有多家炼厂的重整装置采用了分段装填技术。

二、低压低苛刻度连续重整工艺(LPLSCCR)

由于新配方汽油降低了对重整汽油组分辛烷值的要求，苛刻度可从 RON98~100 降至 92~94，因此重整装置可以选择降低操作苛刻度的方案。由美国 UOP 公司开发的低压低苛刻度连续重整工艺，主要用于改造固定床重整装置。该工艺无需采用四个反应器操作，采用 R-132 新一代重整催化剂，具有稳定性好、氯保持能力强的特点。因催化剂可进行连续再生而不存在催化剂失活的限制，且避免了低压下因催化剂稳定性而出现问题。改造后的重整反应压力为 0.63MPa。与半再生重整装置相比，该工艺的 C_5 以上液体产率明显提高，能使炼化企业得到更多的氢气，以满足生产清洁汽油的炼化企业对氢气的需求。

三、灵活高效的催化重整工艺(Octanizing)

由法国 IFP 公司 1973 年开发的灵活高效的催化重整工艺，近年来在工艺技术方面有许多改进。如采用焊接的板式原料油/生成油换热器，优化反应器设计，采用低压降加热炉，采用深冷与二次接触相结合的回收方法等等，目的是降低反应部分的压力降、改进热量回收、改进重整油的回收技术。其中变化最大的是再生系统。该工艺具有操作压力低，氢气和 C_5^+ 产率高，重整油辛烷值高，再生系统操作可靠和催化剂寿命长等特点，即使装置的加工负荷不足 50%，仍具有高度的操作灵活性，并可得到高质量的产品。

四、低压组合床重整工艺

为打破国外公司对催化重整技术的垄断，近年来以中国石化石油化工科学研究院(RIPP)、中国石化工程建设公司(SEI)为代表的国内炼化科研、设计单位在重整技术国产化方面一直进行着不懈的努力并最终取得一系列重大突破。低压组合床技术是 RIPP 研究开发的新的催化重整技术，将半再生固定床重整工艺和移动床连续重整工艺进行了有机结合，前部反应器采用半再生固定床重整工艺，使用高活性、高稳定性的铂铼重整催化剂；后部反应器采用移动床连续重整工艺，使用新一代高选择性、高热稳定性的铂锡催化剂。这种新工艺的主要特点是低压(0.6~0.9MPa)，低氢油分子比(3.5~4.5)，液体产品收率、氢气产率和芳烃产率都较高，能保证高苛刻度下的长周期运转，操作灵活，对原有设备利用率高，投资少，改造后的技术水平高。既能适合原有固定床半再生重整装置的改造，也适应于第一代连续重整扩能或提高苛刻度的要求。我国首套自主研发和设计的低压组合床重整装置于 2002 年在中国石化长岭分公司的 0.5Mt/a 重整装置投入运行。这是我国避开国外专利的自主技术，已成为我国半再生式重整装置挖潜改造的主要技术。

根据炼化企业实际情况，低压组合床重整技术可以采用2+2形式（如图6-12），即重整一反、二反采用半再生固定床，重整三反、四反采用移动床；也可以采用1+3形式（如图6-13），即重整一反采用半再生固定床，重整二反、三反、四反采用移动床。

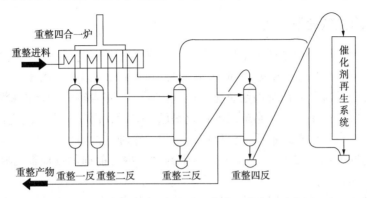

图 6-12　2+2 低压组合床重整技术工艺流程示意图

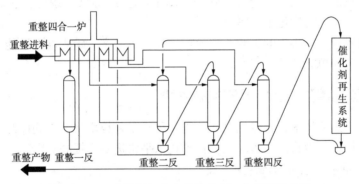

图 6-13　1+3 低压组合床重整技术工艺流程示意图

目前，低压组合床重整的经济效益大大超过固定床重整，与连续重整接近。将来当其操作压力进一步降低后，其经济效益还有望超过连续重整。

五、逆流移动床重整工艺

现有的 UOP 和 IFP 两种连续重整专利技术的催化剂都是顺流的，即催化剂在反应器之间的移动方向与反应物流一致，造成了相对容易进行的反应主要在前部装有高活性催化剂的反应器中进行，而难进行的反应则在后部装有低活性催化剂的反应器中进行，显然，每个反应器中催化剂的活性状态与反应的难易程度不匹配。为了解决这一问题，中国石化工程建设公司开发了"逆流"移动床重整工艺，该工艺采用催化剂逆流输送，即催化剂的流动方向与反应物流流动方向相反，再生催化剂先提升输送至最后一个重整反应器，再依次输送至前面的反应器，最后至第一重整反应器。这样就能保证每个反应器中催化剂的活性与反应的难易程度相匹配，完全克服了传统连续重整的弊病，无论在液体产品收率，还是经济指标方面均优于现有的"顺流"连续重整工艺。

2013 年，世界上首套采用逆流连续技术的催化重整装置（$60×10^4$ t/a）在中国石化济南分公司一次开车成功，重整生成油的辛烷值（RON）可达 103，汽油中的芳烃含量近 80%，汽油收率可达 90%。该装置的成功投产标志着世界上又诞生了一项新的连续重整技术，使中国石化成为继美国 UOP 和法国之后拥有完全自主知识产权和独立商业运作权的第三家连续重整技术的公司，也使我国的催化重整工艺技术水平跨入国际先进行列。目前该技术已形成我国独创的专利技术，具有良好的发展前景。

六、末反再生式重整工艺

末反再生是将半再生和循环再生相结合的一种新的重整工艺。在重整装置的三台或四台反应器中，最后一台反应器（末反）中催化剂的装填量占 50% 以上。由于在末反应器中主要进行烷烃脱氢环化反应，并伴有加氢裂化反应，因而产生积炭较快，导致催化剂的活性和选择性下降。在实际生产中，往往是末反的催化剂已经失活，而前面两台反应器尚具有相当高的活性。基于此特点，设想给最后一台反应器增设一个独立的再生系统，一般每三个月将末反再生一次，时间大约 1~2 天，末反进行再生的过程中，前面的反应器可在暂时降低产品辛烷值的情况下照常生产。

末反再生技术在国外已经工业化。我国克拉玛依炼化总厂也采用了此技术，当需要生产高标号汽油时，只需强化最后一个反应器（即第四反应器）的操作条件，前面三个反应器的操作条件基本不变，即可满足生产需要。

末反再生技术较循环再生的工艺流程简单、投资省，在一定程度上也能达到循环再生的效果，因而是一种简单有效的新工艺。

七、我国催化重整工艺技术的发展趋势

我国催化重整工艺技术将有较快发展，连续重整工艺技术将会得到广泛应用，装置的处理量日趋增加，操作压力将进一步降低，自动化水平将进一步提高。

1. 我国催化重整工艺技术将快速发展

目前我国汽油以催化裂化汽油组分为主，烯烃和硫含量较高。重整汽油辛烷值高，而烯烃含量很少（最多也只有 1%~2%），硫含量接近于零，掺入汽油中可大幅度降低汽油中的烯烃和硫含量，提高辛烷值。虽然重整汽油中苯和芳烃含量较高，也是清洁燃料限制的组分，但我国汽油中重整汽油组分所占比例小，远远低于美国和欧洲，汽油中的苯和芳烃的含量都很低，离高限还有很大余地，而且必要时还可以通过提高重整原料初馏点、采用苯馏分加氢、将重整生成油中的苯抽提出去的方法降低苯含量。另外，随着符合生产清洁燃料要求的加氢装置的建设，氢气需求将进一步增大，重整副产的大量氢气正好适应了这一需要，因此我国催化重整工艺仍将会得到快速发展。

2. 连续重整工艺技术将得到广泛应用

随着工艺技术的发展和对汽油产品各项技术指标的不断提高，具有较高产品收率和经济效益的连续重整工艺技术已成为当今重整工艺技术发展的主要方向。在主要工业化国家，连续重整不论从套数、加工量，还是从占总重整加工量的比例，均占主导地位。目前，我国新建的重整装置的再生过程均采用连续再生方式。

3. 反应压力进一步降低

重整装置反应压力直接影响重整生成油的收率、芳烃产率、汽油质量和操作周期。压力越低则重整油和副产氢气的收率越高。我国现有重整装置不少是在低苛刻度条件下操作，具有相当大的潜力，一套 $15×10^4 t/a$ 重整装置如果能将反应压力降低 0.5MPa，重整油的收率可提高 3% 左右，每年增加经济效益估计在 500 万元以上，因此适当降低反应压力，能显著

提高经济效益。

4. 装置规模将进一步扩大

近年来我国加快了旧装置的扩能改造工作，随着老装置的扩能改造和新建装置大型化，我国催化重整装置的平均加工能力将会大幅度提高。2018 年，浙江石油化工有限公司 4000×10^4t/a 炼化一体化项目一期工程建设的 380×10^4t/a 重整装置，是目前全球单套规模最大的重整装置。

5. 自动化水平将进一步提高

自动化水平进一步提高可为优化控制、集中操作、保证安全、减少人员和加强技术管理创造有利的条件。采用在线优化和 APC（先进过程控制）将使炼厂随时通过最有利的路径将操作移向指定目标，充分发挥 DCS 系统的优点，在投资不大的情况下，始终获得最佳效益。国外著名先进控制公司 SET2POINT 给出的催化重整过程先进控制经济效益为 0.3~1.4 美元/t 进料，中国石化广州分公司 1996 年采用了 SETPOINT 公司的 APC 软件，在装置负荷为 70% 左右时，重整汽油收率增加 0.32%，研究法辛烷值（RON）提高 0.2 个单位，纯氢产率增加 0.06%，同时提高了产品质量和装置运行的安全性。因此，提高生产工艺的自动化水平，将会显著提高我国催化重整装置的经济效益。

第七章 催 化 加 氢

催化加氢是指石油馏分在氢气存在下催化加工过程的通称，通常涉及加氢精制、加氢处理和加氢裂化三个概念。加氢精制一般是指对某些不能满足使用要求的石油产品通过加氢工艺进行再加工，使之达到规定的性能指标；加氢处理是指对于那些劣质的重油或渣油利用加氢技术进行预处理，主要为了得到易于进行其他二次加工过程的原料，同时获得部分较高质量的轻质油品(这一过程也可叫作加氢精制)；加氢裂化工艺是重要的重油轻质化加工手段，它是以重油或渣油为原料，在一定的温度、压力和有氢气存在的条件下进行加氢裂化反应，获得最大数量(转化率可达90%以上)和较高质量的轻质油品。此外，还有专门用于某种生产目的的加氢过程，如柴油(航煤)的临氢降凝、加氢改质、润滑油加氢等。

加氢工艺是石油加工的重要技术，对于提高原油加工深度，合理利用石油资源，改善产品质量，提高轻质油收率及减少环境污染均具有重要意义。尤其是随着原油日益变重变劣，市场对优质中间馏分油的需求越来越多，催化加氢会显得更为重要。

本章主要介绍加氢精制和加氢裂化工艺的基本原理、催化剂、主要操作条件和工艺流程等，同时简要介绍渣油(重油)加氢处理的技术与工艺。

第一节 加 氢 精 制

加氢精制工艺是在一定的温度和压力、有催化剂和氢气存在的条件下，使油品中的各类非烃化合物发生氢解反应，进而从油品中脱除，烯烃和部分芳烃饱和，以达到精制油品的目的。

加氢精制主要用于油品的精制，其主要目的是通过精制来改善油品的使用性能。加氢精制处理的油品很多，如一次加工或二次加工得到的汽油、喷气燃料、柴油等，也可处理催化裂化原料、重油或渣油等。加氢精制还具有产品质量好、液体收率高等优点。因此，加氢精制已成为炼油厂中广泛采用的加工过程，也正在取代其他类型的油品精制方法。

此外，由于重整工艺的发展，可提供大量的副产氢气，为发展加氢精制工艺创造了有利条件。

目前我国加氢精制技术主要用于二次加工汽油和柴油的精制，例如用于改善焦化柴油的颜色和安定性；提高渣油催化裂化柴油的安定性和十六烷值；从焦化汽油制取乙烯原料或催化重整原料。也用于某些原油直馏产品的改质和劣质渣油的预处理，如直馏喷气燃料通过加氢精制提高烟点；减压渣油经加氢预处理，脱除大部分的沥青质和金属，可直接作为催化裂化原料。

一、加氢精制的基本原理

1. 加氢精制的主要化学反应

加氢精制过程中的主要化学反应是加氢脱硫、加氢脱氮、加氢脱氧、烯烃的加氢饱和以及加氢脱金属等。

（1）含硫、含氮、含氧等非烃化合物与氢发生氢解反应，分别生成相应的烃和硫化氢、氨和水，很容易从油品中除去。各种有机含硫化合物在加氢脱硫反应中的反应活性，因分子结构和分子大小不同而异，按以下顺序递减：

$$RSH>RSSR'>RSR'>噻吩$$

噻吩类化合物的反应活性，在工业加氢脱硫条件下，因分子大小不同而按以下顺序递减：

$$噻吩>苯并噻吩>二苯并噻吩>烷基取代的二苯并噻吩$$

油品中含氮化合物大都是带有苯环或杂环的，因此，要使氮能够完全脱除就需要催化剂具有更高的加氢活性。

石油及石油产品中含氧化合物的含量很少，主要是环烷酸，二次加工产品中还有酚类等。各种含氧化合物的加氢反应主要包括环系的加氢饱和和 C—O 键的氢解反应。对杂环氧化物，当有较多取代基时，反应活性较低。

以上含硫、含氮、含氧等非烃化合物的氢解反应都是放热反应。但这几种非烃化合物的反应能力是不同的，其中含硫化合物的加氢分解能力为最大，含氮化合物的为最小，含氧化合物居中，例如：在一定的条件下对焦化柴油进行加氢精制，脱硫率达 90%，脱氮率仅为 40%。换句话说，要达到相同的脱硫率和脱氮率，则脱氮所要求的精制条件比脱硫要苛刻得多。

（2）在各类烃中，烷烃和环烷烃很少发生反应，而大部分的烯烃与氢反应生成烷烃。

（3）几乎所有的金属有机化合物在加氢精制条件下都被加氢和分解，生成的金属沉积在催化剂表面上，会造成催化剂的活性下降，并导致床层压降升高。所以加氢精制催化剂要周期性地进行更换。

由此可见，加氢精制产品的特点是：质量好，包括安定性好，无腐蚀性，以及液体收率高等，这些都是由加氢精制反应所决定的。

2. 加氢精制催化剂

加氢精制催化剂一般由活性组分、载体和助剂三部分组成。活性组分是加氢精制活性的主要来源，它可以是非贵金属，主要有 VIB 族和 VIII 族中几种金属氧化物和硫化物，其中活性最好的有 W、Mo 和 Co、Ni；也可以是贵金属，如 Pt、Pd 等。活性组分的含量有一个最佳范围，以金属氧化物计一般在 15%~35%。

在工业催化剂中，不同的活性组分常常配合使用。目前，工业上常用的加氢精制催化剂是以钼或钨的硫化物为主催化剂，以钴或镍的硫化物为助催化剂所组成的。其活性组分的组合有 Co-Mo、Ni-Mo、Ni-W、Co-W 等，这些活性组分对各类加氢反应表现出不同的反应活性，其顺序如下：

对加氢脱硫：Co-Mo>Ni-Mo>Ni-W>Co-W；

对加氢脱氮：Ni-W>Ni-Mo>Co-Mo>Co-W；

对加氢脱氧：Ni-W≈Ni-Mo>Co-Mo>Co-W；

对加氢饱和：Ni-W>Ni-Mo>Co-Mo>Co-W。

可见，最常用的加氢脱硫催化剂是 Co-Mo 型的，而对于含氮较多的原料则需选用 Ni-Mo 或 Ni-W 型的加氢精制催化剂。

加氢精制催化剂的载体有两大类：一类为中性担体，如活性氧化铝、活性碳、硅藻土等；另一类为酸性担体，如硅酸铝、硅酸镁、活性白土、分子筛等。一般来说，载体本身并没有活性，但可提供较大的比表面，使活性组分很好地分散在其表面上从而节省活性组分的用量。此外，载体可作为催化剂的骨架，提高催化剂的稳定性和机械强度；还可与活性组分相配合，使催化剂的活性、选择性、稳定性发生变化。

为了改善加氢精制催化剂某方面的性能，如活性、选择性、稳定性等，在制备过程中，常常添加一些助剂。助剂大多数是金属化合物，也有非金属元素。助剂与活性组分应合理搭配才能发挥良好作用。为提高加氢精制催化剂的加氢脱氮和芳烃饱和性能，常常加入一些酸性助剂，如 0.5%~4.0% 的磷、氟，或 3%~10% 的无定形硅酸铝或分子筛等。如在 Ni-Mo 催化剂中加入少许磷，可以显著提高其加氢脱氮活性。

国内外各大石油公司都有自身品牌的加氢精制催化剂。由于原料不同、生产目的不同，加氢精制催化剂的品种繁多。近十几年来，我国自行研制的一些加氢精制催化剂已达到国际先进水平。目前广泛采用的有：氧化铝为载体的钼酸钴（Co-Mo-γAl$_2$O$_3$），氧化铝为载体的钼酸镍（Ni-Mo-γAl$_2$O$_3$），氧化铝为载体的钴钼镍（Mo-Co-Ni-γAl$_2$O$_3$），氧化铝二氧化硅为载体的钼酸镍（Ni-Mo-γAl$_2$O$_3$-SiO$_2$），以及后来开发的 Ni-W 系列等。

Co-Mo 系列催化剂的加氢脱硫活性较高，对烯烃饱和和加氢脱氮也有一定的活性，而对裂化反应活性很低，并且稳定性好，寿命长，所以这一系列的催化剂在油品进行脱硫精制时一直得到广泛的应用。Ni-Mo 系列催化剂的加氢脱氮活性高于 Co-Mo 系列，所以目前在许多原料的加氢精制过程中，出现了以 Ni-Mo 取代 Co-Mo 系列催化剂的趋势。20 世纪 90 年代开发的 Ni-W 系列催化剂，加氢脱硫活性比 Co-Mo 系列的还要高，对烯烃饱和和芳烃加氢活性也很高，这种催化剂在喷气燃料脱芳烃改善烟点及其他中间馏分油的加氢精制中得到广泛应用。

加氢精制催化剂必须经历：①使用前的预硫化，以提高催化剂的活性，延长其使用寿命；②使用一段时间后进行再生，在控制严格的再生条件下，烧去催化剂表面沉积的焦炭。

3. 氢气的来源与质量要求

加氢精制工艺耗氢量要比同样规模的加氢裂化少，通常采用重整副产氢或者用制氢装置的氢气。在加氢精制装置中有大量的氢气进行循环使用，叫做循环氢。

氢的纯度越高，对加氢反应越有利；同时可减少催化剂上的积炭，延长催化剂的使用期限。因此，一般要求循环氢的纯度不小于 65%（体），新氢的纯度不小于 70%。

氢气中常含有少量的杂质气体，如氧、氮、一氧化碳、二氧化碳以及甲烷等，它们对加氢精制反应和催化剂是不利的，必须限制其含量。

二、加氢精制的工艺流程

除重油（或渣油）加氢处理有的采用沸腾床或悬浮床反应器外，加氢精制一般都采用固定床反应器。

加氢精制的工艺过程多种多样，按加工原料的轻重和目的产品的不同，可分为汽油、煤油、柴油和润滑油等馏分油的加氢精制，其中包括直馏馏分和二次加工产物，此外，还有渣油的加氢脱硫。

加氢精制的工艺流程虽因原料不同和加工目的不同而有所区别，但其化学反应的基本原理是相同的。如图 7-1 所示，加氢精制的工艺流程一般包括反应系统、生成油换热、冷却、分离系统和循环氢系统三部分。

因此，各种石油馏分加氢精制的原理、工艺流程原则上没有明显的区别。

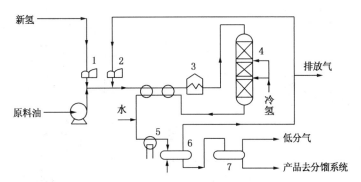

图 7-1　加氢精制典型工艺流程

1—新氢压缩机；2—循环压缩机；3—加热炉；4—反应器；5—冷却器；6—高压分离器；7—低压分离器

1. 固定床加氢反应系统

原料油与新氢、循环氢混合，并与反应产物换热后，以气液混相状态进入加热炉(这种方式称为炉前混氢，有些装置上也有采用循环氢不经加热炉而是在炉后与原料油混合的流程，此时应保证混合后能达到反应器入口温度的要求，这种混氢方式称为炉后混氢)，加热至反应温度进入反应器。反应器进料可以是气相(精制汽油时)，也可以是气液混相(精制柴油或比柴油更重的油品时)。在大多数装置，物流自上而下通过反应器。对于气液相混合进料的反应器，内部设有专门的进料分布器。反应器内的催化剂一般是分层填装以利于注入冷氢(加氢精制是放热反应)，以控制反应温度。冷氢的注入量是根据反应热的大小、反应速度和允许温升等因素通过反应器热平衡来决定。循环氢与油料混合物通过每段催化剂床层进行加氢反应。

加氢精制反应器可以是一个，也可以是两个。前者叫一段加氢法，后者叫两段加氢法。两段加氢法适用于某些直馏煤油(如孤岛油)的精制，以生产高密度喷气燃料。此时第一段主要是加氢精制，第二段以芳烃加氢饱和为主。

2. 生成油换热、冷却、分离系统

反应产物从反应器的底部出来，经过换热、冷却后，进入高压分离器。由于反应中生成的氨、硫化氢和低分子气态烃会降低反应系统中的氢分压，对反应不利，而且在较低温度下还能与水生成水合物(结晶)而堵塞管线和换热器管束，氨还能使催化剂减活。因此在冷却器前要向产物中注入高压洗涤水，以溶解反应生成的氨和部分硫化氢。反应产物在高压分离器中进行油气分离，分出的气体是循环氢，其中除了主要成分氢外，还有少量的气态烃(不凝气)和未溶于水的硫化氢；分出的液体产物是加氢生成油，其中也溶解有少量的气态烃和硫化氢，生成油经过减压再进入低压分离器进一步分离出气态烃等组分，产品去分馏系统分离成合格产品。

3. 循环氢系统

从高压分离器分出的循环氢经储罐及循环氢压缩机后，小部分(约30%)直接进入反应器作冷氢，其余大部分送去与原料油混合，在装置中循环使用。为了保证循环氢的纯度，避免硫化氢在系统中积累，常用硫化氢回收系统。一般用乙醇胺吸收除去硫化氢，富液(吸收液)再生循环使用，流程如图7-2所示，解吸出来的硫化氢送到制硫装置回收硫黄，净化后的氢气循环使用。

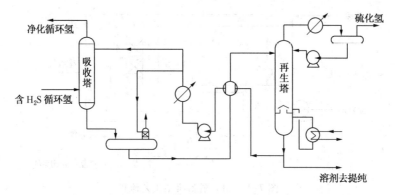

图 7-2 循环氢脱 H₂S 工艺流程

为了保证循环氢中氢的浓度，用新氢压缩机不断往系统内补充新鲜氢气。

石油馏分加氢精制的操作条件因原料不同而异。一般地讲，直馏馏分油加氢精制条件比较缓和，重馏分油和二次加工油品（如焦化柴油等）则要求比较苛刻的操作条件。表 7-1 列出了我国几种原料的加氢精制操作条件及主要精制结果。

加氢精制与加氢裂化装置的设备基本相同。

表 7-1　我国几种原料的加氢精制结果

原　料　油	大庆焦化汽油		胜利焦化柴油	胜利催化裂化柴油		胜利直馏柴油
催化剂	Co-Ni-Mo/Al₂O₃		Ni-Mo/Al₂O₃	Ni-W/Al₂O₃		Ni-W/Al₂O₃
反应条件						
压力/MPa	3.0	3.9	5.9	4.2	4.0	4.0
温度/℃	320	320	332	268.5	330	325
液时空速/h⁻¹	1.5	2.0	1.0	2.0	1.5	1.65
氢油体积比	500	500	650~750	690	690	473~516
精制油收率/%（质）	99.5	99.5	>99	99.4	99.4	>99
脱硫率/%	99.41	99.41	99.51	74.32	94.34	99.97
脱氮率/%	88.87	92.93	95	21.67	76.21	>96.75

在一般工业条件下，含硫原油馏分油加氢精制的脱硫率一般可达 88%~92%，烯烃饱和率可达 65%~75%，脱氮率为 50%~70%，同时胶质含量可明显减少。在加氢精制过程中，油品中的微量金属元素，铜、铁、砷和铅等大多数也被除去。

第二节　加 氢 裂 化

重油轻质化基本原理是改变油品的相对分子质量和氢碳比，而改变相对分子质量和氢碳比往往是同时进行的。改变油品的氢碳比有两条途径，一是脱碳，二是加氢。热加工过程，如热裂化、焦化和催化裂化都属于脱碳过程，它们的共同特点是要减小一部分油料的氢碳比，因此不可避免地要产生一部分气体烃和氢碳比较小的缩合产物——焦炭和渣油，从而使脱碳过程的轻质油收率不会太高。

加氢裂化属于石油加工过程的加氢路线，是在催化剂存在下从外界补入氢气以提高油品的氢碳比。加氢裂化实质上是加氢和催化裂化过程的有机结合，一方面能使重质油品通过裂化反应转化为汽油、煤油和柴油等轻质油品，另一方面又可防止像催化裂化那样生成大量焦炭，而且还可将原料中的硫、氮、氧化合物杂质通过加氢除去，使烯烃饱和。因此，加氢裂化具有轻质油收率高、产品质量好的突出优点。

一、加氢裂化的基本原理

（一）加氢裂化过程的化学反应

石油烃类在高温、高压及催化剂存在条件下，可通过一系列化学反应，使重质油品转化为轻质油品，主要反应包括：裂化反应、加氢反应、异构化反应、环化以及脱硫、脱氮和脱金属等反应。

1. 直链烷烃

烷烃的加氢裂化包括原料分子 C—C 键的断裂以及生成的不饱和分子碎片的加氢。下面以十六烷烃为例：

$$C_{16}H_{34} \xrightarrow{H_2} C_8H_{18} + C_8H_{16} \xrightarrow{H_2} C_8H_{18}$$

反应中生成的烯烃先进行异构化反应，随即被加氢成异构烷烃。分子中间的 C—C 键的分解速度要高于分子链两端的 C—C 键的分解速度，所以烷烃加氢裂化反应主要发生在烷链中心部的 C—C 键上。在加氢裂化条件下，烷烃的加氢裂化和异构化的反应速率均随着分子量的增加而加快。如在条件相同时，正辛烷的转化率为 53%，而正十六烷则高达 95%。此外，烷烃发生异构化反应，会使产物中异构烷烃和正构烷烃比值增高，且 C_3、C_4 馏分中异构物含量很高。

2. 环烷烃

在加氢裂化过程中，环烷烃受环数多少、侧链长短及催化剂酸性强弱影响而反应历程各不相同。其中单环环烷烃发生异构化、断链、脱烷基侧链和不明显的脱氢反应。环烷烃加氢裂化的反应方向会因催化剂的加氢活性和酸性活性的强弱不同而有区别。长侧链单环六元环在高酸性催化剂上进行加氢裂化时，主要发生断链反应，六元环比较稳定，很少发生断环；短侧链单环六元环烷烃在高酸性催化剂上加氢裂化时，首先异构化生成环戊烷衍生物，然后再发生后续反应。反应过程如下：

双环环烷烃在加氢裂化时，首先有一个环断开并进行异构化，生成环戊烷衍生物，当反应继续进行时，第二个环也发生断裂。在双环环烷烃的加氢裂化产物中有并环戊烷
（ ⬡⬠ ）存在。双环环烷烃和多环环烷烃都是首先异构化生成五元环的衍生物然后再

断链。反应产物主要由环戊烷、环己烷和烷烃组成。

3. 烯烃

烷烃分解和带侧链环状烃断链都会生成烯烃。

在加氢裂化条件下，烯烃先进行异构化随后加氢变为饱和烃，反应速度最快。除此之外，还会进行少量的聚合、环化反应。如：

$$R—CH_2CH{=\!\!=}CH_2+H_2 \longrightarrow R—CH_2CH_2CH_3$$
（烯烃）　　　　　　　　　　　　（烷烃）

4. 芳香烃

单环芳香烃的加氢裂化不同于单环环烷烃，若侧链上有三个碳原子以上时，首先不是异构化而是断侧链，生成相应的烷烃和芳烃。除此之外，少部分芳烃还可能进行加氢饱和生成环烷烃，然后再按环烷烃的反应规律继续反应。

双环、多环和稠环芳烃的加氢裂化是分步进行的，通常一个芳香环首先加氢变为环烷芳烃，然后环烷环断开变成单烷基芳烃，再按单环芳烃规律进行反应。稠环芳烃在高酸性活性催化剂存在时的加氢裂化反应，除了上述加氢裂化反应外，还进行中间产物的深度异构化、脱烷基侧链和烷基的歧化作用。

在氢气存在下，稠环芳烃的缩合反应被抑制，因此不易生成焦炭产物。

根据以上分析，并结合实验结果（最终产品中含有大量正丁烷），菲的加氢裂化反应历程可能由下列步骤组成：

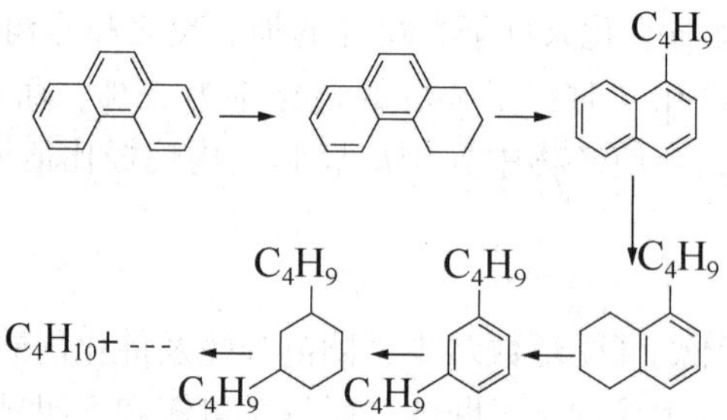

5. 非烃类化合物

非烃类化合物系指原料油中的硫、氮、氧化合物，在加氢裂化条件下，含硫化合物进行加氢反应生成相应的烃类及硫化氢；含氧化合物加氢生成相应的烃类和水；含氮化合物加氢生成相应的烃类及氨。硫化氢、水和氨易于除去。因此，加氢产品无需另行精制。化学反应如下：

$$\begin{array}{c} R—CH—SH + H_2 \longrightarrow R—CH_2—R + H_2S \\ | \\ R \qquad\qquad\qquad （烷烃） \end{array}$$
（硫醇）

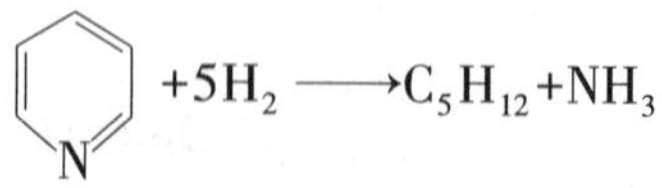

$+5H_2 \longrightarrow C_5H_{12}+NH_3$
（吡啶）

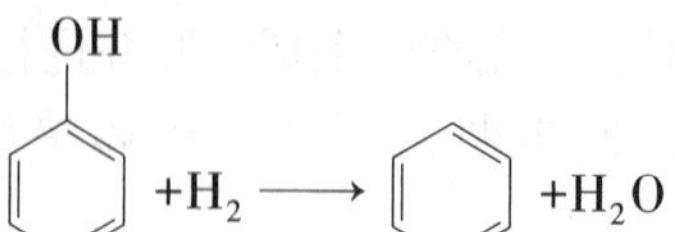

$+H_2 \longrightarrow$
$+H_2O$
（酚）　　　　　　　　　（苯）

上述加氢裂化反应中，加氢反应是强放热反应，而裂化反应则是吸热反应，二者部分抵销，最终结果仍为放热过程。另外，各类化学反应决定着加氢裂化产品的特点。

（二）加氢裂化工艺的特点

1. 生产灵活性大

1）原料范围宽　加氢裂化对原料的适应性强，可处理的原料范围很广，包括直馏柴油、焦化蜡油、催化循环油、脱沥青油，以至常压重油和减压渣油等。对于高含硫和难裂化的原料油也可加工成高质量的轻质油品，是重质油轻质化的重要手段。

2）生产方案灵活　加氢裂化产品方案可根据需要进行调整。既能以生产汽油为主（汽油产率最高可达75%以上）；也能以生产低冰点、高烟点的喷气燃料为主（冰点低于-60℃时，喷气燃料产率最高可达85%以上）；也可以生产低凝点柴油为主（冰点低于-45℃时柴油产率最高可达85%以上）；还可根据需要生产液态烃、化工原料以及润滑油等。总之，根据需要，改变催化剂和调整操作条件，即可按不同生产方案操作，得到所需要的产品。

2. 产品质量好，收率高

加氢裂化产品的主要特点是不饱和烃少，非烃杂质含量更少，所以油品的安定性好，无腐蚀，含环烷烃多。石脑油可以直接作为汽油组分或溶剂油等石油产品，也可提供重整原料。中间馏分油如喷气燃料、柴油等，也都具有良好的燃烧性能和安定性，油品中含有较多的异构烃和少量芳烃，因此喷气燃料结晶点（冰点）低，烟点高；柴油十六烷值高（>60），着火性能好，硫含量低、凝点低，因而可为喷气发动机和高速柴油机提供优质的燃料。

（三）加氢裂化催化剂

如前所述，加氢裂化化学反应是借助于催化剂和一定的温度、压力条件进行的，催化剂在整个过程中起着决定性的作用。

加氢裂化催化剂是一种由活性组分和酸性载体组成的双功能催化剂。这种催化剂不但具有加氢活性，而且具有裂化活性及异构化活性。常用的活性组分有铂、钯、钨、钼、镍和钴等金属元素，用作载体的是无定型硅酸铝、硅酸镁以及各种分子筛等固体载体。把活性组分高度分散在载体上并压制成片状或圆柱状。金属组分是加氢活性的主要来源，起促进加氢反应的作用；酸性载体起促进裂化和异构化反应作用，其作用有：①增加有效表面和提供合适的孔结构；②提供酸性中心；③提高催化剂的机械强度；④提高催化剂的热稳定性；⑤增加催化剂的抗毒性能；⑥节省金属组分用量，降低成本。

根据不同原料和产品的要求，对两种组分的功能适当选择和匹配，可以实现不同的加工方案。只有加氢活性和酸性活性的匹配合理，才能得到优质的加氢裂化催化剂。

1. 加氢裂化催化剂的种类

工业上使用的加氢裂化催化剂按化学组成大体可分为以下三种：

（1）以无定型硅酸铝为载体，以非贵金属镍、钨、钼（Ni、W、Mo）为加氢活性组分的催化剂；

（2）以硅酸铝为载体，以贵金属铂、钯（Pt、Pd）为加氢活性组分的催化剂；

（3）以沸石和硅酸铝为载体，以镍、钨、钼、钴或钯为加氢活性组分的催化剂。沸石为载体的加氢裂化催化剂是一种新型催化剂，主要是由于沸石具有较多的酸性中心。铂和钯虽然活性高，但对硫杂质的敏感性强，只在两段加氢裂化过程中使用。

2. 加氢裂化催化剂的使用要求

加氢裂化催化剂的使用性能有四项指标，分别是：活性、选择性、稳定性和机械强度。

（1）活性。催化剂活性系指促进化学反应进行的能力，通常用在一定条件下原料达到的转化率来表示。提高催化剂的活性，在维持一定转化率的前提下，可缓和加氢裂化的操作条件。随着使用时间的延长，催化剂活性会有所降低，一般用提高温度的办法来维持一定的转化率。因此也可用初期的反应温度来表示催化剂的活性。

（2）选择性。加氢裂化催化剂的选择性可用目的产品产率和非目的产品产率之比来表示。提高选择性可获得更多的目的产品。

（3）稳定性。催化剂的稳定性是表示运转周期和使用期限的一种标志。通常以在规定时间内维持催化剂活性和选择性所必须升高的反应温度表示。

（4）机械强度。催化剂必须具有一定的强度，以避免在装卸和使用过程中粉碎、引起管线堵塞、床层压降增加而造成事故。

3. 加氢裂化催化剂的预硫化与再生

（1）预硫化。加氢催化剂的钨、钼、镍、钴等金属组分，使用前都是以氧化物形态存在。生产经验与理论研究证明，加氢催化剂的金属活性组分只有呈硫化物形态时才具有较高的活性，因此，加氢裂化催化剂在使用之前必须进行预硫化。所谓预硫化，就是在含硫化氢的氢气流中使金属氧化物转化为硫化物。

（2）再生。加氢裂化反应过程中，催化剂活性总是随着反应时间的增长而逐渐衰退，催化剂表面被积炭覆盖是降活的主要原因。为了恢复催化剂活性，一般用烧焦的方法进行催化剂再生。

二、加氢裂化工业装置

（一）加氢裂化工艺装置的类别

加氢裂化是一个集催化反应技术、炼油技术和高压技术于一体的工艺装置，其工艺流程的选择与催化剂性能、原料油性质、产品品种、产品质量、装置规模、设备供应条件及装置生产灵活性等因素有关。

加氢裂化的工业装置有多种类型，按反应器中催化剂所处的状态不同，可分为固定床、沸腾床和悬浮床等几种型式。根据原料和产品目的不同，还可细分出很多种型式，诸如：馏分油加氢裂化、渣油加氢裂化以及单段流程、一段串联流程和两段流程加氢裂化等等。

1. 固定床加氢裂化

固定床是指将一定形状的催化剂装填在反应器内，形成静态催化剂床层。原料油和氢气经升温、升压达到反应条件后进入反应系统，先进行加氢精制以除去硫、氮、氧杂质和烯烃饱和，再进行加氢裂化反应。反应产物经降温、分离、降压和分馏后，目的产品送出装置，分离出含氢较高(80%~90%)的气体，作为循环氢使用。未转化油(称尾油)可以部分循环、全部循环或全部外甩。根据原料及目的产品的不同，固定床加氢裂化大致分为下列几种流程。

（1）单段加氢裂化流程。单段加氢裂化流程中只有一个反应器，原料油加氢精制和加氢裂化在同一反应器内进行，反应器上部为精制段，下部为裂化段，所用催化剂具有较好的异构裂化、中间馏分油选择性和一定抗氮能力。这种流程用于由粗汽油生产液化气、由减压蜡油或脱沥青油生产喷气燃料和柴油。单段加氢裂化可用三种方案操作：原料一次通过、尾油部分循环和尾油全部循环。

现以大庆直馏重柴油馏分(330~490℃)单段加氢裂化为例简述如下。

原料油用泵升压至16MPa后与新氢及循环氢混合，再与420℃左右的加氢生成油换热至

154

321~360℃，进入加热炉，反应器进料温度为 370 ~ 450℃，原料在 380 ~ 440℃、空速 1.0h⁻¹、氢油体积比约 2500 的条件下进行反应。为了控制反应温度，向反应器分层注入冷氢。反应产物经与原料换热后温度降到 200℃，再经冷却，温度降至 30~40℃ 之后进入高压分离器。反应产物进入空冷器之前需注入软化水以溶解其中的 NH_3、H_2S 等，以防水合物析出而堵塞管道。自高压分离器顶部分出循环氢，经循环氢压缩机升压后，返回反应系统循环使用。自高压分离器底部分出的生成油，经减压系统减压至 0.5MPa，进入低压分离器，在此将水脱出，并释放出部分溶解气体，作为富气送出装置作燃料气使用。生成油经加热送至稳定塔，在 1.0~1.2MPa 下分出液化气，塔底液体经加热炉加热至 320℃ 后送入分馏塔，分馏得轻汽油、喷气燃料、低凝柴油和塔底油（尾油），尾油可一部分或全部作为循环油与原料混合再去反应系统。

单段加氢裂化原料一次通过原理流程如图 7-3 所示。大庆直馏蜡油按三种不同方案操作所得产品收率和产品质量见表 7-2。

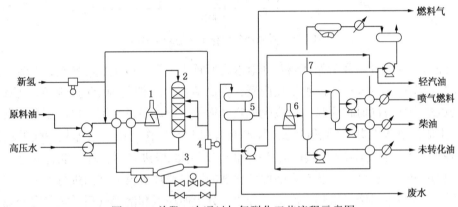

图 7-3 单段一次通过加氢裂化工艺流程示意图

1—加氢加热炉；2—反应器；3—高压分离器；4—循环压缩机；5—低压分离器；6—分馏加热炉；7—分馏塔

表 7-2 一段加氢裂化不同操作方案的产品收率及产品性质

操作方法		一 次 通 过			尾油部分循环			尾油全部循环		
指 标	原料油	汽 油	喷气燃料	柴油	汽 油	喷气燃料	柴油	汽 油	喷气燃料	柴油
收率/%(体)		24.1	32.9	42.4	25.3	34.1	50.2	35.0	43.5	59.8
密度(ρ_{20})/(kg/m³)	882.3	~	785.6	801.6	~	782.0	806.0	~	774.8	793.0
沸程										
初馏点/℃	333	60	153	192.5	63	156.3	196	—	153	194
干点/℃	474	172	243	324	182	245	326	245.5	324.5	
冰点/℃	—	—	-65	—	—	-65	—	—	-65	
凝点/℃	40	—	—	-36	—	—	-40	—	—	-43.5
总氮/(μg/g)	470									

由表 7-2 数据可见，采用尾油循环方案，可增产喷气燃料和柴油，特别是喷气燃料增加较多，而且对冰点并无影响。但一次通过流程，控制一定的单程转化率，除生产一定数量的发动机燃料外，还可生产相当数量的润滑油及未转化油（尾油）。这些尾油可用作获得更高价值产品的原料。如可用尾油生产高黏度指数润滑油的基础油，或作为催化裂化和裂解制

155

乙烯的原料。

（2）两段加氢裂化流程。两段加氢裂化流程中有两个反应器，分别装有不同性能的催化剂。第一个反应器中主要进行原料油的精制，第二个反应器中主要进行加氢裂化反应，形成独立的两段流程体系。流程如图7-4所示。

仍以大庆蜡油加氢裂化为例，简要叙述两段流程。

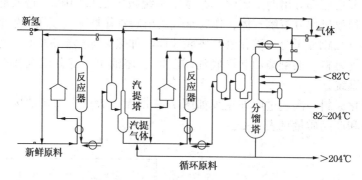

图7-4 两段加氢裂化工艺流程示意

原料经高压油泵升压并与循环氢及新氢混合后首先与第一段生成油换热，经第一段加热炉加热至反应温度，进入第一段加氢反应器，在高活性加氢催化剂上进行脱硫、脱氮反应，原料中的微量金属也同时被脱除，反应生成物经换热、冷却后进入第一段高压分离器，分出循环氢。生成油进入汽提塔（脱氨塔），脱去 NH_3 和 H_2S 后作为第二段加氢裂化的进料。在汽提塔（脱氨塔）中用氢气吹掉溶解气、NH_3 和 H_2S。第二段进料与循环氢混合后进入第二段加热炉，加热至反应温度，在装有高酸性催化剂的第二段加氢反应器内进行加氢、裂解和异构化等反应。反应生成物经换热、冷却、分离，分出循环氢和溶解气后送至稳定分馏系统。

两段加氢裂化有两种操作方案，即：一种是第一段加氢精制、第二段加氢裂化，另一种是第一段除进行精制外还进行部分加氢裂化，第二段进行加氢裂化。后者的特点是第一段和第二段生成油一起进入稳定分馏系统，分出的尾油可作为第二段进料。

大庆蜡油两段加氢裂化两种操作方案所得产品产率和性质如表7-3所示。

表7-3 大庆蜡油两段加氢裂化操作数据

项　　目		一段只精制		一段有部分裂化	
		第一段	第二段	第一段	第二段
反应条件	催化剂	WS$_2$	107	WS$_2$	107
	压力/MPa	16.0	16.0	16.0	16.0
	氢分压/MPa	11.0	11.0	11.0	11.0
	温度/℃	370	395	395	395
	空速/h^{-1}	2.5	1.2	1.2	1.6
产品产率/%	液体收率/%（质）	99.2	93.8	97.0	93.4
	C$_1$~C$_4$		14.78		15.56
	<130℃		15.7		17.6
	130~260℃		33.9		37.4
	260~370℃		25.6		30.0
	>370℃		18.0		8.9

项 目		一段只精制		一段有部分裂化	
		第一段	第二段	第一段	第二段
产品性质	煤油密度(ρ_{20})/(kg/m³)	773.0		778.6	
	冰点/℃	-63		-63	
	柴油密度(ρ_{20})/(kg/m³)	791.8		795.5	
	凝点/℃	-49		-42	

由表 7-3 所列数据可见,采用第二方案时,汽油、煤油和柴油的收率都有所增加,而尾油明显减少。这主要是第二方案裂化深度较大的缘故。从产品的主要性能来看,两个方案并无明显差别。

(3)串联加氢裂化工艺流程。串联流程是两个反应器串联,在反应器中分别装入不同的催化剂:第一个反应器中装入脱硫脱氮活性好的加氢催化剂,第二反应器装入抗 NH₃、抗 H₂S 的分子筛加氢裂化催化剂。串联流程是两段流程的发展,其主要特点在于:在第二反应器中使用了抗硫化氢、抗氨性能好的催化剂,因而取消了两段流程中的汽提塔(即脱氨塔),使加氢精制和加氢裂化两个反应器直接串联起来,省掉了一整套换热、加热、加压、冷却、减压和分离设备。其原理流程如图 7-5 所示。

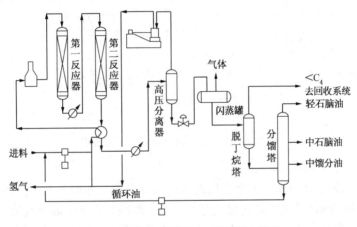

图 7-5 串联加氢裂化工艺流程示意图

2. 沸腾床加氢裂化

1961 年,美国的烃研究公司(简称 HRI)就取得了三相沸腾床方法的专利权。在此方法中,渣油进料与氢气混合后,从反应器底部进入,反应器内的催化剂颗粒借助于内外循环而处于沸腾状态。沸腾床(又称膨胀床)工艺是借助于流体流速带动具有一定颗粒度的催化剂运动,形成气、液、固三相床层,促使氢气、原料油和催化剂充分接触而完成的加氢反应过程。

利用循环泵控制流体流速,维持催化剂床层膨胀到一定高度,即形成明显的床层界面。由于催化剂、原料油和氢气的剧烈搅拌作用和返混现象,使沸腾床反应器内部上下温度基本一致,反应器内温度分布较均匀。反应产物与气体从反应器顶部排出。催化剂可以在线置换,能维持较高活性,非常适合于处理金属含量更高的原料,如可以处理世界上各种重质原油的渣油、最劣质的原油、油砂沥青油、页岩油甚至溶剂精制煤浆等。此外,因气、液、固三相充分接触，上下床层催化剂活性和失活速率基本一致，催化剂利用率高。

与固定床工艺相比，沸腾床工艺的原料适应性更广，它可以处理固定床处理不了的原料，并可使重油深度转化，渣油转化率可达 70%~90%，最高达到 95%以上；但反应温度较高，一般在 400~450℃范围内。沸腾床加氢装置操作周期一般为 2~4 年，目前商业运行装置最长连续操作时间为 6 年。

目前世界上沸腾床加氢裂化工艺主要有法国 Axens 公司 H-Oil 法工艺、美国 Chevron 公司 LC-Fining 工艺。国内大连恒力石化 2000×10⁴t/a 炼化一体化项目建设了 2 套 230×10⁴t/a 渣油沸腾床加氢裂化工艺，采用的是法国 Axens 公司 H-Oil 技术，工艺技术处于世界领先水平。

沸腾床加氢裂化工艺比较复杂，图 7-6 是沸腾床渣油加氢裂化流程示意图。

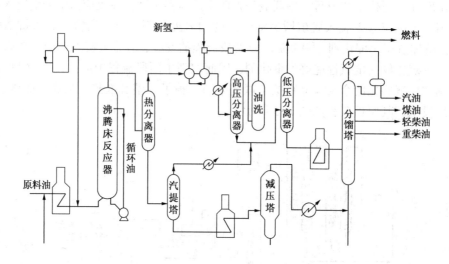

图 7-6　沸腾床渣油加氢裂化工艺流程

3. 悬浮床（又称浆液床）加氢工艺

悬浮床工艺是为了适应加工非常劣质的渣油而开发的一种加氢工艺，其工艺原理与沸腾床相类似。悬浮床重油（渣油）加氢裂化是指重油（渣油）馏分在临氢与充分分散的催化剂（和/或添加剂）共存的条件下，在高温高压下发生热裂解与加氢反应的过程。

悬浮床工艺的基本流程是将分散得很细的催化剂与原料油预先混合，再与氢气一同进入反应器自下而上流动，少量催化剂或添加物以细粉颗粒形式悬浮在反应物料中呈三相(气、液、固)浆液床，进行加氢裂化反应，催化剂随着反应产物一起从反应器顶部流出。此过程是以热反应为主，催化剂和氢气的存在主要是抑制大分子化合物的缩合生焦反应，并在一定程度上促进加氢脱硫反应。

悬浮床重油加氢工艺所用的催化剂或添加物一般不是负载型的，而是分散型的，分散得越细效果越佳。许多含有铁、钼、镍等元素的有机或无机盐类以及天然矿物甚至煤粉等都可以用作悬浮床加氢的催化剂或添加物。由于悬浮床加氢的催化剂或添加物大多是一次性使用，所以要选用价廉易得的物质。

悬浮床加氢的反应温度一般在 420~480℃，反应压力为 10~20MPa。裂化转化率可达 70%~90%，其产物以中间馏分为主，可作为进一步轻质化的原料。

20 世纪 80 年代，悬浮床加氢裂化曾得到迅速发展，典型的悬浮床加氢工艺有 Canment

158

过程、VCC 过程、COC 过程、SOC 过程等。近年来开发的悬浮床加氢工艺有 UOP Uniflex 技术、委内瑞拉国家石油公司与法国 Axenx 合作开发的 HDH PLUS 技术、Chevron 公司开发的 VRSH 技术等。下面以 VRSH 技术为例概括这类工艺的特点。

VRDS 是一种将重油和超重油转化为汽油、喷气燃料和柴油的重油改质新工艺。该工艺特点是利用多反应器转化方式，将重油或减压渣油制成淤浆与氢气混合，在反应温度 413~454℃和反应压力 13.8~20.7MPa 下通过几个反应器进行循环反应，少量催化剂通过侧线连续取出，继而进行活化并再返回工艺过程中使用，该工艺的转化率高达 100%。目前，中国海洋石油总公司下属的中海石油炼化有限责任公司正与 Chevron 公司合作，共同推进该技术的工业化及全球市场的推介。

图 7-7 为 Chevron 悬浮床加氢裂化 VRSH 工艺流程示意图。

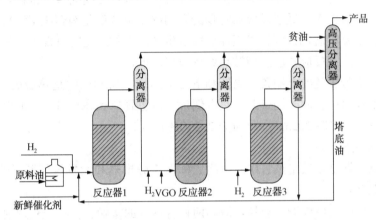

图 7-7　Chevron 悬浮床加氢裂化 VRSH 工艺流程示意图

目前国内已经进行工业化试验的技术有中国石油大学(华东)和中国石油天然气集团公司联合开发的渣油悬浮床加氢技术达到了较高水平，主要技术特点如下：①研制出高分散、活性较高的水溶性催化剂和高效分散方法；②研制出新型的环流反应器，使反应器内物料的流动速度增加几十倍以上，有效减缓了反应器壁的结焦和焦炭的积累；③研制出在线旋液分离器，将尾渣中大部分固体在线分离，有效地减缓了固体物质在后继设备中沉积的可能性；④设计出渣油悬浮床加氢裂化与裂化馏分油在线固定床加氢精制联合流程，显著提高了生成油的质量，生产的石脑油可以达到重整装置的进料要求，轻柴油达到优质车用柴油质量指标。

2004 年，该技术在抚顺石油三厂建成了一套 $5 \times 10^4 t/a$ 重油加氢悬浮床工业试验装置，采用了清华大学的环流反应器技术和石油大学的旋流分离器技术。工业试验过程运转平稳，各项试验结果良好，以克拉玛依减压渣油为原料，在反应温度 430~440℃、反应压力 12.0MPa、氢油比 800∶1、空速 $0.5h^{-1}$ 的条件下，达到了渣油转化率>85%、液体收率>80% 的良好效果。

(二) 加氢裂化反应器

反应器是加氢裂化装置的关键设备。由于其操作条件苛刻(要求耐高温、高压，耐腐蚀)，因而对材质要求高，制造困难，价格昂贵，占整个装置的投资比例大。加氢反应器在高温高压及有腐蚀介质(H_2，H_2S)的条件下操作，除了在材质上要注意防止氢腐蚀及其他介质的腐蚀以外，加氢反应器在工艺结构上还应满足以下要求：

（1）反应物（油气和氢）在反应器中分布均匀，保证反应物与催化剂有良好的接触；

（2）及时排出反应热，避免反应温度过高和催化剂过热，以保证最佳反应条件和延长催化剂寿命；

（3）在反应物均匀分布的前提下，必须考虑反应器有合理的压力降。为此，除了正确解决反应器的长径比外，还应注意防止催化剂粉碎。

根据介质是否直接接触金属器壁，可分为冷壁反应器和热壁反应器两种类型。反应器由筒体和内部构件两部分组成。

1. 反应器筒体

反应器筒体分为冷壁筒和热壁筒两种，其结构如图7-8所示。

冷壁筒具有隔热衬里，因此，筒体工作条件缓和，设计制造简单，价格较低，早期使用较多。但由于内衬里大大降低了反应器容积的利用率，单位催化剂容积用钢较高，同时，尽管筒体外壁涂有示温漆监视，因衬里损坏而影响生产的事故还是时有发生。随着冶金技术和焊接技术的发展，冷壁反应器已逐渐被热壁反应器所取代。

热壁筒也是由带法兰的上端盖、筒体和下端盖组成，所不同的是热壁筒没有隔热衬里，而是采用双层堆焊衬里，同时侧壁开有热电偶口、冷氢管口和卸料口。目前使用的最大尺寸为 $\phi3665\times2780mm$，壁厚202mm，材质为 2.25Cr-1Mo。

2. 反应器内构件

加氢裂化反应器是多层绝热、中间氢冷、挥发组分携热和大量氢气循环的三相反应器，此类反应器应保证：

（1）具有良好的反应性能。包括：液固两相有良好的接触，保持催化剂内外表面有足够的润湿效率，以使催化剂活性得到充分发挥；系统反应热能及时有效地导出反应区，尽量降低温升幅度与保持反应器径向床层温度均匀，尽量减少不利的二次反应。

（2）反应器内部的压力降不致过大，以减少循环压缩机的负荷，节省能源。

为此，反应器内部要设置必要的内部构件，内部结构以达到气液均匀分布为主要目标。典型的反应器内构件包括：入口扩散器、气液分配盘、去垢篮筐、催化剂支持盘、急冷氢箱及再分配盘、出口集合器等。其部位见图7-9。

除反应器之外，加氢裂化装置还有其他一些重要的设备，包括：高压分离器、高压换热器以及加热炉、空冷器等，这些设备也都具有特殊的要求。

（三）重油加氢联合装置简介

为了适应原料重质化、劣质化的趋势，提高轻质油收率，减轻环境污染和向乙烯装置提供优质裂解原料，我国齐鲁石化胜利炼油厂20世纪90年代从美国引进一套大型重油加氢联合装置，该装置包括两个单元：单段单程加氢异构裂化（SSOT）和减压渣油加氢处理装置（VRDS）。

1. SSOT 单元

SSOT 单元是固定床单段单程加氢异构裂化装置，设计能力为 $55\times10^4t/a$。

（1）原料：孤岛原油的减压馏分油（350~500℃馏分）。

（2）产品：液化气、重整原料油、喷气燃料和柴油。未转化部分可作为催化裂化和乙烯装置的优质原料。

（3）产品收率和性质（见表7-4）。

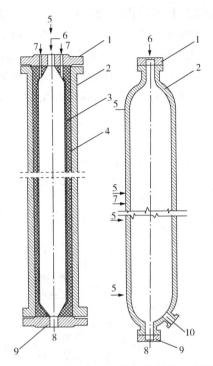
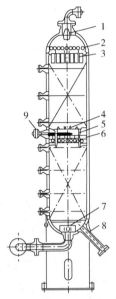

图 7-8　加氢反应器两种筒体结构示意图

1—上端盖；2—筒体；3—内保温层；4—内筒；

5—测温热偶管入口；6—反应物料入口；

7—冷氢管入口；8—反应产物出口；9—下端盖；

10—催化剂卸料口

图 7-9　热壁加氢反应器示意图

1—入口扩散器；2—气液分配盘；3—去垢篮筐；

4—催化剂支持盘；5—催化剂连通管；

6—急冷氢箱及再分配盘；7—出口收集器；

8—卸催化剂口；9—急冷氢管

表 7-4　单段单程加氢异构裂化 SSOT 单元产品收率和性质

项　　目	$C_5 \sim 130℃$	$130 \sim 280℃$	$280 \sim 350℃$	$>350℃$
收率/%(质)(对进料)	7.83~7.80	26.29~25.07	16.53~14.94	46.42~46.95
相对密度(d_4^{20})	0.7093~0.7128	0.8203~0.8251	0.8550~0.8600	0.8650~0.8750
硫/($\mu g/g$)				10~20
总氮/($\mu g/g$)	1	2~3	2~4	3~6
闪点/℃		40.5		
倾点/℃			-27~-17	
凝点/℃		-48		
十六烷值			56~54	

（4）工艺流程(见图 7-10)。反应器有 5 个催化剂床层，原料油进入反应器后，在一定温度和氢分压下进行裂化反应。这些反应均是放热反应，为了控制温升和调节反应速率，向两段催化剂床层中间注入适量的冷氢。反应物和急冷氢在床层间的分配器上充分混合，均匀分布流到下一床层。新鲜催化剂床层压降约为 0.42MPa，随着运转时间的延长，由于固体杂质的积累和反应中焦炭的生成，床层压降会不断增加。

反应流出物经换热、冷却到约 49℃，进入高压分离器，分成油、水和气体，酸性水送酸性污水处理装置，油经控制阀降压到 1.41MPa 后进低压分离器。富氢气体从高压分离器顶部出来进硫化氢吸收塔,经二乙醇胺(DEA)吸收除去 H_2S 后进循环氢压缩机,一部分去 PRISM(氢气提纯)单元。在低压分离器中,经闪蒸分成气、油、水三相,气体从顶部出来去低压脱硫塔,脱硫后作为燃料气;含硫含氨污水自底部抽出送污水汽提单元;中部出来的烃类产品送硫化氢汽提塔以脱除 H_2S 和气体烃。脱硫化氢汽提塔的塔底油经换热和加热炉加热至352℃进产品分馏塔,分为石脑油、喷气燃料、柴油和未转化的减压粗柴油,分别经稳定和汽提作为产品出装置。

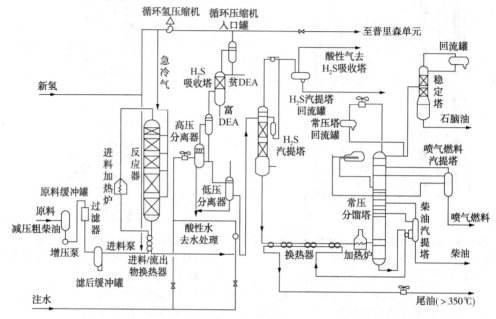

图 7-10　SSOT 加氢裂化工艺流程

2. VRDS 单元

VRDS 单元是渣油加氢处理装置(加氢、脱硫),处理量为 $84 \times 10^4 t/a$。

(1)原料:孤岛原油减压渣油。

(2)产品:石脑油,可作为重整原料或乙烯原料;中间馏分可作为优质柴油;大于350℃馏分经减压塔切割,其减压馏分油作为催化裂化原料,其减压渣油作为低硫燃料油调和料。

(3)产品收率和性质(见表 7-5)。

表 7-5　减压渣油加氢脱硫 VRDS 单元产品收率和性质

项　　目	$C_5 \sim 160℃$	160~350℃	350~538℃	>538℃
收率/%(质)(对进料)	2.0~2.11	11.0~12.95	32.0~38.2	48.59~44.89
相对密度(d_4^{20})	0.7389	0.8524	0.9071	0.9402
硫/%(质)	—	0.006	0.013	0.250
总氮/(μg/g)	40	390	1700	3300
	烷:环烷:芳 65:25:10	倾点-23℃ 十六烷值46~50		康氏残炭 11.5%~13%(质)

(4)VRDS 单元工艺流程(见图 7-11)。减压渣油经换热器、过滤器、缓冲罐至进料泵,

162

经泵加压后，与补充氢(新鲜氢)和循环氢混合，然后经换热器、加热炉加热至反应温度，进入串联的反应器组。在反应器之间和反应器内床层之间设有控制反应温度的急冷氢注入点，反应器中装有不同功能的催化剂。

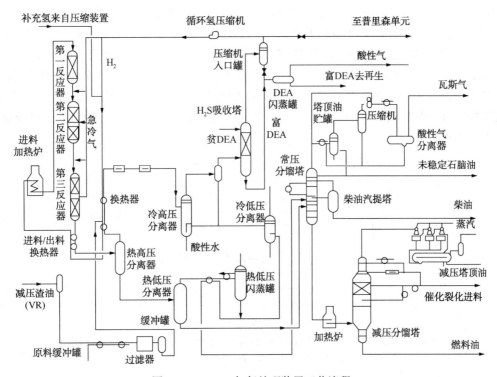

图 7-11　VRDS 加氢处理装置工艺流程

反应流出物经换热冷却至 370℃后送入高压分离器进行气液分离，液体降压到 2.7MPa 后进入热低压分离器，进行溶解气闪蒸，热低压分离器的液体直接去常压分馏塔下部，气体经换热和冷却后进冷低压闪蒸罐，罐顶气体去补氢压缩机。热高压分离器的气体经换热和冷却后进冷高压分离器，冷高压分离器的液体去冷低压分离器闪蒸出酸性气，冷高压分离器的气体经 H₂S 吸收塔脱硫后去循环氢压缩机和氢提浓单元。冷低压分离器的液体和冷低压闪蒸罐的冷凝液一起经换热到 320℃后去常压分馏塔。

常压塔顶产物是含硫不凝气和未稳定的石脑油，侧线产品是柴油。塔底油经加热后去减压塔，减压塔侧线产品是优良的催化裂化原料，塔底是低硫燃料油。

第三节　加氢裂化工艺技术的发展

20 世纪 90 年代以后，世界各国加氢装置建设和加氢技术开发明显加快。国外加氢裂化技术发展主要表现在三个方面：一是继续开发新一代催化剂，提高活性、稳定性和选择性，以满足工业生产的需要；二是进一步完善加氢裂化装置工艺，使装置能够安全、可靠、长周期运行；三是改进反应器内构件，改善气液分配效果，降低径向温差，提高反应器和催化剂利用效率。以上三个方面其中进步最明显的还是催化剂。我国在这方面也加大了科研开发步伐，成绩显著。

一、加氢裂化新技术

1. HyCycle Unicracking 工艺

2001 年，美国 UOP 公司为适应低硫低芳烃柴油生产以及降低加氢裂化装置投资和操作费用的要求，推出了现代完全转化加氢裂化工艺（Hycycle Unicracking）。该工艺采用了多项专利设计技术，其中包括 Hycycle 分离/精制反应器、反串联反应流程和新型分馏塔设计，可以在 20%～40% 的低单程转化率下实现完全转化（99.5%）运行。工艺流程示意图见图 7-12。裂化产物和未转化油在 Hycycle 分离器/后处理器中于反应压力下进行分离，分离出的产物立即进行气相加氢。循环油先通过加氢裂化催化剂段，然后再通过加氢处理催化剂段，这种安排称之为"反序"。

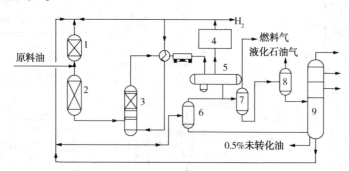

图 7-12　Hycycle 加氢 I 裂化工艺流程

1—裂化反应器；2—加氢处理反应器；3—分离器/后处理器；4—胺洗塔；5—高压分离器；
6—热闪蒸塔；7—冷闪蒸塔；8—分离器；9—产品分馏塔

此工艺的特点是氢耗低，中间馏分油选择性高。在全循环最大量生产中间馏分油时，中间馏分油体积收率比现行工艺提高 5%，其中柴油体积收率可提高 15%，而氢耗降低 20%。产品质量可满足低硫、高十六烷值的需要，达到欧洲 II 类柴油质量标准。按最大量生产石脑油方案时，石脑油收率提高，对 C_7^+ 石脑油的选择性也将大大改善。该工艺操作压力较低，设计压力比现有技术通常低 25%。Hycycle 工艺装置能在氢分压较低和空速较高的条件下运行，而又不牺牲催化剂寿命和中间馏分油质量。

2. APCU 技术

APCU 工艺是 UOP 公司 HyCycle Unicracking 工艺的改进和延伸。与缓和加氢裂化相比，APCU 技术在低转化率（20%～50%）和中等压力（<10MPa）下，以比全转化装置低得多的投资在产品质量上实现了跨越。工艺设计独特，可独立控制最终柴油和催化裂化进料的质量，为炼油厂提供灵活有利的清洁燃料生产方案。在 APCU 流程中，低转化率加氢裂化装置和催化裂化装置一起运转，可生产满足最严格的汽油和柴油产品规范的清洁燃料。

APCU 新工艺可以达到以下目的：①处理减压瓦斯油（VGO），不需对催化裂化汽油进行后处理便可直接生产超低硫汽油（ULSG）调和组分；②生产高十六烷值的超低硫柴油调和组分，提高出厂柴油质量的灵活性；③同时加工其他柴油馏分进料，生产符合调和要求的超低硫柴油；④同时生产能够满足重整装置进料要求的石脑油；⑤优化氢气的利用，避免产品的过度处理。

3. 催化汽油选择性加氢脱硫技术

为了满足低硫低烯烃汽油的生产要求，目前已开发了多种催化裂化汽油加氢技术，如

164

Exxon 研究工程公司的重汽油选择性加氢脱硫技术于 1998 年实现工业化，1999 年 12 月又推出了第二代技术。Mobil 公司开发的 OCTGAIN 催化裂化重汽油加氢脱硫工艺，1991 年第一套工业装置使用的是第一代催化剂（OCT-100），到 1994 年已推出了第三代工业用催化剂（OCT-220）。该技术的基本原理是针对催化汽油轻重馏分中所含硫化物的类型、数量以及烯烃含量不同，分别进行处理，即催化汽油轻馏分碱洗脱硫醇，重馏分选择性加氢脱硫，加氢可使烯烃饱和，从而达到脱硫和降低烯烃含量的双重目的。此技术的缺点是汽油的辛烷值会有所降低（即辛烷值损失），这也是该工艺的技术难点。国外技术都声称辛烷值损失不大于 1 个单位，技术关键在于催化剂。

中国石化北京石油化工科学研究院（RIPP）和抚顺石油化工研究院（FRIPP）都加快了加氢技术的开发，目前已取得了许多可喜的成果。RIPP 开发的第二代催化裂化汽油选择性加氢脱硫技术（RSDS-Ⅱ）对我国多种催化裂化汽油有较好的适应性，在适宜工艺条件下脱硫率可达 92%~98%，研究法辛烷值损 0.6~1.8 个单位，液体收率不低于 98%，产品可满足欧 V 标准。FRIPP 开发的催化裂化汽油选择性加氢脱硫技术（OCT-MFCC），使用 FGH-20 及 FGH-11 催化剂，在反应压力 1.6~3.2MPa、反应温度 270~280℃、空速 3.0h^{-1}、氢油比 300 条件下，汽油脱硫率为 85%~90%，烯烃饱和率为 15%~25%，研究法辛烷值损失小于 2.0 个单位，抗爆指数损失小于 1.5 个单位。上述两项技术均获得了工业应用。

4. 中压加氢裂化技术

由中国石化石油化工科学研究院开发的中压加氢裂化工艺，既能生产高芳潜的重整原料，又能同时生产高十六烷值柴油及优质乙烯裂解原料。采用该技术对燕山石化分公司原 100×10^{4}t/a 中压加氢改质装置进行改造，在原装置主设备不作大的改动的前提下，通过优化工艺流程和操作条件，更换少量设备，将原装置扩能改造为 130×10^{4}t/a 的中压加氢裂化装置。该装置采用 RN-2 加氢精制催化剂和 RT 系列加氢裂化催化剂，一段串联、一次通过的工艺流程，对中东高硫减压蜡油、国内高氮减压蜡油及掺入 15% 焦化蜡油的减压蜡油等原料都有较好的适应性，可生产出芳烃潜含量高的重整原料、高十六烷值柴油、优质乙烯原料的尾油。工业试验表明，以大庆原油的常三、减一、减二、减三线混合油为原料，在适宜的操作条件下，可获得 16.5%（质）的重石油脑油，芳潜可达 50.7%（质）；20.4%（质）的柴油，柴油质量满足世界燃油规范Ⅱ类油指标；56.9%（质）的尾油，相关指数（BMCI 值）只有 8.3，可作为优良的裂解原料。该中压加氢裂化技术达到目前国际先进水平，推广应用前景广阔。

5. 单段加氢裂化技术

自 1959 年美国 Chevron 公司建立了第一套现代单段加氢裂化工业装置以来，加氢裂化工艺和催化剂的研究开发进入了蓬勃发展的新时期，相继开发出了两段加氢裂化工艺、一段串联加氢裂化工艺、单段加氢裂化工艺以及一系列性能各异的加氢催化剂。

单段加氢裂化工艺过程最初是用于制取石脑油，但随着工艺和催化剂的开发进展，证明它更适合于最大量生产中间馏分油。单段工艺过程的一个主要特征是在一个反应器内装填单个或组合加氢裂化催化剂进行操作。有的处理量很大的装置，由于反应器的制造和运输等原因，可能使用两个以上反应器并列操作，但其基本原理不变。

与一段串联工艺过程相比，单段加氢裂化工艺具有如下特点：①裂化催化剂具有较强的抗有机硫、氮的能力，对温度的敏感性低，操作中不易飞温；②良好的中间馏分油选择性；③产品结构稳定、初末期变化小；④装置氢耗在反应末期不会增加或增加很少；⑤投资相对较少，特别是单个反应器的制造体积和重量不受限制时更是如此；⑥流程简单、操作容易，不用对加氢预处理的脱硫脱氮过程加以控制；⑦相同条件下，反应温度偏高，装置的运转周期相对较短。

可见，对于最大量生产中间馏分油而言，单段加氢裂化工艺更具优势。

6. 沸腾床加氢技术

渣油加氢技术按用途主要分为加氢处理和加氢裂化两种。渣油加氢处理主要是固定床加氢处理，工艺技术成熟，用于渣油改质作为催化裂化装置的原料，转化率通常只有 15% ~ 20%；渣油加氢裂化主要有沸腾床和悬浮床两种，用于劣质渣油转化生产轻质燃料。目前高压加氢裂化的反应器主要有固定床、沸腾床、移动床和悬浮床等几种。从应用情况来看，固定床加氢裂化约占 83%，沸腾床加氢裂化约占 15%，移动床加氢裂化约占 2%，悬浮床加氢裂化还处在工业应用的初级阶段。

沸腾床加氢裂化技术可用来加工高残炭、高金属含量的劣质渣油，兼有裂化和精制双重功能，转化率(60% ~ 80%)和精制深度高；但氢压较高(>15MPa)，对催化剂也有特殊要求。渣油悬浮床加氢裂化技术首要标志是转化率高、排出的尾油量少。相比于沸腾床加氢裂化，悬浮床加氢裂化一次转化率可达 95% 甚至更高，体现出明显的优势，但在工业化应用方面尚不如沸腾床成熟和普遍。

世界上渣油沸腾床加氢裂化技术主要有法国 Axens 公司的 H-Oil 技术、美国 Chevron 公司的 LC-Fining 技术以及中国石化的 STRONG 技术。目前，商业运行的渣油沸腾床加氢裂化装置绝大多数是采用 H-Oil 和 LC-Fining 技术。H-Oil 技术通常串联采用两台反应器，而 LC-Fining 多是三台反应器串联，杂质脱除率更高。这两种工艺没有本质区别，反应器结构基本相同，均包括流体分布系统、分离循环系统和催化剂的在线加排系统。不同之处在于，H-Oil 技术采用外置循环泵的外循环操作模式，而 LC-Fining 技术则采用内置循环泵的内循环操作模式。

近年来，中国石化致力于渣油沸腾床技术的研究，由中国石化金陵分公司(JLPEC)、中国石化抚顺石油化工研究院(FRIPP)、中国石化洛阳工程有限公司(LPEC)及华东理工大学组成的产学研攻关团队，开展了沸腾床成套技术开发及示范工业装置的设计、建设和运行。2016 年，国内首套 $5 \times 10^4 t/a$STRONG 沸腾床工业示范装置开车成功，各项参数达到设计要求，为百万吨级工业装置的设计奠定了良好基础。

中国自主研发的 STRONG 沸腾床技术完全避开了国外沸腾床技术必须使用循环泵的瓶颈。去除循环泵后，反应器内的液体速度不足以维持催化剂流化状态。我国研究人员通过催化剂形貌设计和反应器结构设计，使反应器内流体形成内循环。利用渣油自身流动和氢气气泡浮力，带动了反应器内部流体的循环，使反应器液体速度大幅提升，催化剂跟随渣油一起循环，使无循环泵的反应器实现了催化剂完全流化的状态。STRONG 沸腾床专利反应器彻底解决了反应器堵塞问题。由于球形催化剂接触更为充分，使反应过程更为稳定可控，结焦风险也大幅度降低。

$5 \times 10^4 t/a$STRONG 沸腾床工业装置在全渣油满负荷工况下，装置运行平稳，>540 渣油转化率为 75.6%，脱硫率为 85.5%，脱残炭率为 80.9%，脱金属率达到 97.3%。

7. 悬浮床加氢技术

在全球约 10 万亿桶的剩余石油资源中，70% 以上是重油资源，重油的高效加工利用现已成为世界炼化行业无法回避的严峻挑战。传统重油加工路线一般需要固定床渣油加氢、蜡油加氢裂化/催化裂化组合或延迟焦化组合、汽油柴油加氢精制等多个工艺环节，不仅流程长、成本高，且轻油收率较低。因此炼化行业对重质原油及渣油低成本、高效益、轻质化加工技术的需求日益迫切。在诸多炼油技术中，悬浮床技术有望解决上述问题，在渣油轻质化加工方面具有显著优势，因此成为世界各国重点关注的核心技术。目前已开发的悬浮床加氢技术主要有：德国 KBR 和英国 BP 公司共同推出的悬浮床加氢技术(VCC)，美国环球油品公司开发的重油悬浮床技术(UOP-Aurabon)，日本出光兴产公司的渣油缓和加氢裂化工艺(MRH)，加拿大的 Canmet 工艺，意大利 Eni 公司开发的 EST 技术，还有近年来开发的 UOP Uniflex 技术、委内瑞拉国家石油公司与法国 Axenx 合作开发的 HDH PLUS 技术以及 Chevron VRSH 技术等。

图 7-13 为 UOP Uniflex 悬浮床加氢工艺流程图。液体原料和循环氢由不同的加热炉加热，一小部分氢气与催化剂被送入原料加热炉。从两个加热炉流出的两股物流进入富氢气体鼓泡的全液相悬浮床反应器底部进行反应，反应产物在反应器出口被冷却以终止反应，随后流入一系列分离器中，氢气则循环返回至反应器。液体产物进入分馏部分进行分离，以回收其中的轻烃、石脑油、柴油、减压蜡油及未转化油(沥青)，部分重质蜡油(HVGO)循环回到反应器进一步转化。

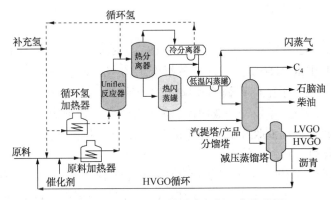

图 7-13　UOP Uniflex 悬浮床加氢工艺流程图

UOP Uniflex 技术的反应器设计能促进激烈返混以保持接近等温状态，故高温有利于提高转化率。Uniflex 工艺的主要操作条件为反应温度 427~471℃，反应压力 12.7~14.1MPa，采用纳米催化剂，渣油转化率可达 90% 以上。主要产品是石脑油和柴油。

目前国内开展悬浮床工业化试验的技术除了中国石油大学(华东)和中国石油天然气集团公司联合开发的渣油悬浮床加氢技术外，还有北京三聚环保新材料股份有限公司(简称三聚环保)与北京华石联合能源科技发展有限公司(简称华石能源)合作开发的超级悬浮床加氢技术。

三聚环保和华石能源组建的攻关团队历经近 7 年的不懈努力，系统开展了悬浮床基础理论研究、催化剂研发、反应器研发、关键单元技术研发等，攻克了一系列重大技术难题，建成了以多功能复合催化剂、高效率悬浮床反应器、成套单元工艺技术为核心的中国首套超级悬浮床(MCT)加氢工业示范装置。2016 年 2 月，15.8×10⁴t/aMCT 工业示范装置在河南鹤壁一次开车成功，悬浮床单元总转化率达到 96%~99%，轻油收率达到 92%~95%，脱金属率达到 99.8%，这些指标均达到国际领先水平。这标志着我国自主研发的超级悬浮床关键技术与装备实现了重大突破，跻身于重油加工技术世界领先行列。

超级悬浮床加氢技术主要用于加工渣油、煤焦油、沥青及非常规原油(超重原油、油砂、页岩油)等重劣质原料,不仅为我国低成本加工委内瑞拉超重油提供了技术支撑,也为实现煤炭的清洁、高值、高效利用开辟了全新途径。与传统重油加工路线相比,采用 MCT 悬浮床加氢技术处理渣油生产清洁汽柴油,不仅可以简化工艺流程,还可以节省投资 10%~20%,汽柴油收率提高 20% 以上,大幅度提高重劣质渣油的转化率,对炼化企业增效和技术升级具有重大意义。

二、加氢催化剂进展

加氢催化剂性能的提高和改进是推动加氢技术进步的关键,因此,国内外各大石油公司十分重视催化剂的研制和开发,不断推出性能各异的新型加氢催化剂。近年来加氢裂化催化剂的发展重点,一是提高预处理催化剂的活性和稳定性,二是提高中间馏分油收率。

1. UOP 公司

UOP 公司推出了许多应用于加氢裂化领域的催化剂。最新的 Unicracking 催化剂包括最大量生产中间馏分油的 HC-110、HC-115 和 HC-215 及最大量生产石脑油馏分的 HC-29 和 HC-170。此外,UOP 公司还工业化了降低床层压力降、同时保持与小颗粒催化剂活性及选择性相当的大颗粒择形催化剂。

2. Chevron 公司

2001 年以来,Chevron 公司新推出了 ICR141S、ICR160、ICR162 及 ICR211 等一系列的加氢裂化催化剂。其中 ICR160 是 Chevron 最新推出的一种轻油型催化剂,它是一种 Ni-W 分子筛裂化催化剂,适合于生产石脑油和煤油/喷气燃料,也可用于 100% 全转化生产石脑油。可用于单段一次通过、单段循环或两段加氢裂化的第一段或第二段。该催化剂具有特别好的稳定性、高选择性、高液收和低氢耗等优点,现已获得工业应用。

3. Akzo Nobel 公司

Akzo Nobel 公司自从 1988 年推出分子筛加氢裂化催化剂以来,已经有各种用途和产品方案的裂化催化剂。一般来说,催化剂的活性越高,产品也越轻,同时柴油选择性也降低。裂化催化剂已经从最初的追求高活性到如今既追求活性又追求产品选择性,甚至对产品的选择性要求更高。

该公司近几年新推出的裂化催化剂最显著的特点就是其催化剂在活性相同的情况下,馏分油的选择性普遍提高。近年新推出的主流裂化催化剂主要有 KC2210/2211 两种具有高、中馏分选择性的分子筛加氢裂化催化剂,其活性和孔结构都为得到最大柴油和喷气燃料产率而做了优化,并且活性稳定,适用于长周期运转。KC2301 专门为转化 VGO 等重馏分油而设计,产品方案灵活,可以是石脑油、喷气燃料和柴油。既可用于苛刻的加氢处理条件下,也可用于完全加氢裂化条件下。在缓和的压力条件下也可得到最大喷气燃料和柴油收率,这取决于炼厂的需求和装置设计。KC2601 用于转化重馏分油为较轻的产品如石脑油、喷气燃料和中馏分油。与 KC2301 类似,KC2601 也有较大的操作灵活性,可用于一段串联流程,也可用于两段加氢流程。可用于高压加氢裂化,也可用于中压加氢裂化。

市场对中间馏分油的需求增长要求炼油厂生产更多的中间馏分油。对于有加氢裂化的炼油厂来说,充分利用加氢裂化装置生产更多更优质的柴油是增加经济效益的主要途径。一般来说,无定形催化剂的中间馏分油选择性要比分子筛型高。Akzo Nobel 公司最新一代无定形加氢裂化催化剂以 KF1023 和 KF1025 为代表,都能显著提高中间馏分油收率。与上一代无定形中油催化剂 KF1015MD 相比,KF1023 在活性相同时中间馏分油选择性明显提高。而

KF1025 在活性更高的情况下仍有较 KF1015MD 高的中间馏分油选择性。

KF1022 是 Akzo Nobel 公司最新一代无定形硅铝载体的 CoMo 缓和加氢裂化催化剂，具有更高的裂化和加氢脱硫活性，与其他催化剂相比，在相同操作条件下，KF1022 可提高转化率 2%，现已在美国和日本的许多炼油厂应用。

4. Criterion 公司

Criterion 公司近年推出的几种新型加氢裂化催化剂见表 7-6。这些裂化催化剂主要是 Zeolyst 公司开发的，并使用 Zeolyst 公司的牌号。

表 7-6 Criterion 公司新近推出的加氢裂化催化剂

催化剂	组 成	特点和用途
Zeolyst Z-503	非贵金属	高中油型，用于带预处理的多床层裂化反应器
Zeolyst Z-603	非贵金属	中油型，广泛用于重原料场合
Zeolyst Z-623	非贵金属	中油型，广泛用于重原料场合
Zeolyst Z-673	非贵金属	中油型，高耐氮，高稳定性，适用于重原料
Zeolyst Z-723	非贵金属	对石脑油/煤油/柴油选择性灵活；高稳定性；低气产率；重原料
Zeolyst Z-733	非贵金属	对石脑油/煤油/柴油选择性灵活；高活性；高稳定性；低气产率；重原料
Zeolyst Z-753	非贵金属	高石脑油选择性；高活性；低产气率；低氢耗；高石脑油质量
Zeolyst Z-803	非贵金属	石脑油/煤油选择性；重原料；低产气；高活性
Zeolyst Z-863	非贵金属	石脑油选择性；高耐氮，高稳定性；广泛用于加氢裂化反应器的顶床层

5. 托普索公司(Haldor Topsoe)

托普索公司全系列的加氢裂化催化剂见表 7-7。

表 7-7 托普索加氢裂化催化剂

催化剂	主要特点	原 料	产 物	形状	载体	活性组分
TK-931	高压 HC，中油型	VGO	中间馏分油	挤条	沸石	
TK-925	高压 HC，中油型	VGO	中间馏分油	挤条	无定形	Ni，W
TK-926	高压 HC，中油型	VGO	中间馏分油			Ni，W
TK-525	中压 HC，深度 HDN 和 HDS	LGO 到 VGO，二次加工原料	柴油，FCC 原料	三叶草	Al$_2$O$_3$	Ni，Mo
TK-557	中压 HC，深度 HDN 和 HDS	LGO 到 VGO，二次加工原料	柴油，FCC 原料	挤条	Al$_2$O$_3$	Co，Ni，Mo
TK-961	中压 HC，中油型，抗金属	VGO，二次加工馏分油	中间馏分油	挤条		Ni，W
TK-965	中压 HC，中油型，活性高	VGO，二次加工馏分油	中间馏分油，喷气燃料	挤条		Ni，W

6. 抚顺石油化工研究院(FRIPP)

抚顺石油化工研究院开发的裂化催化剂主要有用于单段串联加氢裂化工艺过程(包括轻油型、灵活型和高中油型)、单段加氢裂化工艺过程和柴油改质工艺过程等 5 个系列 20 多个牌号的加氢裂化催化剂。表 7-8 给出 FRIPP 开发的馏分油加氢裂化催化剂。

表 7-8 FRIPP 开发的馏分油加氢裂化催化剂

催 化 剂 类 别	催 化 剂 名 称
单段串联最大量生产化工石脑油的轻油型催化剂系列	3825、3905、3955、FC-24
单段串联灵活生产中间馏分油和石脑油催化剂系列	3824、3882、3903、3971、3976、FC-12

催 化 剂 类 别	催 化 剂 名 称
单段串联最大量生产中间馏分油的高中油型催化剂系列	3901、3974、FC-16、FC-20、FC-26
单段加氢裂化工艺过程催化剂系列	
无定型催化剂	3973、ZHC-02
分子筛催化剂	3912、ZHC-01、ZHC-04、FC-14、FC-28

催化剂的研制可以根据不同需要，灵活调整载体的硅铝比、比表面积、孔径大小、孔分布、金属活性组分及酸强度等载体的主要性质，制备不同活性、选择性、适用于不同加氢裂化工艺流程及生产目的的加氢裂化催化剂和加氢裂化预精制催化剂。在催化剂制备方法方面，掌握了共沉法、打浆法、混捏法、浸渍法和离子交换法等技术；在催化剂成型方面，掌握了抹板、压片、滚球、油氨柱成球和挤条等技术。同时开发出了灵活生产中间馏分油和化工石脑油的灵活型系列催化剂和最大量生产中间馏分油的高中油型系列催化剂。

目前催化剂的研究重点放在新的沸石分子筛、无定型硅铝、氧化铝和超微粒金属材料等催化材料的研究开发。对 Y、β、SAPO、ZSM-5 等沸石分子筛进行合理改性，对纳米金属材料、非晶态合金和贵金属等进行开发和应用。此外，对介孔、中孔(如 MCM-41 等)和超细晶粒沸石分子筛(如纳米沸石分子筛)的研究也特别引人关注。

第八章　石油的热加工过程

石油的热加工是指主要靠热的作用，将重质原料油转化成气体、轻质油、燃料油或焦炭的一类工艺过程。在现代炼油工业，热加工过程仍然起着重要的作用，是目前渣油加工中最有效的手段之一，特别是劣质渣油深加工中采用最广泛的工艺过程。随着炼化一体化和石油化工的发展，渣油热转化所产石脑油已经是我国乙烯生产的重要原料来源，从而进一步促进了渣油热加工工艺的发展。热加工也是原油的二次加工过程，主要包括：热裂化、减黏裂化和焦化。

热裂化工艺是以常压重油、减压馏分油或焦化蜡油等重质油为原料，以生产汽油、柴油、燃料油以及裂化气为目的的工艺过程。热裂化在我国石油炼制技术的发展过程中曾起过重要作用。但由于其产品质量欠佳，开工周期较短，因此，20世纪60年代后期以来，热裂化已逐渐被催化裂化所取代。国内原有的热裂化装置大部分已被改造为其他装置。不过，随着重油轻质化工艺的不断发展，热裂化工艺又有了新的发展，国外已经采用高温短接触时间的固体流化床热裂化技术，处理高金属、高残炭的劣质渣油原料。

石油热加工中的减黏裂化和延迟焦化，由于其产品有特殊用途，因而目前仍为重油深度加工的重要手段。近年来又有新的进展，其作用在不断扩大。

减黏裂化是一种降低渣油黏度的轻度热裂化加工方法，其主要目的是使重质燃料达到使用或进一步加工的要求。

焦化工艺是一种成熟的重油深度加工方法，其主要目的是使渣油进行深度热裂化，生产焦化汽油、柴油、催化裂化原料和石油焦。

本章在热加工原理的基础上只对减黏裂化和焦化过程作些简单介绍。

第一节　热加工过程的基本原理

热裂化、减黏裂化及焦化等热加工过程的共同特点是：原料油在高温下进行一系列化学反应。这些反应中最主要的有两大类：一类是裂解反应，为吸热反应，使大分子烃类裂解成小分子烃类，因此可以从重质原料油得到裂解气、汽油和中间馏分；另一类是缩合反应，为放热反应，即原料以及反应生成的中间产物中的不饱和烃和某些芳香烃缩合成比原料分子还大的重质产物，例如裂化残油和焦炭等。至于烃类的分子量不变而仅仅是分子内部结构改变的异构化反应，则在不使用催化剂的条件下一般是很少发生的。

热加工的原料多为重质油，其烃类组成十分复杂，这类油品的热转化过程也非常复杂。本书不涉及热反应的反应机理（即反应进行的实际历程），仅按上面所指出两类反应的最终结果，从化学反应角度进一步说明热加工过程的基本原理，认识各类烃及渣油在热加工过程中的反应特点。

一、热加工中各类烃的热化学反应

1. 烷烃

烷烃在高温下发生的热反应主要有两类：

（1）碳—碳键断裂生成较小分子的烷烃和烯烃；

（2）碳—氢键断裂生成炭原子数保持不变的烯烃及氢。

上述两类反应均为强吸热反应，但由于 C—H 键的键能大于 C—C 键，因此 C—C 键更易于断裂，因此烷烃的裂解反应大部分是烃类分子 C—C 链断裂，裂解产物是小分子的烷烃和烯烃。反应式为：

$$C_nH_{2n+2} \longrightarrow C_mH_{2m} + C_qH_{2q+2}$$

以十六烷为例：

$$C_{16}H_{34} \longrightarrow C_7H_{14} + C_9H_{20}$$

生成的小分子烃还可进一步反应，生成更小的烷烃和烯烃，甚至生成低分子气态烃。

温度和压力对烷烃的裂解反应有重大影响。温度在 500℃ 以下，压力很高时，烷烃断链位置一般在碳链中央，这时气体产率低；温度在 500℃ 以下，压力较低时，断链位置移到碳链一端，此时气体产率增加。

正构烷烃裂解时，容易生成甲烷、乙烷、乙烯、丙烯等低分子烃。

2. 环烷烃

环烷烃热稳定性较高，在高温（500～600℃）下环烷烃的热反应主要是烷基侧链断裂和环烷环的断裂，前者生成较小分子的烯烃或烷烃，后者生成较小分子的烯烃及二烯烃。单环环烷烃的脱氢反应须在 600℃ 以上才能进行，但双环环烷烃在 500℃ 左右就能进行脱氢反应，生成环烯烃，进一步脱氢会生产芳香烃。

环烷烃在高温下可发生下列反应：

（1）单环环烷烃断环生成两个烯烃分子。如：

$\longrightarrow C_2H_4 + C_3H_6$

$\longrightarrow C_2H_4 + C_4H_8$

环己烷在更高的温度（700～800℃）下，也可裂解成烯烃和二烯烃。

$\longrightarrow CH_2=CH_2 + CH_2=\overset{H}{C}-\overset{H}{C}=CH_2$

（2）环烷烃在高温下发生脱氢反应生成芳烃。如：

低压对反应有利，双环环烷烃在高温下脱氢可生成四氢萘。

（3）带长侧链的环烷烃在裂化条件下，首先侧链断裂，然后才是开环。侧链越长越容易断裂。如：

$$-C_{10}H_{21} \longrightarrow -C_5H_{11} + C_5H_{10}$$

各类烃裂化顺序为：烷烃>烯烃>环烷烃。

3. 芳香烃

芳香烃极为稳定，一般条件下芳环不会断裂，但在较高温度下会进行脱氢缩合反应，生成环数较多的芳烃，直至生成焦炭。带烷基侧链的芳烃在受热条件下主要是发生侧链断裂或脱烷基反应。至于侧链的脱氢反应则须在更高的温度（650～700℃）下才会发生。

4. 环烷芳香烃

环烷芳香烃的反应按照环烷环和芳香环之间的连接方式不同而有区别。例如，在加热条件下， (图) 类型的烃类的第一步反应为连接两环的键断裂，生成环烯烃和芳香烃，在更苛刻的条件下，环烯烃能进一步破裂开环。 (图) 类型的烃类的热反应主要有三种：环烷环断裂生成苯的衍生物，环烷环脱氢生成萘的衍生物，以及缩合生成高分子的多环芳香烃。

5. 烯烃

直馏馏分油和渣油中一般不含有烯烃，但从各种烃类热反应中都可能产生烯烃。这些烯烃在加热的条件下会进一步裂解，同时与其他烃类交叉地进行反应，致使反应变得极其复杂。

烯烃在低温、高压下，主要的反应是叠合反应。当温度升至400℃以上时，裂解反应开始变得重要。烯烃热反应产物的馏程范围很宽，且反应产物中存在有饱和烃、环烷烃和芳香烃。当温度超过600℃时，除裂解反应外，烯烃缩合成芳香烃、环烷烃和环烯烃的反应会变得重要起来。

烯烃分子的断裂反应与烷烃有相似的规律。

6. 胶质、沥青质

胶质、沥青质是石油中最重的组分，主要是由多环、稠环和各种杂原子所构成，且是分子量分布范围很宽、环数及其稠合程度差别很大的复杂混合物。缩合程度不同的分子中含有不同长度的侧链及环间的链桥，因此，胶质及沥青质在热化学反应中，除了发生缩合反应生成焦炭外，也会发生断侧链、断链桥等反应，生成较小的分子。

由以上讨论可知，各类烃在加热条件下，热反应主要分为裂解与缩合两个方向。裂解反应产生较小的分子(如气体烃)，而缩合反应则生成较大的分子(如稠环芳香烃)。而高度缩合的结果就会产生胶质、沥青质，最后生成碳氢比很高的焦炭。

二、热加工中渣油的热化学反应

渣油是多种烃类及非烃类化合物组成的极为复杂的混合物，其组分的热化学反应行为自然遵循各类烃的热化学反应规律。但作为一种极其复杂的混合物，渣油的热化学反应有其自身的特点。

（1）渣油热化学反应比单体烃更明显地表现出平行–顺序反应的特征。图8-1反映了渣油热反应产物分布随时间的变化规律。可以看出，随着反应深度的增大，反应产物的分布也在变化。作为中间产物的汽油和中间馏分油的产率，在反应进行到某个深度时会出现最大值，而作为最终产物的气体和焦炭则在某个反应深度时开始产生，并随着反应深度的增大而单调地增大。

（2）渣油热反应时更容易生焦，除了由于渣

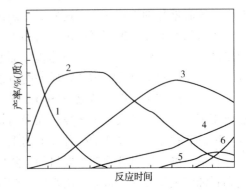

图8-1　渣油热反应产物分布随时间的变化
1—原料；2—中间馏分；3—汽油；
4—裂化气；5—残油；6—焦炭

173

油自身含有较多的胶质和沥青质外，还因为不同族的烃类之间的相互作用促进了生焦反应。芳香烃的热稳定性高，在单独进行反应时，不仅裂解反应速度低，而且生焦速度也低。但若将芳烃与烷烃或烯烃混合后进行热反应，则生焦速度会大大提高。

根据大量实验结果，热反应中焦炭的生成过程大致如下：

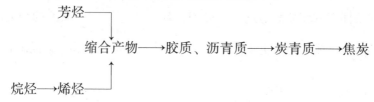

可见，原料的化学组成对生焦有很大影响，原料中芳烃、胶质及沥青质的含量越多越易生焦。

随着人们对渣油热化学反应机理认识的日益深入和计算机技术的高速发展，目前国际上正在朝着从最根本、更科学的指标来控制结焦速率，以完善焦化炉结构的优化设计。国外石油大公司在新设计焦化炉时，主要以控制介质大于426℃的停留时间不超过40s及确保焦化炉出口热转化率不超过10%为基础设计条件。为确保焦化炉管不发生严重结焦，中国石油大学重质油国家实验室提出用最高油膜温度、管内两相流流型和焦化炉炉出口裂解深度三参数，作为判断焦化炉管内介质流动及反应过程是否处于"正常延迟状态"的依据。

第二节 减黏裂化

减黏裂化是重质黏稠减压渣油经过浅度热裂化降低黏度，使之可少掺或不掺轻质油而达到燃料油质量要求的热加工工艺。在降低黏度的同时，还可降低渣油的凝点，并副产少量气体和裂化汽油、柴油馏分等。因此，减黏裂化是一种浅度热裂化过程，其主要目的在于减小原料油的黏度，生产合格的重质燃料油和少量轻质油品，也可为其他工艺过程（如催化裂化等）提供原料。减黏裂化具有投资少、工艺简单、效益高的特点。

一、减黏裂化的发展过程及其在重油加工中的地位

减黏裂化兴起于20世纪30、40年代，当时采用这一工艺是为增产汽油和降低燃料油的黏度。随着催化加工技术的迅速发展，热加工过程逐渐被催化加工过程所取代，减黏裂化也面临被淘汰的局面。近年来，由于石油市场对重质燃料油的需求量减少，对中间馏分油的需求量增加以及原料重质化、劣质化程度加剧，随着重油深度加工问题的出现，使减黏裂化作为一种减小燃料油黏度、增产轻质油的重油加工手段重新受到重视，并得到较快发展。如尤利卡工艺、高转化率塔式裂化（HSC）工艺、壳牌（Shell）公司的深度热裂化工艺及水热减黏裂化工艺等，使减黏裂化工艺技术在提高转化率、增产馏分油方面有了新的发展。

减黏裂化是一种灵活的处理渣油的工艺。它可处理不同性质原油的常压和减压渣油。

目前，国内减黏裂化的主要目的是降低燃料油的黏度、改善倾点，使常压或减压渣油达到燃料油的规格要求。过去，用常压或减压渣油直接作为燃料油时，由于黏度等不能满足燃料油的规格要求，需要掺入相当数量的含蜡馏分油等轻质油品，经济上造成损失。通过减黏对渣油进行处理，使之少掺或不掺轻油而达到标准。这就相当于减少了燃料油产量，增加了轻油产量。

减黏裂化可以与其他工艺相结合，组成加工重质原料的组合工艺过程，可以从重质油品中获得更多的石油产品。例如，可与催化裂化、催化加氢、溶剂脱沥青结合组成不同生产目的的各种组合工艺。因此，在某些特定的情况下，减黏裂化仍不失为一条渣油轻质化、提高轻油收率的经济可行的工艺路线，不仅在目前，即使在将来减黏裂化仍是重油加工可供选择的工艺之一。

二、减黏裂化工业装置

（一）减黏裂化类型

减黏裂化工艺虽然简单，但根据不同情况，其类型颇多。

（1）按原料分类，可分为：常压渣油减黏裂化；减压渣油减黏裂化；沥青减黏裂化；含蜡渣油减黏裂化。

（2）按获得目的产品分类，可分为：生产船用和锅炉燃料油的减黏裂化；生产最大量馏分油的减黏裂化；生产最大量中间馏分的减黏裂化。

（3）按设备分类，可分为：带或不带反应塔(炉管式和塔式)的减黏裂化；带或不带减压分馏塔的减黏裂化；单炉或双炉裂化。

（二）工艺流程

由于主要目的产物不同，工艺类型、工艺流程、操作条件也有所不同。近年来，减黏裂化工艺已有很大改进。早期采用的下流式减黏工艺，反应物料在反应塔自上向下流动，进行气液两相反应，反应温度高、停留时间长、开工周期短。后来发展的炉管式减黏裂化是下流式减黏的改进，停留时间很短、开工周期稍长。再后来开发的上流式减黏裂化，主要反应仍在反应塔内进行，但反应物料进行的是液相反应，返混少、反应均匀，同时反应温度低、结焦很少、装置运转周期长。图8-2为上流式减黏裂化工艺原理流程。这一工艺已在我国大多数炼油厂采用。

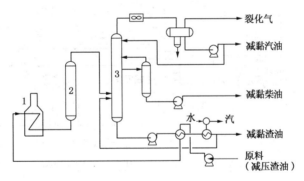

图 8-2　上流式减黏裂化工艺流程

1—加热炉；2—反应塔；3—分馏塔

原料油(常压或减压渣油)从原料罐中用泵抽出送入加热炉(或相继进入加热炉和反应塔)，进行裂化反应后的混合物送入分馏塔。为尽快终止反应，避免结焦，必须在进分馏塔之前的混合物和分馏塔底打进急冷油。从分馏塔分出气体、汽油、柴油、蜡油及减黏渣油。

上述流程可按两种减黏类型操作。加热炉后串联反应塔，则为塔式减黏；不串反应塔，则为炉管式减黏。

根据热加工过程的原理，减黏裂化是将重质原料裂化为轻质产品，从而降低黏度；但同时又发生缩合反应，生成焦炭，焦炭会沉积在炉管上，影响开工周期，且所产燃料油安定性差。因此，必须控制一定的转化率。

为了达到要求的转化率，可以采用低温长反应时间，也可以采用高温短反应时间。反应温度与停留时间的关系见表8-1。

表8-1 反应温度与停留时间的关系

反应温度/℃	停留时间/min	反应温度/℃	停留时间/min
410	32	470	2
425	16(塔式减黏)	485	1(炉管式减黏)
440	8	500	0.5
455	4		

目前，国内减黏裂化装置的主要任务是最大限度地降低燃料油黏度，节省燃料油调和时所需的轻质油，从而增产轻质油。即不是以生产轻质油品为主要目的，所以对反应深度要求不高，适宜采用上流反应塔式减黏工艺。

把渣油转化为馏分油用作后续转化装置的原料是目前减黏裂化过程的一种应用。采用带减压塔的减黏裂化流程(见图8-3)可以生产重瓦斯油，用作催化裂化或加氢裂化的原料油。减压塔底的渣油可用作炼油厂的自用燃料，多余部分可做为燃料油组分调入商品燃料油中。采用此流程可将减压渣油的25%～40%转化为轻馏分油。

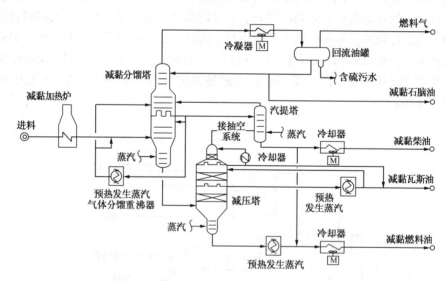

图8-3 带减压闪蒸的减黏裂化工艺流程图

采用减黏裂化-溶剂脱沥青联合工艺过程是最大量生产催化裂化原料油的工艺方案。联合过程原则流程如图8-4所示。减压渣油先进行减黏裂化，减黏裂化的减压渣油作为溶剂脱沥青的进料。脱沥青油和减黏裂化的重瓦斯油混合作为催化裂化的原料油，但要注意混合油的性质，有可能需要对混合油进行加氢处理。采用此联合工艺，<510℃馏分油的收率可达76%左右，若在增加胶质循环处理，<510℃馏分油的收率则提高到79%。

以降低燃料油黏度为目的减黏裂化，需要在较低的苛刻度下操作，转化率一般为6%～7%；若要求最大量地生产中馏分油，则需要在高苛刻度下操作，转化率可提高到8%～12%，但此时减黏渣油的安定性会变差。另一种提高中馏分油的方案是采用减黏裂化-热裂化联合流程。这时减黏裂化的重瓦斯油直接进入热裂化加热炉，中馏分油收率可以提高1~2倍。

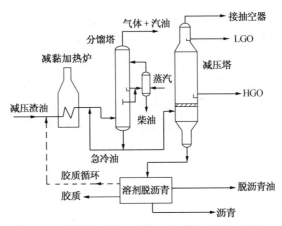

图 8-4　减黏裂化-溶剂脱沥青联合过程生产催化裂化原料油原则流程图

第三节　焦炭化过程

一、概述

焦炭化（简称焦化）是深度热裂化过程，也是处理渣油的手段之一。它又是唯一能生产石油焦的工艺过程，是任何其他过程所无法代替的。尤其是某些行业对优质石油焦的特殊需求，致使焦化过程在炼油工业中一直占据着重要地位。

焦化是以贫氢重质残油（如减压渣油、裂化渣油以及沥青等）为原料，在高温（480~500℃）下进行深度热裂化反应。通过裂解反应，使渣油的一部分转化为气体烃和轻质油品；由于缩合反应，使渣油的另一部分转化为焦炭。一方面因原料重，含相当数量的芳烃；另一方面焦化的反应条件苛刻，故缩合反应占很大比重，生成焦炭多。炼油工业中曾经用过的焦化方法主要是釜式焦化、平炉焦化、接触焦化、延迟焦化、流化焦化和灵活焦化等。

釜式及平炉焦化均为间歇式操作，由于技术落后，劳动强度大，早已被淘汰。

接触焦化也叫移动床焦化，以颗粒状焦炭为热载体，使原料油在灼热的焦炭表面结焦。接触焦化设备复杂，维修费用高，工业上没得到发展。

流化焦化的特点是采用流化床进行反应，生产连续性强，效率高。流化焦化技术的过程较复杂，新建装置投资大，应用较少，仅占焦化总能力的20%左右，但所产的石油焦可流化，用于流化床锅炉较方便。近年来，流化床锅炉的推广应用使流化焦化技术的竞争力有所增强。

灵活焦化在工艺上与流化焦化相似，只是多设了一个流化床的汽化器。在汽化器中，生成的焦炭与空气在高温（800~950℃）下反应产生空气煤气。因此灵活焦化过程除生产焦化气体、液体外，还生产空气煤气，但不生产石油焦。灵活焦化过程虽解决了焦炭问题，但因其技术和操作复杂、投资高，且大量低热值的空气煤气出路不畅，近年来并未获得广泛应用。

延迟焦化应用最广泛，是炼油厂提高轻质油收率和生产石油焦的主要手段，在我国炼油工业中将继续发挥重要作用。本节主要介绍延迟焦化生产过程。

二、延迟焦化

延迟焦化是一个成熟的减压渣油加工工艺,多年来一直作为一种重油深加工手段。近年来随着原油性质变差(指含密度、含硫量等增大)、重质燃料油消费的减少和轻质油品需求的增加,焦化能力增加的趋势很快。延迟焦化装置目前已能处理包括直馏(减黏、加氢裂化)渣油、裂解焦油和循环油、焦油砂、沥青、脱沥青焦油、澄清油以及煤的衍生物、催化裂化油浆、炼厂污油(泥)等多种原料。处理原料油的康氏残炭为3.8%~45%(质)或以上,比重指数°API为2~20。因此,焦化装置是目前炼厂实现渣油零排放的重要装置之一。

采用延迟焦化工艺加工重质油料,可以得到高达78%的馏分油收率。所得馏分油中,汽油馏分较少,柴汽比可达2.3左右,经加氢精制后,柴油质量能达到规格要求,基本满足我国市场对中间馏分油增长的需求。焦化蜡油是收率最高的馏分(约占35%),可作为催化裂化或加氢裂化的原料。

延迟焦化的特点是:原料油在管式加热炉中被急速加热,达到约500℃高温后迅速进入焦炭塔内,停留足够的时间进行深度裂化反应,使得原料的生焦过程不在炉管内而延迟到塔内进行。这样可避免炉管内结焦,延长运转周期,这种焦化方式就称为延迟焦化。延迟焦化装置的生产工艺分为焦化和除焦两部分,焦化为连续操作,除焦为间歇操作。由于工业装置一般设有两个或四个焦炭塔,所以整个生产过程仍为连续操作。

(一)工艺流程

延迟焦化装置的工艺流程有不同的类型,就生产规模而言,有一炉两塔(焦炭塔)、两炉四塔、三炉六塔、四炉八塔等流程。图8-5是典型的一炉两塔延迟焦化工艺流程。

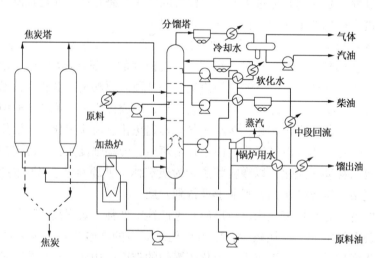

图8-5 一炉两塔延迟焦化工艺流程

原料经预热后,先进入分馏塔下部,与焦化塔顶过来的焦化油气在塔内接触换热,一是使原料被加热,二是将过热的焦化油气降温到可进行分馏的温度(一般分馏塔底温度不宜超过400℃),同时把原料中的轻组分蒸发出来。焦化油气中相当于原料油沸程的部分称为循环油,随原料一起从分馏塔底抽出,打入加热炉辐射室,加热到500℃左右,通过四通阀从底部进入焦炭塔,进行焦化反应。为了防止油在炉管内反应结焦,需向炉管内注水,以加大管内流速(一般为 2m/s 以上),缩短油在管内的停留时间,注水量约为原料油的 2%。

进入焦炭塔的高温渣油,需在塔内停留足够时间,以便充分进行反应。反应生成的油气从焦炭塔顶引出进分馏塔,分出焦化气体、汽油、柴油和蜡油,塔底循环油与原料一起再进行焦化反应。焦化生成的焦炭留在焦炭塔内,通过水力除焦从塔内排出。

焦炭塔采用间歇式操作,至少要有两个塔切换使用,以保证装置连续操作。每个塔的切换周期,包括生焦、除焦及各辅助操作过程所需的全部时间。生焦时间与原料性质,特别是原料残炭值及焦炭质量的要求有关(特别是焦炭的挥发分含量),一般约 24h。目前发展趋势是缩短生焦周期,生焦时间控制在 16~22h,从而提高装置利用效率。而对两炉四塔的焦化装置,一个周期约 48h,其中生焦过程约占一半。生焦时间的长短取决于原料性质以及对焦炭质量的要求。

(二) 工艺条件和主要影响因素

1. 原料性质

延迟焦化原料的性质(如残炭值、密度、馏程、烃组成、硫及灰分等杂质含量等)在很大程度上决定了焦炭化过程的产品产率及其性质。

一般来说,随着原料油的密度增大,焦炭产率增大。原料油的残炭值的大小是原料油成焦倾向的指标,经验证明,在一般情况下焦炭产率约为原料油残炭值的 1.5~2.0 倍。

原料油性质还与加热炉炉管内结焦的情况有关。有的研究工作者认为性质不同的原料油具有不同的最容易结焦的温度范围,此温度范围称为临界分解温度范围。原料油的特性因数(K)值越大,则临界分解温度范围的起始温度就越低。在加热炉加热时,原料油应以高流速通过处于临界分解温度范围的炉管段,缩短在此温度范围中的停留时间,从而抑制结焦反应。

另外,原油中所含的盐类几乎全部集中到减压渣油中。在焦化炉管里,由于原料油的分解、汽化,使其中的盐类沉积在管壁上。由此,焦化炉管内结的焦实际上是缩合反应产生的焦炭与盐垢的混合物。有些重金属盐类的存在促进脱氢反应,进而促进缩合生焦,为了延长开工周期,必须限制原料油的含盐量。

2. 加热炉出口温度

加热炉出口温度是延迟焦化装置的重要操作指标,直接影响到炉管内和焦炭塔内的反应深度,从而影响到焦化产物的产率和性质。

对于同一种原料,加热炉出口温度升高,反应速度和反应深度增大,气体、汽油和柴油的产率增大,而蜡油的产率减小。焦炭中的挥发分由于加热炉出口温度升高而降低,因此使焦炭的产率有所减小。

加热炉出口温度对焦炭塔内的泡沫层高度也有影响。泡沫层本身是反应不彻底的产物,挥发分高。因此,泡沫层高度除了与原料起泡沫性能有关外,还与加热炉出口温度直接有关。提高加热炉出口温度,可以使泡沫层在高温下充分反应和生成焦炭,从而降低泡沫层的高度。

加热炉出口温度的提高受到加热炉热负荷的限制,提高加热炉出口温度也会使炉管内结焦速度加快及造成炉管局部过热而发生变形,缩短了装置的开工周期。因此,必须选择合适的加热炉出口温度。对于容易发生裂化和缩合反应的重原料和残炭值较高的原料,加热炉出口温度可以低一些。

延迟焦化装置加热炉出口温度一般控制在 480~500℃。

3. 循环比

循环比是反应产物在分馏塔分出的塔底循环油与新鲜原料油的流量之比。原料油性质对选择适宜的单程裂化深度和循环油和循环比有重要影响。对于较重的、易结焦的原料，由于其黏度大、沥青质含量高、残炭值大，单程裂化深度受到限制，就要采用较大的循环比。通常对于一般原料，循环比为 0.1~0.5；对于重质、易结焦原料，循环比较大，有时达 1.0 左右。循环比降低，馏分油收率增加，有些炼厂采用低循环比或超低循环比，循环比甚至降至0.05，焦炭产率降至残炭值的 1.3 倍以下，但采用低循环比操作时，蜡油性质变劣，影响后续加工。因此在加工劣质渣油时，焦化蜡油性质很差，有的炼厂就采用蜡油全循环，以多产汽柴油馏分为目的，但是焦炭产率也会随之上升。

4. 系统压力

系统压力直接影响到焦炭塔的操作压力。焦炭塔的压力下降使液相油品易于蒸发，也缩短了气相油品在塔内的停留时间，从而降低了反应深度。一般来说，压力降低会使蜡油产率增大而使柴油产率降低。为了取得较高的柴油产率，应采用较高的压力；为了取得较高的蜡油产率则应采用较低的压力。一般焦炭塔的操作压力在 1.2~2.8atm，但在生产针状焦时，为了使富芳烃的油品进行深度反应，采用约 7.0atm 的操作压力。

除了反应条件外，焦炭塔的设计、加热炉的设计等都会对装置的开工周期、能耗等起直接的和重要的影响。近年来，已经可以用计算机计算加热炉中每一根炉管的温度、管内的汽化率、流速和反应速度等，使焦化加热炉的设计更为合理。

（三）延迟焦化过程的主要设备

1. 焦化加热炉

与常规加热炉相同，焦化加热炉主要由辐射室、对流室、烟囱及烟气余热回收系统几部分构成。辐射室为焦化加热炉的主要传热部位，其吸热量约为总吸热量的 65%~75%，在辐射室内约 80%以上的热量是由热辐射来完成，其余部分是由高温烟气和炉管间对流传热来完成，因此良好的辐射炉管布置对均匀地吸收辐射热量是非常重要的。单排管双面辐射与单排管单面辐射(加反射)比较起来，其最大的优点是热流沿炉管圆周分布均匀，因而其辐射管表面热强度是单面辐射的 1.5 倍。换句话说，辐射管的总长度可缩短 33%，即停留时间缩短 33%。这对要求油料在温度 427℃以上要尽量缩短停留时间的焦化炉是非常有利的。

由于焦化加热炉特点是管内油品重、加热温度高，且管内油品存在着汽化和复杂的裂解及缩合化学反应，炉管内部特别容易产生结焦现象，所以必须在流速快、停留时间短、热强度高的操作条件下，使油品在加热炉内能够迅速达到焦化所需温度。为适应这些特点，保证管内介质在理想流形状况下均匀受热，焦化加热的炉辐射管一般均采用水平方向布置。因为立管炉与水平管加热炉比较，主要有两大缺点：一是两相流在立管内的良好流形范围很窄，特别容易出现不良流型，油料因局部过热而裂解缩合、结焦。二是在底烧条件下每根立管都要通过炉膛高温区，对于焦化炉这样苛刻的操作条件，很容易造成整个辐射室炉管全部烧坏的重大事故。这些就是焦化炉不用立管的主要原因。

按照辐射室形状划分，焦化加热炉可分为立式炉、箱式炉和阶梯炉三种炉型；按照辐射管受热方式划分，焦化加热炉可分为单面辐射炉和双面辐射炉两种；按照辐射室内炉膛数量划分又可分为单室炉、双室炉及多室炉。如果将以上不同划分方式产生的炉型进行组合即可得出多种可供选择的炉型。

在焦化装置循环比为 0.2~0.4 范围内，焦化加热炉可根据装置处理量的大小选择管程数及炉膛数量，推荐设计炉型见表 8-2。

表 8-2 焦化加热炉推荐炉型

焦化装置处理量/（×10⁴t/a）	小于 30	30~60	60~120
单面辐射炉	单室 2 管程水平管立式炉	单室 2 管程水平管立式炉	双室 4 管程水平管箱式炉
双面辐射炉	单室 1 管程水平管立式炉 单室 1 管程水平管阶梯炉	单室 2 管程水平管箱式炉 双室 2 管程水平管箱式炉 双室 2 管程水平管阶梯炉	4 室 4 管程水平管箱式炉 4 室 4 管程水平管阶梯炉

焦化加热炉炉管选材主要考虑管壁温度、管内介质腐蚀和钢材高温强度等三个方面的问题。以前国内大多数焦化加热炉炉管材料为 Cr5Mo（A335 P5），但当炉出口温度高达 500℃，管内结焦达到一定厚度时，炉内最高壁温可达 600℃以上，甚至超过氧化速率迅速上升的拐点温度，即抗氧化极限温度。由于 Cr5Mo 材质炉管的最高使用温度为 600℃，抗氧化极限温度为 650℃，因此采用 Cr5Mo 材质炉管的焦化炉大多存在高温区炉管严重氧化爆皮的现象，须定期更换，从而影响了焦化炉的长周期操作。国内目前各炼厂的焦化炉设计已相继采用 Cr9Mo 炉管。

燃烧器类型及性能对焦化炉操作的好坏有着极其重要的作用。为满足炉管表面热强度及烟气温度沿炉管长度方向上分布均匀性要求，焦化加热炉采用小能量扁平火焰的气体燃烧器较为合适。

国内目前所有的焦化加热炉均设置了余热回收系统，利用对流室的烟气来预热燃烧空气，降低了最终的排烟温度，设计热效率一般均在 90%以上。

2. 焦炭塔

焦炭塔是一个直立圆柱壳压力容器，顶部是球形或椭圆形封头，下部是锥体，见图 8-6。直径范围通常 4.6~9.8m，高约 25~35m。在顶部有直径为 600~900mm 的盲板法兰（即钻焦口），底部有 1400~1800mm 的盲板法兰（即卸焦口），该盲板法兰上有 150~450mm 的渣油入口接管。裙座位于连接壳体与锥体的焊缝区域，用来支撑塔体。通常焦炭塔是用碳钢、C-1/2Mo、1Cr-1/2Mo、1.25Cr-1/2Mo 和 2.25Cr-1.0Mo 钢制造，其壁厚通常在 14~42mm。

加工含硫原油时，焦炭塔壳体可采用不锈钢复合板制造，复层为厚 2.0~3.2mm 的 405 或 410S 型不锈钢，以抵抗腐蚀。

焦炭塔设计压力范围为 0.2~0.8MPa，一般为 0.25~0.35MPa；操作温度为 440~495℃。

焦炭塔外保温通常采用 120~180mm 的玻璃纤维或复合硅酸盐等保温材料，并用铝合金薄板或不锈钢薄板作为保护层。安全阀位于焦炭塔顶部，料位测量通常用中子料位计或 γ 射线料位计，安装于塔体外表面。

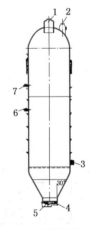

图 8-6 焦炭塔结构示意图
1—除焦口；2—泡沫塔油气出口；
3—预热油气出口；4—进料管；
5—排焦口；6，7—钻 60 料面计口

焦炭塔上封头过去常采用球形封头，其优点是受力条件好、耗材少，最近较多采用椭圆封头（2：1），其优点在于保证塔顶标高不变(即钻杆长度不变)的情况下，能增加焦炭塔筒体段的有效体积。以直径8800mm的焦炭塔为例，将球形封头改为椭圆封头后能增加体积44.6m³。

焦炭塔下部进料口的接管结构形式大致有三种，即从侧面进入、水平并呈向上倾斜方向进入和轴向进入。操作经验表明，500℃左右的原料油从侧面进入焦炭塔会造成塔底加热不均匀，所引起的变形促使塔体倾斜并产生裂纹、膨胀和其他缺陷，导致塔的可靠性下降；当原料油入口接管呈水平方向和呈向上倾斜方向配置时，对面的器壁受较强烈加热而产生附加应力；若原料油在中心轴向进入，则可以保证设备均匀加热，焦炭塔操作的可靠性增大，这种结构设计使变形减少。目前国内焦炭塔大多采用轴向进料方式。当焦炭塔底采用自动卸焦阀或自动卸盖机时，原料油必须从侧面进入，但进料段应有特殊结构设计。

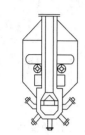

联合切焦器结构示意图

二位四通阀结构示意图

图8-7 联合钻孔切焦器结构图

3. 水力除焦设备

完成反应的焦炭塔，经吹气、水冷后，约2/3塔高内部充满坚硬的焦炭。目前，普遍采用水力除焦方式从塔内排出焦炭。其原理是利用10～12MPa的高压水通过水龙带从一个可以升降的焦炭切割器，如国内自行研制的自动转换的联合钻孔切焦器(见图8-7)喷出，把焦炭切碎，使之与水一起从塔底排出。

水力除焦装置有两种形式：有井架除焦装置和无井架除焦装置(见图8-8和图8-9)。两种形式各有利弊(见表8-3)。

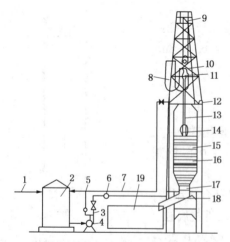

图8-8 有井架水力除焦装置示意图

1—进水管；2—高位储水罐；3—泵出口管；
4—高压水泵；5—压力表；6—水流量表；
7—回水管；8—水龙带；9—天车；
10—水龙头；11—风动马达；12—绞车；
13—钻杆；14—水力除焦器；15—焦炭塔；
16—焦炭；17—保护筒；18—28°溜槽；19—储焦场

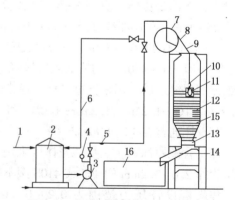

图8-9 无井架水力除焦装置示意图

1—进水管；2—高位储水槽；3—高压水泵；
4—压力表；5—水流量表；6—回水管；7—滚筒；
8—高压水龙带；9—水龙带导向装置；
10—水力涡轮旋转器；11—水力切焦器；
12—焦炭塔；13—保护筒；14—28°溜槽；
15—焦炭；16—储焦场

表 8-3　两种除焦装置比较

	优　　点	缺　　点
有井架	（1）操作安全可靠，不易发生故障 （2）水龙带耗量少，维修费用低 （3）除焦快，耗电少 （4）能切割强度较高的油焦	（1）一次投资高 （2）钢材耗量大 （3）井架顶部滑轮加油及高空维修困难
无井架	一次投资少，节省钢材（约为有井架钢材用量的 30%）	（1）水龙带耗量大，为有井架的 10~20 倍 （2）除焦时间长（比前者长一倍） （3）涡轮旋转器容易发生故障 （4）操作维修费用高

（三）延迟焦化过程的产品

延迟焦化过程的产品包括气体、汽油、柴油、蜡油和石油焦，产品分布与原料油的性质有关。由于焦化属深度热裂化过程，其产品性质具有明显的热加工特性。

1. 气体

焦化气体含有较多的甲烷、乙烷和少量烯烃，也含有一定量的 H_2S。可作为燃料，也可作为制氢及其他化工过程的原料。

2. 汽油

焦化汽油中不饱和烃含量（如烯烃）较高，且含有较多的硫、氮等非烃化合物，因此其安定性较差。其辛烷值随原料及操作条件不同而异，但辛烷值一般较低，马达法辛烷值仅 60 左右。焦化重汽油馏分经过加氢处理后可作为催化重整原料。

3. 柴油

焦化柴油和焦化汽油有相同的特点，安定性差，且残炭较高，以石蜡基原油的减压渣油为原料时所得焦化柴油的十六烷值较高，可达 50 左右。焦化柴油也需经加氢精制后才能成为合格产品。

由于在焦化过程中，转化为焦炭的烃类所释放的氢转移至蜡油、柴油和气体中，且原料中的氢转移方向不同于催化裂化，因此焦化柴油的质量明显好于催化柴油。

4. 蜡油

焦化瓦斯油（CGO）一般指 350~500℃ 的焦化馏出油，国内通常称为焦化蜡油。焦化蜡油与同一原油的直馏减压瓦斯油（VGO，也叫直馏蜡油）相比，主要区别是重金属含量较低，硫、氮、芳烃、胶质含量和残炭值均高于 VGO，而饱和烃含量却较低，多环芳烃含量较高，可以作为催化裂化或加氢裂化装置的原料。但是，用焦化蜡油作为催化裂化的原料时，由于碱性氮化物含量较高而引起催化剂严重失活，降低催化裂化的转化率并恶化产品分布。因此只能作为催化裂化的掺兑原料，一般只能掺兑 20% 左右。

由于焦化蜡油的组成特点对催化裂化装置操作不利，因此用作催化裂化原料时，最好先经过加氢，可采用的加氢过程为加氢处理和缓和加氢裂化。

5. 石油焦

石油焦是延迟焦化过程的特有产品。石油焦按其外形及性质分为普通焦和优质焦（即针状焦），具体地可以分为海绵状焦、蜂窝煤焦和针状焦。由于我国的原油以石蜡基原油为主，渣油中的沥青质和硫含量均较低，因此延迟焦化生产的石油焦属于低硫的普通焦，一般含硫量都低于 2%。从焦炭塔出来的生焦含有 8%~12% 的挥发分，经 1300℃ 煅烧成为熟焦，挥发分可降至 0.5% 以下，应用于冶炼工业和化学工业。在焦化过程中究竟生成哪一类石油焦取决于原料的化学组成和反应条件。针状焦是一种具有很高经济价值及应用价值的材料。生产针状焦的原料要求密度高（>1.0g/cm³）、硫含量低（0.6%）、杂质含量低（要求灰分<0.01%）、正庚烷不溶物（即沥青质）含量低、不存在喹啉不溶物、富含芳香烃，但平均芳香环数最好小于3个。因此欲生产针状焦，首先要选择合适的原料。硫含量低、芳烃含量高且胶质沥青质含量低的重质油、高温裂解制乙烯所得的焦油、催化裂化澄清油、润滑油糠醛精制抽出油等均是生产针状焦良好的原料。

（四）延迟焦化工艺技术进展

延迟焦化工艺技术成熟、装置投资及操作费用较低以及对原料的要求不高，在加工重质油方面具有独特的优势，不仅能将各种重质渣油（或污油）转化为液体产品和特种石油焦，还能大大提高炼厂的柴汽比，尤其是渣油/石油焦的气化技术和焦化-汽化-汽电联产组合工艺得到不断地开发和应用，使其至今仍然是渣油深度加工的重要手段，渣油处理量居各种二次加工过程首位。目前，延迟焦化工艺在把渣油转化为更有价值的轻质产品和生产新材料方面仍发挥着重要的作用。在工艺流程，生产操作和设备设计等方面都有许多发展和创新。

近年来，延迟焦化工艺的技术进步主要体现在装置规模的大型化、提高装置的处理能力，提高装置的灵活性，通过优化操作使液体产品收率的最大化，扩大裂化原料和乙烯原料来源，降低装置能耗，处理炼厂废料等。同时，在开发阶梯式双面辐射焦化炉，开发并推广焦炭塔自动装卸设备，在线清焦，提高除焦效率，缩短除焦周期，控制弹丸焦，确保装置长周期运行等方面也取得了很大进步。

1. 装置规模大型化

炼油装置规模及设备的大型化、工艺装置处理能力的增大是当今炼油工业发展、进步的主要趋势之一。20世纪80年代初期，世界上最大的延迟焦化装置是美国Chevron公司的Pascagoula炼厂的装置，加工能力为3.01Mt/a，采用三炉六塔流程。目前世界上已投产的最大的延迟焦化装置是印度Re-liance公司炼厂的延迟焦化装置，加工能力为6.73Mt/a，采用四炉八塔流程。中国石油股份有限公司和委内瑞拉石油公司合资建设的广东揭阳炼厂，计划在2018~2022年建设全球最大的7.65Mt/a的延迟焦化装置。

2. 提高装置的操作灵活性

由于焦炭塔为间歇操作，焦化装置应能适应焦炭塔切换造成的波动，所以在装置设计上要求具有一定的灵活性。过去设计的延迟焦化装置只是为了满足现时的需要。20世纪90年代以后设计、建造的装置，则要求有更大的灵活性；既能满足目前需要，又能符合未来可能的变化（例如原料品种及质量、产品种类及质量的变化）。目前延迟焦化装置的灵活性包括能加工不同的原料油；能在不同的处理量下运转；能最大量地生产馏分油或最大量生产优质焦；能处理炼油厂废渣和不合格油；在有些情况下还要求焦化装置具有适应炼油厂总流程变化的灵活性，如目前按减粘裂化操作，将来再改为焦化操作。对于这种要求，需在设计上考虑到能在未来能以较小的投资和在尽量减少对生产影响的情况下改造装置。所以在延迟焦化装置的工艺设计中，应根据实际需要考虑装置的灵活性，使焦化装置具有较大的操作范围变化的适应能力，以满足不同操作方案的需要，达到不同的生产目的。

3. 通过优化操作使液体产品收率最大化

通过优化装置操作，延迟焦化装置在保证开工周期的前提下，可以最大量生产液体产品，要实现这一目标可采取的措施有：降低循环比；降低操作压力；提高操作温度；采用馏分油循环操作等。如采用343~427℃馏分作循环油时，就可以多产催化裂化原料油。

（1）降低循环比。为了提高液体产品收率，生产燃料焦的焦化装置以采用最低循环比为好。20世纪90年代中期以来，国外大多数新建或改建的延迟焦化装置普遍采用低压（0.105MPa）、超低循环比（联合循环比为1.05）或"0循环比"设计，加工原料是高硫、高金属减压渣油，生产目标是最大量生产液体产品和生产燃料级焦炭。实现低循环比操作，需要适当调整进料流程。例如，将去主分馏塔的减压渣油分流一部分，直接进加热炉。要降低循环比，可以减少主分馏塔下部重瓦斯油回流量，提高蒸发段和塔底温度，但这将引起塔底和炉管结焦，使开工周期缩短。因此，塔底温度不宜超过400℃。

采用低循环比操作，应以主分馏塔洗涤段能否有效洗涤来自焦炭塔的油气为极限，同时还应考虑焦化瓦斯油的质量。因随着循环比的降低，焦化重瓦斯油的干点、残炭值、硫及其他杂质含量均会升高。为了控制焦化重瓦斯油的质量，可以从焦化重瓦斯油抽出塔盘之下抽出一定量的重油。

（2）降低操作压力。近年来，延迟焦化工艺的发展趋势是降低操作压力达到提高液体收率、降低焦炭产率的目的。因此延迟焦化的设计和操作均朝着降低压力、降低循环比的方向改进。焦炭塔压力降至0.105~0.141MPa（甚至更低），循环比降至0.05，使得液体产品收率可以提高3%左右，焦炭产率可降低2%。由于影响焦化装置经济性的因素很多，操作压力应根据实际情况综合考虑，进行评估之后确定。

（3）提高操作温度。提高焦炭塔顶温度可以提高焦化石脑油收率、降低焦炭产率，但操作难度会增加。因此，对同一种原料而言，通过提高操作温度来改善焦化产品收率的可调节幅度很小。

（4）采用馏分油循环操作。与常规循环流程相比，利用焦化轻馏分油作循环油，可以实现提高液体产品收率、降低焦炭收率的目的。焦化石脑油、焦化柴油或重瓦斯油馏分均可用作循环油，但改善收率的效果不同。根据对产品种类和后继加工装置的能力确定采用循环馏分的馏程。随着采用馏分油馏程的不同，各类液体产品收率的变化也不同。例如：用343~427℃馏分作循环油时，重瓦斯油收率比用168~343℃的循环油要多；而柴油收率则低于后者。因此，使用343~427℃馏分作循环油时，炼油厂就需要有较大的重瓦斯油加工（如催化裂化）能力；若用168~343℃馏分作循环油时，就需要有较大的柴油（加氢）处理能力。因此，应按照炼厂需要的产品和炼油厂已有的后继加工装置能力来选择循环油的品种。

4. 多产裂化原料和扩大乙烯原料来源

目前炼油厂从优化油品产量和产品结构出发，提高焦化蜡油产率，扩大裂化原料油的供应量，以提高裂化装置（催化裂化或加氢裂化）的处理量，这是一种进一步提高轻油产量的有效措施。前述的降低循环比、采用焦化馏分油循环都是增产焦化蜡油的有效方法。

鉴于目前我国的裂解原料油以石脑油和中馏分油为主，在重油加工生产乙烯原料油中中，扩大焦化工艺的应用、增产裂解原料油具有重要的实际意义。通过调整延迟焦化的操作条件，提高汽油、柴油收率，可以扩大乙烯原料油的来源。延迟焦化采用大循环比操作，裂解原料油量将明显高于常规延迟焦化。把联合循环比提高至2.0，延迟焦化的轻质油（汽油+柴油）收率可达59.6%。所得的焦化汽油、柴油在较缓和的条件下、使用国产RN系列高效脱氮催化剂进行加氢精制后，可以得到优质的裂解原料。

5. 降低装置能耗

延迟焦化装置的能耗以燃料为主，约占装置总能耗的75%；用电约占10%；用水占4%左右，蒸汽约占4%。所以提高加热炉效率是降低装置能耗的重要措施。主要的节能措施有：焦化加热炉采用空气预热，降低循环比，提高分馏塔塔底温度，提高焦化分馏塔换热效率等。

6. 利用延迟焦化装置处理炼油厂废料

在石油炼制过程中会生成一定数量的废渣，炼油厂的废渣包括油罐底的废油、乳化的污油、分离器污泥，空气浮选溶解物和清扫换热器管束产生的废渣等(均属于有毒废料)。炼油厂为减少废料对环境的危害，可以将上述炼油废料送入延迟焦化装置中处理。

采用废渣离心分离技术，先将废料进行离心分离，分出油后再将含粉尘的水浆送入焦炭塔。利用焦化装置处理废料虽然可以降低废渣处理费用，但会导致焦炭的灰分、金属(铁、硅、钙)含量增大，且难以生产电极焦。

7. 焦化蜡油的再加工技术

焦化蜡油只有经过进一步加工才能得到轻质油品。由于焦化蜡油的性质和直馏蜡油有很大差别，使其在进一步加工时遇到困难，需要采用专门的技术进行加工。表8-4列出了三种焦化蜡油与其直馏蜡油的性质及组成对比。可以看出，焦化蜡油的主要特点是氮含量高、饱和烃(烷烃+环烷烃)含量低、芳烃含量和胶质含量高。作为二次加工装置(如加氢裂化、催化裂化等)的原料，其影响最大的是焦化蜡油中的氮、芳烃和胶质含量。

表8-4　三种焦化蜡油与直馏蜡油性质及组成对比

性质及组成	焦化蜡油			直馏蜡油		
	大庆	胜利	辽河	大庆	胜利	辽河
密度(20℃)/(kg/m³)	831.0	883.0	858.0	816.0	902.0	919.0
相对分子质量	330	368	365	361	383	370
馏程/℃	210~489	213~507	243~534	201~478	225~522	231~511
残炭/%	0.21	0.23	1.34	0.15	0.27	0.95
硫/%	0.20	0.81	0.26	0.051	0.73	0.18
氮/%	0.23	0.55	0.51	0.072	0.14	0.41
胶质/%	6.9	12.8	8.5	1.06	3.78	3.31
饱和烃/%	68.3	55.1	60.9	83.72	72.42	76.30
总芳烃/%	26.7	33.3	30.1	15.22	23.80	22.11

氮化物的影响主要是指其中的碱性氮化物(约占总氮的1/3)。在反应过程中，碱性氮化物会吸附在催化剂的酸性活性中心上而降低催化剂的活性。在催化裂化进料中，随着氮含量增加，转化率和汽油产率会下降。因此，焦化蜡油中的氮含量限制了其在催化裂化、加氢裂化中的掺炼比。目前我国催化裂化原料中焦化蜡油掺炼比在5%~25%，加氢裂化掺炼比为10%左右。可见氮化物是加工焦化蜡油的主要障碍。因此，焦化蜡油无论是作为催化裂化原料，还是作为加氢裂化原料，都需要进行不同程度的脱氮处理。

芳烃的影响主要是指原料中的多环芳烃。一般来说，多环芳烃含量增加，催化裂化的单程转化率和汽油产率下降，焦炭产率增加。胶质和残炭主要影响生焦量。原料中胶质含量和残炭值越高，加工过程中焦炭产率也就越高。

(1) 焦化蜡油作为催化裂化装置的掺炼原料。由于受预处理条件的限制，为了提高加工焦化蜡油的经济效益，国内炼厂仍将大部分焦化蜡油掺入催化裂化装置(FCCU)原料中。为了克服因掺炼焦化蜡油而带来的不利影响，多采用抗氮能力强及抑制氢转移和脱氢反应的催化剂、优化操作条件等手段来适应原料的变化。大量工业实践证实，随着掺炼比的变化，通过过程优化，可以获得较好的效果，但掺炼比会受到装置本身条件（如烧焦能力）、催化剂的抗污染能力及产品质量等因素的限制，因此掺炼比不能太高，应有一个合适的比例。

（2）焦化蜡油的吸附转化工艺（DNCC）。为了提高催化裂化加工蜡油的经济效益，克服掺炼焦化蜡油带来的催化剂失活、产品质量和产品分布变差的问题，中国石化石油化工科学研究院（RIPP）开发了催化裂化吸附转化加工焦化蜡油工艺（简称 DNCC 工艺）。该工艺的核心是针对 FCC 原料与焦化蜡油性质的不同，采用分段进料，FCC 原料在提升管下部首先与清洁再生剂接触进行催化裂化反应；而焦化蜡油在提升管中部进料，与裂化过 FCC 原料后的积炭催化剂接触。这样处理，可使清洁催化剂免受焦化蜡油碱性氮等污染物的毒害，使FCC 原料充分裂化，得到较好的产品分布。利用焦化蜡油在积炭催化剂上的吸附转化，一部分裂化成小分子产品，另一部分脱除部分硫、氮化合物等有害物转化为优质原料，焦化蜡油的裂化性能明显改善，达到了精制焦化蜡油的目的，然后作为回炼油进行催化裂化反应。与常规催化裂化加工焦化蜡油相比，DNCC 工艺不但能改善产品选择性和产品质量，还能提高转化率，提高汽油及液化气产率，降低焦炭和干气产率。DNCC 工艺在处理焦化蜡油方面具有明显优势。

（3）焦化蜡油加氢处理作 FCC 原料。焦化蜡油通过加氢处理后，其组成性质明显得到改善，如饱和烃和单环芳烃含量增加，多环芳烃含量降低，氢含量提高，特别是硫、氮等杂环化合物（尤其是碱性氮化合物）大幅度下降，裂化性能得到显著改善，使 FCC 总进料的性质变好，装置的转化率、汽油产率提高，干气、焦炭及油浆产率下降，汽、柴油质量明显改善，但汽油的辛烷值有所下降，可能是由于烯烃含量降低而造成的。

（4）焦化蜡油的溶剂精制。虽然焦化蜡油的加氢预处理具有突出的优点，但由于加氢处理装置一次性投资高，并受到氢源的限制，因而影响了该工艺的推广应用。而采用溶剂精制焦化蜡油的方法无疑是一个经济实用的预处理手段。

焦化蜡油中的硫化合物几乎全部是以芳香性的噻吩及其同系物的形态存在，氮化合物主要是以芳香性的喹啉、异喹啉及同系物、吖啶的同系物、咔唑及噻吩同系物的形态存在，金属化合物则以 Ni 或 V 的金属卟啉化合物的形态存在，而且钒卟啉的极性较强。因此，采用极性溶剂对焦化蜡油进行溶剂精制，能有效地抽出焦化蜡油中对后序加工中易引起催化剂中毒的硫、氮、金属化合物，使之更好地适合加氢裂化或催化裂化对原料的要求。国内洛阳石化工程公司（LPEC）炼制研究所开发了焦化蜡油的溶剂精制工艺，并分别在辽阳石油化纤公司和锦西石化公司成功地进行了辽河油焦化蜡油溶剂精制-加氢裂化和溶剂精制-催化裂化组合工艺的工业化试验。

1）焦化蜡油溶剂精制-催化裂化组合工艺。辽河焦化蜡油中含有较多的稠环芳烃，特别是碱氮含量高达 0.4%~0.7%，裂化性能较差，直接采用催化裂化加工较为困难。采用焦化蜡油溶剂精制-催化裂化组合工艺，将焦化蜡油先经溶剂精制，其性质可以得到明显改善，氮含量明显降低；催化裂化操作条件比较缓和，反应温度降低 7~13℃，再生温度降低 10℃以上，处理能力提高，产品分布得到明显改善，汽、柴油的硫含量降低，柴油十六烷值提高3 个单位，但汽油的辛烷值有所下降。

2）焦化蜡油溶剂精制-加氢裂化组合工艺。加氢裂化工艺操作灵活，对合理利用石油资源、推动清洁燃料生产、减少环境污染具有重要意义。加氢裂化催化剂抗氮能力较差，一般要求进料的氮含量小于 10μg/g，为此在加氢裂化反应器前设加氢精制段，以满足加氢裂化的要求。但将氮含量高达 4000μg/g 以上的焦化蜡油加氢脱至 10μg/g 以下具有相当大的困难，因此利用溶剂精制脱除焦化蜡油中大部分硫、氮化合物，尤其是加氢难度最大的氮杂环化合物，使焦化蜡油作为加氢裂化原料成为可能，而且实现了工业化。

工业实践结果表明，劣质焦化蜡油经溶剂精制后质量得到显著改善，饱和烃含量提高 5~15 个百分点，芳烃、胶质、沥青质含量下降；氮含量由 4500~7500μg/g 下降至 1400~2400μg/g。提高平衡溶剂的含醛量可以提高脱氮率。溶剂精制工艺的脱硫率约 30%，可以缓解因加氢裂化原料硫含量低而需补硫的问题。

（5）利用两段提升管催化裂解多产丙烯（TMP）技术处理焦化蜡油。中国石油大学（华东）开发的"两段提升管催化裂解多产丙烯技术"加工焦化蜡油具有优势，该技术是基于"两段提升管催化裂化技术"，采用催化剂接力、短反应时间、大剂油比和分段反应原理，能够提高催化剂的总体活性和选择性，有效抑制或减轻碱性氮对催化剂失活的影响，维持较高的转化率，优化产品分布，改善产品质量，实现了以多产丙烯为目的，兼顾低碳烯烃和高辛烷值汽油的生产。此外，TMP 技术还能直接处理加氢页岩油，显示出优越的应用前景。

8. 延迟焦化-循环流化床锅炉一体化技术

进口原油多为高硫原油，用焦化工艺加工高硫原油的减渣所产石油焦硫含量高，利用价值低。随着焦化装置能力的不断增加，我国每年要产出几百万吨高含硫石油焦。要消化这些含硫高、价格低廉的石油焦，可以采用先进的循环流化床技术，配套建设一批以石油焦为原料的 CFB 锅炉，为炼厂提供低成本的蒸汽、电、氢气。这是一举三得的事，既消化了价格低廉的高硫石油焦，又能满足企业新增项目的用汽、用电需求，还可以替代部分现有烧油锅炉，节约宝贵的重油资源。

循环流化床锅炉是一种以燃用固体燃料来产生蒸汽的装置，其燃烧方式介于鼓泡流化床燃烧和气力输送燃烧之间。既兼有这两种流化燃烧方式的优点，又克服了其不足，且灰渣综合利用性能好，是当今电站和工业锅炉中一种很有前途和竞争潜力的先进燃烧技术锅炉。符合当今国际流行的环保和清洁燃烧要求。

循环流化床锅炉的烟气脱硫是在炉内进行的，在炉内高温条件下，脱硫剂受热分解生成氧化钙、氧化镁，并与燃料燃烧后产生的二氧化硫发生化合反应，最终以固体硫化物的形态随锅炉灰渣排出炉外。正常运行工况下，循环流化床锅炉的脱硫效率一般可达 90% 以上。但采用这种技术一次性投资较大。

第九章 炼厂气加工

炼油过程中产生的气体烃类，统称炼厂气。炼厂气主要产自二次加工过程，如催化裂化、热裂化、延迟焦化、催化重整、加氢裂化等装置。其中催化裂化的总处理量最大，气体产率最高。炼厂气是宝贵的原料，可用于生产石油化工产品、高辛烷值汽油组分或直接用作燃料等。本章主要介绍炼油厂加工炼厂气生产高辛烷值汽油组分的几个过程——烷基化、甲基叔丁基醚和异构化生产工艺。

炼厂气的组成随加工过程、原料、生产方案、工艺技术条件等不同而异。表 9-1 列出了不同的原料、不同的加工过程所产气体的组成。由表中数据看出：催化裂化气体中含有大量的丙烯和丁烯，并含有一定量的异丁烷，是烷基化的主要原料；催化重整气体中含有大量的氢，是炼油厂最重要的廉价氢源，不经提纯即可用于油品的加氢精制过程；延迟焦化气体中烯烃含量较少，是比较合适的制氢原料；加氢裂化气体中含有大量的异丁烷，可作为烷基化原料的补充。

炼厂气是各种 $C_1 \sim C_5$ 气体的混合物，并且含有少量的非烃气体。所以，在炼厂气加工之前必须将其中对使用和加工过程有害的非烃气体除去，并根据需要将炼厂气体分离成不同的单体烃或馏分，分别称为气体精制和气体分馏。

表 9-1 某些炼厂气的组成 %(体)

原料及加工过程	大庆馏分油 催化裂化		大庆 石脑油 催化重整	大庆 减渣 延迟焦化	胜利 减渣 延迟焦化	胜利馏分油 加氢裂化	
气 体	干 气	液化气	重整气	富 气	富 气	富 气	液化气
氢	13.2		83.62	6.1	6.2	3.64	
甲烷	31.6		8.55	31.9	40.56	4.65	0.38
乙烷	26.2	1.0	3.76	26.8	18.24	6.28	0.98
丙烷	1.0	9.0	2.37	13.1	9.74	29.4	20.13
丙烯	2.9	30.9		7.4	5.69		
正丁烷(和)	0.7	25.9	0.68	6.0	5.36	15.44	26.19
异丁烷			0.48			34.17	46.22
正丁烯和异丁烯	1.0	30.7		4.1	4.57		
C_5 以上		2.5	0.54	2.1	2.69	3.79	6.1
其他气体							
硫化氢	3148($\times 10^{-6}$)			1.6	3.88	1.63	
氮+氧	18.5						
一氧化碳+二氧化碳	4.9						

第一节 气体精制

加工含硫原料时，炼厂气中常含有硫化氢等硫化物。如以这样的含硫气体作燃料或石油化工原料，就会引起设备腐蚀、催化剂中毒、污染大气，并且还会影响产品质量等。因此，必须将这些含硫气体进行脱硫后才能使用。气体精制的主要目的即脱硫。

一、干气脱硫

气体脱硫方法基本上分为两大类：一类是干法脱硫，即将气体通过固体吸附剂床层，使硫化物吸附在吸附剂上，以达到脱硫的目的，常用的吸附剂有氧化锌、活性炭等，这类方法适用于处理含微量硫化氢的气体，以及需要较高脱硫率的场合；另一类是湿法脱硫，即用液体吸收剂洗涤气体，以除去气体中的硫化物，其中最普遍使用的为醇胺法脱硫。我国炼厂干气脱硫绝大多数采用这种方法。

醇胺法脱硫是一种吸收-再生反应过程，此法的基本原理是：以弱碱性水溶液（醇胺类）为吸收剂，吸收干气中的酸性气体硫化氢，同时也吸收二氧化碳和其他含硫杂质，使干气得到精制。吸收了硫化氢等气体的水溶液（富液）再靠热量将吸收的气体解吸出来，使吸收剂得到再生。经再生后的贫液（即醇胺类）在装置中循环使用。

图9-1是醇胺法脱硫的工艺流程，包括吸收和解吸（即再生）两部分。

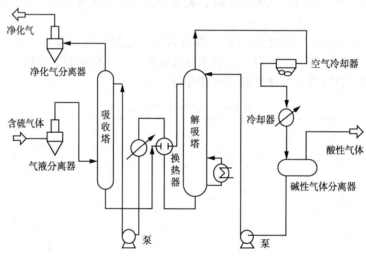

图9-1 醇胺法脱硫装置工艺流程

（1）吸收部分。

含硫气体冷却至40℃以下，并在气液分离器内分出水和杂质后，进入吸收塔的下部，与自塔上部引入的温度为40℃左右的醇胺溶液（贫液）逆向接触，吸收气体中的硫化氢和二氧化碳等。脱硫后的气体自塔顶引出，进入分离器，分出携带的醇胺液后出装置。

（2）溶液解吸部分。

吸收塔底出来的醇胺溶液（富液）经换热后进入解吸塔上部，在塔内与下部上升的蒸气（由塔底重沸器产生）直接接触，将溶液中吸收的气体大部分解吸出来，从塔顶排出。再生后的醇胺溶液从塔底引出，部分进入重沸器被水蒸气加热汽化后返回解吸塔，部分经换热、冷却后送到吸收塔上部循环使用。解吸塔顶出来的酸性气体经冷凝、冷却、分液后送往硫黄回收装置。

干气脱硫所采用的溶剂（吸收剂）目前有一乙醇胺、二乙醇胺和二异丙醇胺三种，其中一乙醇胺用得最多。

醇胺法脱硫的主要操作条件因溶剂的不同而异，其中溶剂浓度为15%(质)以下(一乙醇胺)、20%~25%(二乙醇胺)或30%~40%(二异丙醇胺)；吸收塔温度为40℃左右；再生塔底温度为110~120℃。

干气脱硫装置中所用的吸收塔和再生塔大多为填料塔，液化气脱硫则多用板式塔。

二、液化气脱硫醇

液化气中的硫化物主要是硫醇，可用化学或吸附的方法予以除去，其中化学方法主要包括催化氧化法脱硫醇和最近研究发展起来的无碱液脱硫醇技术，其基本原理将在第十章第二节有关汽油、煤油脱硫醇中进行介绍。目前我国对液化气的精制广泛采用的也是催化氧化法脱硫醇，即把催化剂分散到碱液(氢氧化钠)中，将含硫醇的液化气与碱液接触，其中的硫醇与碱反应生成硫醇钠盐，然后将其分出并氧化为二硫化物。所用的催化剂为磺化酞菁钴或聚酞菁钴。

由于存在于液化气中的硫醇分子量较小，易溶于碱液中，因此液化气的脱硫一般采用液-液抽提法，工艺流程比汽油、煤油脱硫醇的简单，而且脱硫率很高。

图9-2是液化气脱硫醇的工艺流程图，包括抽提、氧化和分离三部分。

(1) 抽提。

经碱或乙醇胺洗涤脱除硫化氢后的液化气进入抽提塔下部，在塔内与带催化剂的碱液逆流接触，在小于40℃和1.37MPa的条件下，硫醇被碱液抽提。脱去硫醇后的液化气与新鲜水在混合器混合，洗去残存的碱液并至沉降罐与水分离后出装置。所用碱液的浓度一般为10%~15%(质)，催化剂在碱液中的浓度为100~200μg/g。

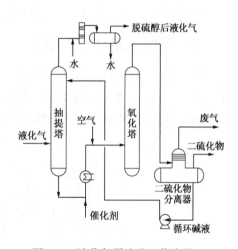

图9-2 液化气脱硫醇工艺流程

(2) 氧化。

从抽提塔底出来的碱液，经加热器被蒸汽加热到65℃左右，与一定比例的空气混合后，进入氧化塔的下部。此塔为一填料塔，在0.6MPa压力下操作，将硫醇钠盐氧化为二硫化物。

(3) 分离。

氧化后的气液混合物进入分离器的分离柱中部，气体通过上部的破沫网除去雾滴，由废气管去火炬。液体在分离器中分为两相，上层为二硫化物，用泵定期送出，下层的再生碱液用泵抽出送往抽提塔循环使用。

液化气催化氧化脱硫醇的效果一般在95%左右，好的能达98%以上。

如前所述，液化气中的硫醇较容易溶于碱液中，所以液化气与碱液只要经过充分的混合就可达到精制要求。由于静态混合器能够提供充分混合的条件，因此有的炼油厂将上述流程中的抽提塔改为静态混合器，仍然使液化气中的硫醇含量由1000~2000mg/m³降至20mg/m³以下。另外，静态混合器还有压降低(为抽提塔的30%左右)、设备结构简单、操作维修方便等优点。

第二节 气体分馏

干气一般作为燃料无需分离,当液化气用作烷基化、醚化或石油化工原料时,则应进行分离,从中得到适宜的单体烃或馏分。

一、气体分馏的基本原理

炼厂液化气中的主要成分是 C_3、C_4 的烷烃和烯烃,即丙烷、丙烯、丁烷、丁烯等,这些烃的沸点很低,如丙烷的沸点是 -42.07℃,丁烷为 -0.5℃,异丁烯为 -6.9℃,在常温常压下均为气体,但在一定的压力下(2.0MPa 以上)可呈液态。由于它们的沸点不同,可利用精馏的方法将其进行分离。所以气体分馏是在几个精馏塔中进行的。由于各个气体烃之间的沸点差别很小,如丙烯的沸点为 -47.7℃,比丙烷低 4.6℃,所以要将它们单独分出,就必须采用塔板数很多(一般几十、甚至上百)、分馏精确度较高的精馏塔。

二、气体分馏的工艺流程

气体分馏装置中的精馏塔一般为三个或四个,少数为五个,实际中可根据生产需要确定精馏塔的个数。一般地,如要将气体分离为 n 个单体烃或馏分,则需要精馏塔的个数为 $n-1$。现以五塔为例来说明气体分馏的工艺流程,见图 9-3。

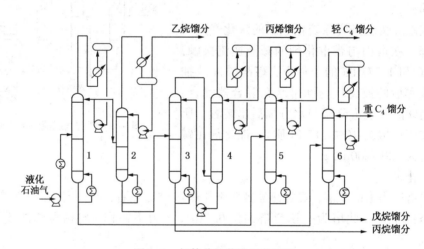

图 9-3 气体分馏装置工艺流程

1—脱丙烷塔;2—脱乙烷塔;3—脱丙烯塔(下段);4—脱丙烯塔(上段);5—脱异丁塔;6—脱戊烷塔

(1)经脱硫后的液化气用泵打入脱丙烷塔,在一定的压力下分离成乙烷-丙烷和丁烷-戊烷两个馏分。

(2)自脱丙烷塔顶引出的乙烷-丙烷馏分经冷凝冷却后,部分作为脱丙烷塔顶的冷回流,其余进入脱乙烷塔,在一定的压力下进行分离,塔顶分出乙烷馏分,塔底为丙烷-丙烯馏分。

(3)将丙烷-丙烯馏分送入脱丙烯塔,在压力下进行分离,塔顶分出丙烯馏分,塔底为丙烷。

(4)从脱丙烷塔底出来的丁烷-戊烷馏分进入脱异丁烷塔进行分离,塔顶分出轻 C_4 馏分，其主要成分是异丁烷、异丁烯、1-丁烯等；塔底为脱异丁烷馏分。

（5）脱异丁烷馏分在脱戊烷塔中进行分离，塔顶为重 C_4 馏分，主要为 2-丁烯和正丁烷；塔底为戊烷馏分。

以上流程中，每个精馏塔底都有重沸器供给热量，塔顶有冷回流，所以都是完整的精馏塔。分馏塔板一般均采用浮阀塔板。操作温度均不高，一般在 55~110℃ 范围内；操作压力视塔不同而异，确定的原则是使各个烃在一定的温度下能呈液态。一般地，脱丙烷塔、脱乙烷塔和脱丙烯塔的压力为 2.0~2.2MPa，脱丁烷塔和脱戊烷塔的压力 0.5~0.7MPa。

液化气经气体分馏装置分出的各个单体烃或馏分，可根据实际需要作不同加工过程的原料，如丙烯可以生产聚合级丙烯或作为叠合装置原料等；轻 C_4 馏分可先作为甲基叔丁基醚装置的原料，然后再与重 C_4 馏分一起作为烷基化装置原料；戊烷馏分可掺入车用汽油等。

第三节 烷 基 化

有机化学中一切引入烷基基团的化学反应，都可称之为烷基化反应。烷基化反应是正碳离子反应、链式反应和格氏反应的典型代表，对烯烃、苯、酚、吡啶、沥青的烷基化以及以烷烃、卤代烃、格氏试剂作为烷基化试剂，在工业上均具有着重要的应用。

在烷基化反应的各种工业应用中，以异丁烷为烷基化试剂，对各种烯烃（主要是丙烯和丁烯）进行烷基化反应，并以生成高辛烷值汽油调和组分为目的的异丁烷烷基化是最重要的烷基化工业应用之一。在烷基化过程中必须要用异构烷烃作为原料。

利用烷基化工艺可以生产高辛烷值汽油组分——烷基化油，因为其主要成分是异辛烷，所以又叫工业异辛烷，不仅其辛烷值高、敏感性（研究法辛烷值与马达法辛烷值之差）小，而且具有理想的挥发性和清洁的燃烧性，是航空汽油和车用汽油的理想调和组分。近些年来，由于各国车用汽油对抗爆性要求和环保要求日趋严格，所以烷基化工艺得到了较快发展。

一、烷基化的基本原理

烷基化的原料是异丁烷和丁烯，在一定的温度和压力下（一般是 8~12℃，0.3~0.8MPa）用浓硫酸或氢氟酸作催化剂，异丁烷和丁烯发生加成反应生成异辛烷。在实际生产中烷基化的原料并非是纯的异丁烷和丁烯，而是异丁烷-丁烯馏分。因此，反应原料和生成的产物都较复杂。

烷基化的主要反应是异丁烷和各种烯烃的加成反应，例如：

$$CH_3{-}\underset{\underset{CH_3}{|}}{CH}{-}CH_3 + CH_2{=}\underset{\underset{CH_3}{|}}{C}{-}CH_3 \xrightarrow[\text{或氢氟酸}]{\text{硫酸}} CH_3{-}\underset{\underset{CH_3}{|}}{\overset{\overset{CH_3}{|}}{C}}{-}CH_2{-}\underset{\overset{CH_3}{|}}{CH}{-}CH_3$$

异丁烷   异丁烯   异辛烷(2,2,4-三甲基戊烷)

$$CH_3{-}\underset{\overset{CH_3}{|}}{CH}{-}CH_3 + CH_3{-}CH_2{-}CH{=}CH_2 \xrightarrow[\text{或氢氟酸}]{\text{硫酸}} CH_3{-}\underset{\overset{CH_3}{|}}{CH}{-}\underset{\overset{CH_3}{|}}{CH}{-}CH_2{-}CH_2{-}CH_3$$

异丁烷   1-丁烯   (2,3-二甲己烷)

$$CH_3-CH-CH_3 + CH_3-CH=CH-CH_3 \xrightarrow[\text{或氢氟酸}]{\text{硫酸}} CH_3-\overset{\overset{\displaystyle CH_3}{|}}{\underset{\underset{\displaystyle CH_3}{|}}{C}}-CH_2-\overset{\overset{\displaystyle CH_3}{|}}{CH}-CH_3 \text{ 或}$$

异丁烯　　　　　2-丁烯　　　　　　　　　　　　　　异辛烷

$$CH_3-\overset{\overset{\displaystyle CH_3}{|}}{CH}-\overset{\overset{\displaystyle CH_3}{|}}{CH}-\overset{\overset{\displaystyle CH_3}{|}}{CH}-CH_3 \text{ 或 } CH_3-\overset{\overset{\displaystyle CH_3}{|}}{CH}-\overset{\overset{\overset{\displaystyle CH_3}{|}}{\underset{\underset{\displaystyle CH_3}{|}}{C}}}{C}-CH_2-CH_3$$

(2,3,4-三甲基戊烷)　　(2,3,3-三甲基戊烷)

异丁烷–丁烯馏分中还可能含有少量的丙烯和戊烯，也可以与异丁烷反应。除此之外，原料和产品还可以发生分解、叠合、氢转移等副反应，生成低沸点和高沸点的副产物以及酯类和酸油等。因此，烷基化产物——烷基化油是由异辛烷与其他烃类组成的复杂混合物，如果将此混合物进行分离，沸点范围在 50~180℃ 的馏分叫轻烷基化油，其马达法辛烷值在 90 以上；沸点范围在 180~300℃ 的馏分叫重烷基化油，可作为柴油组分。

工业上广泛采用的烷基化催化剂有硫酸和氢氟酸，与之相应的工艺称为硫酸法烷基化和氢氟酸法烷基化。由于在工艺上各具特点，在基建投资、生产成本、产品收率和产品质量等方面也都很接近，因此这两种方法均被广泛采用。

二、烷基化的工艺流程

烷基化的工艺流程因催化剂的不同而异，装置一般由以下几部分组成：①原料的预处理和预分馏；②反应系统；③分离催化剂；④产品中和；⑤产品分馏；⑥废催化剂处理；⑦压缩冷冻。

下面分别介绍硫酸法和氢氟酸法烷基化的工艺流程。

1. 硫酸法烷基化工艺流程

硫酸法烷基化装置的工艺流程，除反应部分因反应器型式及为取走反应热的致冷方式不同而有所区别外，其他如原料预处理、反应产物的处理和分离、分馏等，均基本类似。

我国硫酸法烷基化装置所采用的反应器主要有两种形式：①阶梯式反应器，靠反应物异丁烷自蒸发致冷；②斯特拉科式反应器，又分为立式氨闭路循环致冷和卧式反应流出物致冷两类。现以阶梯式反应器为例说明硫酸法烷基化的工艺流程(见图9-4)。

硫酸法烷基化的工艺流程主要包括反应和产物分馏两大部分。

(1) 反应部分。炼厂气经气体分馏得到的异丁烷–丁烯馏分(即原料)与异丁烷致冷剂换冷后，分几路平行进入阶梯式反应器的反应段，循环异丁烷与循环酸经混合器混合后进入反应器的第一反应段。反应器由若干个反应段(一般是五个)、一个沉降段和一个产物流出段组成，各段间用溢流挡板隔开。为了保证原料与硫酸能充分混合，使反应进行完全，每一反应段均设有搅拌器。

异丁烷和丁烯在硫酸催化剂的作用下，在各反应段进行烷基化反应，硫酸与原料的体积比(酸烃比)为(1.0~1.5):1。反应系统中循环异丁烷的作用是抑制烃的叠合等副反应，使反应向着有利于生成理想的 C_8 烷基化油的方向进行，一般反应器进料中异丁烷与烯烃之比(即烷烯比)为(7~9):1(称为外比)，而在反应器内由于有大量的异丁烷循环，此比值为

194

（300~1000）∶1（称为内比）。

烷基化反应是放热反应，为了维持较低的反应温度，流程中是靠部分异丁烷在反应器中汽化以除去反应热。汽化的异丁烷分离出携带的液体后进入压缩机，压缩后的气体经冷凝后流入冷却剂罐，然后再回到反应器。

在反应器内，反应产物和硫酸自流到沉降段进行液相分离，分出的硫酸用酸循环泵送入反应段循环使用。从沉降段分离出来的反应产物溢流到最后一段，由此用泵抽出并升压，经碱洗和水洗脱除酸酯和中和带出的微量酸后，送至产物分馏部分。

烷基化反应是在液相催化剂中进行的，但是烷烃在浓硫酸中的溶解度很低，正构烷烃几乎不溶于浓硫酸，异构烷烃的溶解度也不大，例如异丁烷在浓度为99.5%的浓硫酸中的溶解度为0.1%（质），而当硫酸浓度降至96.5%时则只有0.04%（质）。因此，为了保证浓硫酸中的烷烃浓度需要使用高浓度的浓硫酸，但是浓硫酸的浓度超过99.3%时有很强的氧化作用，能使烯烃氧化；同时，烯烃在浓硫酸中的溶解度比烷烃大得多，提高浓硫酸浓度时烯烃在浓硫酸中的浓度增加得更快，会导致大量的烯烃叠合。因此为了抑制烯烃的叠合反应、氧化反应等副反应，工业上采用的浓硫酸浓度为86%~99%，当装置中循环硫酸浓度低于85%时，需要更换新酸。

（2）产物分馏系统。产物分馏部分由三个塔组成，反应产物首先进入产物分馏塔（也叫脱异丁烷塔），从塔顶分出异丁烷，经冷凝冷却后部分作为塔顶冷回流，其余返回反应器循环使用；塔底物料进入正丁烷塔。塔顶分出的正丁烷经冷凝后部分作为塔顶回流，另一部分送出装置；塔底物料进入再蒸馏塔，塔顶分出的轻烷基化油经冷凝冷却后，部分作为塔顶回流，部分经碱洗水洗后送出装置作为高辛烷值汽油的调和组分；塔底为重烷基化油。

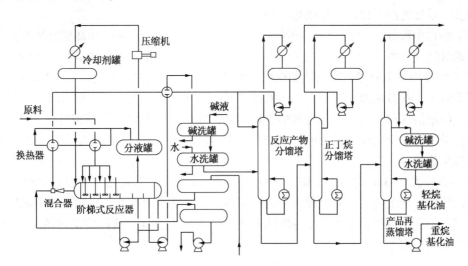

图9-4 阶梯式反应器硫酸烷基化工艺流程

2. 氢氟酸法烷基化工艺流程

以氢氟酸作催化剂，异丁烷可与丙烯、丁烯、戊烯或沸点更高的烯烃进行烷基化反应，其中丁烯或丙烯-丁烯混合物是最常用的烯烃原料。

氢氟酸法烷基化主要有两种靠密度差进行循环的反应体系，一种是UOP氢氟酸法烷基化工艺，另一种是Phillips氢氟酸法烷基化工艺，这两种工艺的主要区别在于UOP氢氟酸法烷基化装置的酸冷却器是立式的，而 Phillips 氢氟酸法烷基化的酸冷却器是卧式的。我国建成的氢氟酸法烷基化装置，采用的主要是美国菲利浦斯公司专利技术，其工艺流程见图 9-5，主要包括原料脱水、反应、产物分馏和酸再生四部分。

（1）原料脱水部分。新鲜原料进装置后用泵升压送经装有活性氧气铝的干燥器，使含水量小于 $20\mu g/g$，干燥器有两台，一台干燥，一台再生，轮换操作。

（2）反应部分。干燥后的原料与来自主分馏塔的循环异丁烷在管道内混合后经高效喷嘴分散在反应管的酸相中，烷基化反应即在垂直上升的管道反应器内进行，反应温度为 $30\sim40℃$，酸烃比为 $(4\sim5):1$，外烷烯比为 $(12\sim16):1$。反应后的物流进入酸沉降罐，依靠密度差进行分离，酸积集在罐底，利用温差进入酸冷却器除去反应热后，又进入反应管循环使用，纯度为 $90\%\sim92\%$（质）。沉降罐上部的烃相经过三层筛板，除去有机氟化物后，与来自主分馏塔顶回流罐酸包的酸混合，再用泵送入酸喷射混合器，与从酸再接触器抽入的大量氢氟酸相混合，然后进入酸再接触器，在此酸和烃充分接触，使副反应生成的有机氟化物重新分解为氢氟酸和烯烃，烯烃再与异丁烷反应生成烷基化油，因此酸再接触器可视为一个辅助反应器，可使酸耗大小减小。

（3）产物分馏部分。反应物流自酸再接触器出来并经换热后进入主分馏塔，塔顶馏出物为丙烷并带有少量酸，经冷凝冷却后进入回流罐，部分丙烷作为塔顶回流，温度约 $40℃$，部分丙烷进入丙烷汽提塔。酸与丙烷的共沸物自汽提塔顶出去，经冷凝冷却后返回主分馏塔顶回流罐，塔底丙烷送至丙烷脱氟器脱除有机氟化物，再经碱（氢氧化钾）处理脱除微量的氢氟酸后送出装置。

循环异丁烷从主分馏塔的上部侧线液相抽出，温度为 $96\sim99℃$，纯度大于 85%（体），经与塔进料换热，冷却后返回反应系统。正丁烷从塔下部侧线气相抽出，经脱氟和碱处理后送出装置。塔底为烷基化油，经换热、冷却后出装置。

（4）酸再生部分。为使循环酸的浓度保持在一定水平，必须脱除循环酸在操作过程中逐渐积累的酸溶性油和水分，即需要进行酸再生。再生酸量约为循环酸量的 $0.12\%\sim0.13\%$（体）。从酸冷却器来的待生氢氟酸加热汽化后进入酸再生塔，塔底用过热异丁烷蒸气汽提，塔顶用循环异丁烷打回流。汽提出的氢氟酸和异丁烷从塔顶出去，进入酸沉降罐的烃相被冷凝，塔底的酸溶性油和水一般含氢氟酸 $2\%\sim3\%$，可定期排入酸溶性油碱洗罐，用 5% 浓度的碱进行碱洗，以中和除去残余的氢氟酸。碱洗后的酸溶性油从碱洗罐上部溢流至贮罐，定期用泵送出装置。

表 9-2 和表 9-3 分别列出了硫酸法烷基化和氢氟酸法烷基化的主要反应条件和烷基化油性质的比较，从上述工艺流程和表中的数据看出：氢氟酸法烷基化采用的反应温度可高于室温，因此不必像硫酸法那样采用冷冻的办法来维持反应温度，从而使工艺流程有所简化；两种方法得到的烷基化油相差不大。

表 9-2　烷基化过程主要反应条件

项　　目	硫酸法	氢氟酸法	项　　目	硫酸法	氢氟酸法
反应温度/℃	$8\sim12$	$30\sim40$	酸浓度/%（质）	（新鲜）$98\sim99.5$	（循环酸）90
反应压力/MPa	$0.3\sim0.8$	$0.5\sim0.6$		（废酸）$88\sim90$	
反应器进料烷烯比（体）	$7\sim9$	$14\sim15$	反应时间	$20\sim30min$	$20s$
酸烃比（体）	$(1\sim1.5):1$	$(4\sim5):1$			

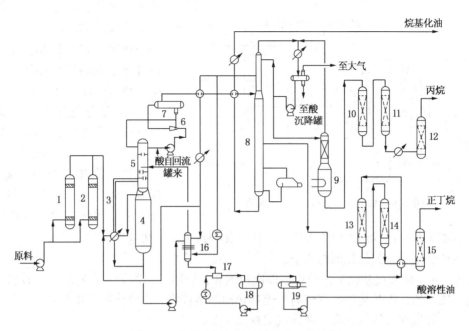

图 9-5　菲利浦斯氢氟酸烷基化工艺流程

1, 2—进料干燥器；3—反应管；4—酸储罐；5—酸沉降罐；6—酸喷射混合器；7—酸再接触塔；
8—主分馏塔；9—丙烷汽提塔；10、11—丙烷脱氟塔；12—丙烷 KOH 处理器；13、14—丁烷脱氟器；
15—丁烷 KOH 处理器；16—酸再生塔；17—酸溶性油混合器；18—酸溶性油碱洗罐；19—酸溶性油储罐

表 9-3　烷基化油性质

项　目	硫酸法	氢氟酸法	项　目	硫酸法	氢氟酸法
密度(20℃)/(kg/m³)	687.6~695.0	689.2~695.4	干点	190~201	190~195
馏程/℃			蒸气压/kPa	54~61	40~41
初馏点	39~48	45~52	胶质/(mg/100mL)	0.8~1.3	~1.8
10%馏出温度	76~80	82~88	研究法辛烷值	93.5~95	92.9~94.9
50%馏出温度	104~108	103~107	马达法辛烷值	92~93	91.5~93
90%馏出温度	148~178	119~127			

三、烷基化技术的进展

由于浓硫酸和氢氟酸对人体、设备和环境的潜在危险，近年来，烷基化技术的最新研究进展主要是围绕新型催化剂及其相关工艺的开发而进行的，其中具有代表性的是固体酸烷基化和离子液体烷基化。

1. 固体酸烷基化

自 20 世纪 80 年代以来，人们对固体酸烷基化催化剂及其工艺技术做了许多研究工作，由于近几年新的催化材料的出现，使研究工作有了重大突破。如 UOP 公司开发的 Alkylene 固体酸烷基化工艺、TopsΦe(托普索)公司开发的 FBA 固定床烷基化工艺都达到了工业化应用水平。图 9-6 给出 Alkylene 固体酸烷基化工艺流程示意图。

Alkylene 工艺主要流程与现有液体酸烷基化工艺相似，只是反应系统不同，原料先经过预处理除去杂质(如二烯烃和含氧化合物)，然后与循环异丁烷一起送到反应器系统。反应器中的反应物料与催化剂的接触时间很短，以尽量减少缩合反应。从反应器出来的反应产物

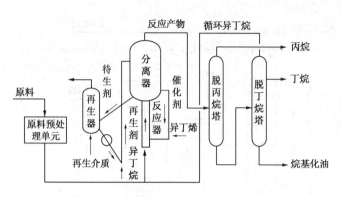

图 9-6　Alkylene 固体酸烷基化装置

进入分离器，分离出催化剂后送入下游的分馏单元，分出丙烷、丁烷和烷基化油产品。分离出的富含异丁烷馏分循环到反应系统中，以增加反应的烷烯比。Alkylene 烷基化工艺的关键技术是反应-再生系统，UOP 公司已申请了专利。该系统由反应器、分离器、冷却器和再生器组成。反应器为提升管式反应器，提升介质为液体异丁烷。分离器中的部分失活催化剂可连续送入再生器中，进行催化剂再生，催化剂再生非常有效，完全能使催化剂的活性恢复到新鲜催化剂的水平。

Alkylene 固体酸烷基化工艺操作条件比较缓和，所用催化剂无污染物生成，设备制造不需任何特殊材质，烷基化油收率较高，烷基化油的辛烷值与由液体酸催化剂制得的常规烷基化油相近，装置的总体效益高于液体酸烷基化工艺。

但固体酸烷基化在推向工业应用的进程中遇到了较大的障碍。由于固体酸表面中心的酸性和空间位阻效应等原因，形成正碳离子所需的温度要比浓硫酸与氢氟酸液体催化剂高，异构的正碳离子不容易生成和稳定存在。同时固体酸催化剂的酸性中心周围吸附了大量的烯烃分子，使得固体酸酸性中心周围的烷烯比远小于物料体相的烷烯比，原位生成的正碳离子十分容易与烯烃进一步反应而生成聚烯烃，导致聚烯烃类副产物的大量生成，使固体酸催化剂在烷基化反应时极易失活，且反应的选择性较差。所以固体酸催化剂在烷基化过程中必须不断再生，但催化剂再生的温度不能太高，否则会导致固体酸烷基化的工艺设计和操作成本大大增加。因此要使固体酸催化剂真正替代传统烷基化催化剂，对上述问题还需要进行更多的研究并予以解决。

2. 离子液体烷基化

酸性离子液体是研究较多的另一类可望替代浓硫酸和氢氟酸的烷基化催化剂，其中酸性氯铝酸离子液体催化剂的研究最具代表性。酸性氯铝酸离子液体催化剂在烷基化反应条件下呈液体状态，克服了固体酸易结焦失活的弊端，但在研究过程中发现常规的氯铝酸离子液体催化剂的选择性较差，生成的烷基化汽油辛烷值低，致使许多离子液体烷基化的研究仅处于实验室阶段，追求高选择性成为离子液体烷基化研究的主要目标。

中国石油大学重质油国家重点实验室开发成功了选择性高的复合离子液体催化剂。2013 年，在山东德阳化工有限公司建成了世界上首套 10×10^4 t 复合离子液体碳四烷基化工业装置，经过三年的运行结果表明，烯烃转化率 100%，烷基化汽油辛烷值（RON）稳定在 95 以上，最高可达 98.5。2017 年，中国石化九江石化公司 30×10^4 t 烷基化项目也采用了复合离子液体碳四烷基化技术。

复合离子液体催化剂具有与浓硫酸和氢氟酸相当的催化活性和更高的选择性，它克服了浓硫酸与氢氟酸烷基化工艺存在严重设备腐蚀及对人身安全和环境污染的潜在危害，更加安全环保，为汽油的清洁化与质量升级，尤其是国 Ⅵ 标准汽油的生产，提供了一种崭新的解决方案。该技术的总体水平处于国际领先水平，具有广阔的应用前景和推广价值。

第四节　甲基叔丁基醚工艺

为了解决因汽车数量不断增多而引起的日益严重的环境污染问题，对汽车排放的 SO_x、NO_x、CO、挥发性有机化合物（VOC）、有毒化合物（苯、丁二烯、甲醛、乙醛、多环有机物等）及可吸入颗粒物等污染物等均提出了更为严格的限制，要求降低汽油中苯、芳烃、硫、烯烃（尤其是戊烯）等成分的含量及汽油蒸气压，并要求含有一定量的氧，而其抗爆指数仍需保持在较高水平。在汽油中加入醇或醚等含氧化合物是满足这些要求的主要措施之一。但是汽油中调入醇类如甲醇和乙醇会导致汽车尾气中 NO_x 和挥发物的增加，汽车燃料系统腐蚀以及油醇两相分离等问题。相比之下，醚类化合物的辛烷值都很高，与烃类完全互溶，具有良好的化学稳定性，蒸气压不高，其综合性能优于醇类，是目前广泛采用的含氧化合物添加组分，而其中使用最多的又数甲基叔丁基醚（MTBE）。MTBE 除辛烷值高外，更重要的是它的调和辛烷值比纯 MTBE 更高。

一、合成 MTBE 的基本原理

甲基叔丁基醚生产工艺的主要原料是炼厂气中的异丁烯和甲醇，处于液相状态的异丁烯与甲醇在催化剂作用下生成 MTBE，其反应式为：

$$\underset{\text{异丁烯}}{\overset{\displaystyle CH_3}{\underset{\displaystyle CH_3}{C}}=CH_2} + \underset{\text{甲醇}}{CH_3OH} \xrightarrow{\text{催化剂}} \underset{\text{甲基叔丁基醚}}{CH_3-O-\overset{\displaystyle CH_3}{\underset{\displaystyle CH_3}{C}}-CH_3}$$

此反应为可逆的放热反应。除此之外，在合成 MTBE 的同时还有一些副反应发生，如异丁烯与原料中的水反应生成叔丁醇、甲醇脱水缩合生成二甲醚、异丁烯聚合生成二聚物或三聚物等，生成的这些副产物会影响产品的纯度和质量，因此要控制合适的反应条件，减少副反应的产生。

合成 MTBE 所采用的催化剂是强酸性阳离子交换树脂。为了维持催化剂的活性及减少副反应的发生，要求原料中的金属阳离子如 Na^+、K^+、Ca^{2+}、Mg^{2+} 等的含量小于 $1\mu g/g$，不含碱性物质及游离水等。

二、合成 MTBE 的工艺装置

按照异丁烯在 MTBE 装置中达到的转化率及下游配套工艺的不同，合成 MTBE 技术可分为三种类型（见表9-4）。我们仅以标准转化型（即炼油型）为例说明合成 MTBE 的工艺流程（图9-7），即以炼油厂 C_4 馏分为原料合成 MTBE，未反应的 C_4 作为下游烷基化装置的进料，生产烷基化油。

表9-4　MTBE 技术的三种类型

类　型	异丁烯转化率/%	残余异丁烯含量/%	下　游用户	备　注
标准转化型	97~98	2~5	烷基化	通常称为炼油型
高转化型	99	0.5~1	丁烯氧化脱氢	化工型
超高转化型	99.9	0.1	聚乙烯共聚单体1-聚丁烯	化工型

MTBE 的工艺流程分为两大部分：原料净化和反应与产品分离。

1. 原料净化和反应

原料净化的目的是除去原料中的金属阳离子。国内装置的净化采用与醚化催化剂相同型号的离子交换树脂。在此，净化器除主要起原料净化作用外，还可起一定的醚化反应作用，所以净化器实际上是净化-醚化反应器。装置中设两台净化-醚化反应器，切换使用。C₄馏分和甲醇按比例混合，经加热器加热到 40~50℃ 后上部进入净化-醚化反应器，反应压力一般为 1~1.5MPa。由于醚化为放热反应，为了控制反应温度，设有打冷循环液的设施。

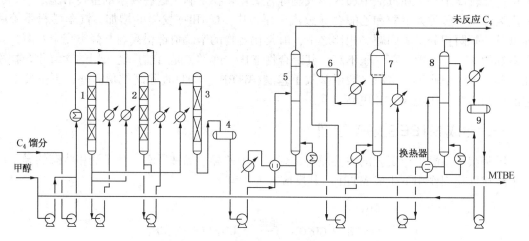

图 9-7 MTBE 装置工艺流程和水洗流程

1, 2—净化-醚化反应器；3—醚化反应器；4—缓冲罐；5—C₄分离塔；
6, 9—回流罐；7—水洗塔；8—甲醇回收塔

由于该装置要求异丁烯的转化率为 90%~92%，因此只设一个反应器，并在较低温度下操作，甲醇与异丁烯的比即醇烯比约为(1~1.05)∶1(摩尔比)。如果要求异丁烯的转化率大于 92%，则醇烯比约 1.2∶1，且需增设第二反应器，并在反应器间设有蒸馏塔，用来除去第一反应器出口反应物中的 MTBE，以减少第二反应器中逆反应的发生，有利于提高异丁烯的转化率。

2. 产品分离

从醚化反应器出来的反应物料中含有未反应的 C₄馏分、剩余甲醇、MTBE 以及少量的副反应产物，需进行分离。由于甲醇在水中的溶解度大，在一定条件下能与 C₄馏分或 MTBE 形成共沸物，以及反应时醇烯比的不同，因此有两种分离流程：

(1) 前水洗流程。反应产物先经甲醇水洗塔除去甲醇，然后再经分馏塔分出 C₄馏分和 MTBE。从甲醇水洗塔底出来的甲醇水溶液送往甲醇回收塔进行甲醇与水的分离。

(2) 后水洗流程(见图 9-7)。反应流出物先经 C₄分离塔进行 MTBE 与甲醇-C₄馏分共沸物的分离，塔底为 MTBE 产品。塔顶出来的甲醇与 C₄馏分共沸物进入水洗塔，用水抽提出甲醇以实现甲醇与 C₄馏分的分离。从水洗塔底出来的甲醇水溶液进入甲醇回收塔，塔顶出来的甲醇送往反应部分再使用，从塔底出来的含微量甲醇的水大部分送往水洗塔循环使用，少部分排出装置以免水中所含甲醇积累。当装置采用的醇烯比不大(约为 1.0~1.05)，反应流出物中的残余甲醇在一定压力下可全部与未反应的 C₄馏分形成共沸物时，可采用此后水洗分离流程。

从上述流程中得到的 MTBE 产品，其中 MTBE 的含量大于 98%，研究法辛烷值为 117，马达法为 101。

（一）MTBE 装置的主要设备

MTBE 装置的主要设备是反应器，目前国内采用的有四种型式，即列管式、筒式、膨胀床式和混相床式。

（1）列管式反应器。其结构类似管壳式换热器，在管内填装催化剂，管外通冷却水以除去反应热，控制反应温度。反应物料自上而下通过催化剂床层。这种型式的反应器操作简单，床层轴向温差小，但结构复杂，制造及维修较麻烦，且催化剂装卸比较困难。

（2）筒式反应器。即固定床筒式反应器，反应器内催化剂可一段或多段填装，每段可根据需要设置打冷循环液的设施，反应物料自上而下通过反应器，通过调节新鲜原料与循环液的入口温度和循环比可达到所需的异丁烯转化率。这种反应器结构简单，钢材用量及投资较少，装卸催化剂容易，能适应各种异丁烯浓度的原料，但操作稍复杂，床层的轴向温差较大。

（3）膨胀床反应器。反应物料自下而上通过反应器，造成催化剂床层有 25%~30% 的膨胀量，因此传热较好，并可避免催化剂结块。这种型式的反应器也具有结构简单、钢材用量及投资少、装卸催化剂容易等优点，但要求催化剂有一定的强度和抗磨能力，同时也要采取打冷循环液的措施以取出反应产生的热量。

（4）混相床反应器 该反应器结构与筒式反应器类似，其主要特点是这种反应器在操作时控制器内的压力和温度，使部分反应物料吸收反应产生的热量而汽化，不需要设置外循环冷却系统，因此可以降低能耗和节省投资。

以上四种型式的反应器各有利弊，综合来看，列管式反应器技术较陈旧，而筒式和膨胀床式相差不多，在工业装置普遍采用，而混相床反应器多用于采用催化蒸馏技术的 MTBE 生产工艺。

（二）采用催化蒸馏技术的 MTBE 生产工艺

采用上述几种反应器的 MTBE 合成工艺，异丁烯转化率只有 90%~95%，满足不了化工生产的需要。若要求异丁烯转化率大于 99.5%，则须采用反应-分离-再反应-再分离的工艺流程，这就是催化蒸馏技术。与常规的流程相比，催化蒸馏技术的特点是将催化反应和产品分离结合在一个塔中进行，由于反应和分离同时进行，生成的 MTBE 不断地被移走，不仅能利用反应热，还改变了平衡态的组成，克服了平衡转化率的限制，因而能提高异丁烯的转化率，缩短工艺流程，减少设备投资和降低装置能耗。

中国石化齐鲁分公司研究院开发了 MP-Ⅲ型催化蒸馏技术，催化剂直接堆放在反应段的催化剂床层中，各床层之间设分馏塔板，并留有气相通道，反应与分馏交替进行。这种技术催化剂装填结构简单，投资低，反应效率高，异丁烯转化率可以达到 99.5% 以上。其工艺流程如图 9-8 所示。目前国内已有十多套生产装置采用该技术。

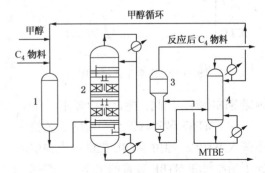

图 9-8 新型催化蒸馏合成 MTBE 工艺流程

1—混相预反应器；2—MP-Ⅲ型催化蒸馏塔；
3—水萃取塔；4—甲醇回收塔

如果采用混相反应与催化蒸馏串联的工艺流程(如图9-9所示)，反应热则可以全部利用。中国石化九江分公司20kt/a MTBE装置成功地采用了混相反应和催化蒸馏组合工艺技术。

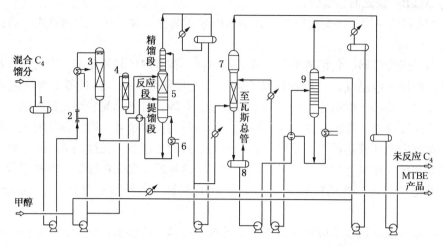

图9-9　用混相床-催化蒸馏生产MTBE的工艺流程图

1—缓冲罐；2—混合器；3—净化醚化反应器；4—甲醇净化器；5—催化蒸馏塔；
6—重沸器；7—甲醇萃取塔；8—闪蒸罐；9—甲醇回收塔

(三) 醚化技术进展

近年来，在烷基化、异构化和醚化等以轻烃为原料生产高辛烷值汽油组分的工艺技术中，醚化技术有长足进展。除用异丁烯生产MTBE之外，还可用异戊烯和$C_5 \sim C_8$的烯烃生产TAME和混合醚。醚化技术的进展主要反映在以下几方面。

(1) 催化剂。开发出三功能催化剂，催化剂同时具有叔碳原子烯烃醚化、二烯烃选择性加氢和双键异构使其成为活性烯烃(即叔碳原子上有一个双键的烯烃)的功能。

(2) 生产MTBE和TAME的组合工艺。图9-10为混合丁烷馏分生产MTBE的组合工艺示意图。该工艺由正丁烷异构化、异丁烷脱氢、醚化三单元组成。

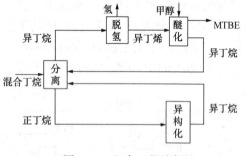

图9-10　组合工艺示意图

(3) 生产二异丙基醚(DIPE)的Oxypro工艺。DIPE抗爆指数(105)比MTBE(110)稍低，但蒸气压仅为MTBE的一半。Oxypro工艺的原料是丙烯和水，丙烯总转化率接近100%，选择性大于98%，催化剂寿命1.5年，其经济性优于丙烯催化叠合和烷基化方案。催化裂化气体中含有较多的丙烯，可以作生产DIPE原料。由于丙烯是生产聚丙烯等的原料，因此，能否将丙烯用于合成DIPE主要取决于市场需求和技术经济比较。

(4) MTBE装置转产异辛烷的工艺技术。2004年开始，美国加州已经全面停止了在汽油中调入MTBE，原由MTBE提供的汽油中的氧改由添加乙醇来提供。为了解决MTBE禁用后异丁烯原料和MTBE装置的出路，一些公司开发了MTBE装置转产异辛烷的工艺技术。该技术是利用原MTBE装置将异丁烯选择性地二聚生成异辛烯然后加氢生成异辛烷，作为汽油的调和组分，在一定情况下，也可以不加氢而直接把异辛烯作为汽油的高辛烷值调和组分。

(5) FCC轻汽油醚化技术。FCC轻汽油醚化作为一种汽油改质行之有效的技术受到世界各国的普遍关注，竞相开发汽油醚化的工业应用新技术，其主要特点有三个方面：原料预处理、醚化反应、甲醇回收利用。轻汽油中二烯烃在醚化过程中的聚合效应，会导致醚化产品中的胶质含量、色泽以及气味与车用汽油标准相差太大，所以必须进行原料预处理。目前已发展了两类技术：固定床选择加氢技术和临氢反应蒸馏技术，其中 CD Tech 公司开发的临氢反应蒸馏技术采用了二烯硫醚化和二烯选择加氢两种催化剂；醚化反应由固定床醚化反应技术发展为 CD Tech 公司开发的醚化反应精馏技术；甲醇回收利用由两塔（吸收塔和精馏塔）分离技术发展为芬兰 Neste 公司的甲醇全反应技术，减少了甲醇的回收环节。

第五节　异构化工艺

因具有支链结构的异构烷烃的抗爆震性能好、辛烷值高，因此在炼油工艺中，将在一定的反应条件和有催化剂存在下，把正构烷烃转化为异构烷烃后可用于生产高辛烷值汽油调和组分，该过程称为异构化工艺。直馏石脑油（C_5、C_6 馏分）是汽油调和组分中的低辛烷值组分，通过异构化反应，可将 C_5、C_6 正构烷烃转化成相应的异构烷烃，其辛烷值能明显提高，见表9-5。

表9-5　C_5、C_6 正构、异构烷烃的辛烷值比较

化 合 物	研究法辛烷值（RON）	马达法辛烷值（MON）	化 合 物	研究法辛烷值（RON）	马达法辛烷值（MON）
正戊烷	62	61	2,3-二甲基丁烷	104	94
异戊烷	93	90	2-甲基戊烷	73	73
正己烷	30	25	3-甲基戊烷	74	74
2,2-二甲基丁烷	93	93			

此外，正丁烷也可用异构化转化为异丁烷，然后作为烷基化过程的原料制取异辛烷。正丁烯也可用异构化转化为异丁烯，然后作为醚化过程的原料。本节只涉及 C_5/C_6 烷烃异构化生产高辛烷值汽油组分的异构化工艺。

近年来，随着汽油质量的不断提高和对汽油中含硫、含烯烃及含芳烃日益严格的限制，烷基化、异构化等能生产清洁汽油的炼油工艺受到广泛青睐，促使异构化技术得到发展。

一、异构化的基本原理

异构化工艺典型的原料主要是 C_5、C_6 馏分：如直馏石脑油，重整拔头油、轻重整生成油，轻加氢裂化产物和抽余油。C_5、C_6 正构烷烃在一定反应条件和双功能型催化剂作用下发生异构化反应，即由催化剂所载的金属组分的加氢脱氢活性和载体的固体酸性协同作用进行以下反应：

$$正构烷烃 \xrightarrow{金属} 正构烯烃 \xrightarrow{酸性中心} 异构烯烃 \xrightarrow{金属} 异构烷烃$$

正构烷烃先靠近具有加氢脱氢活性的金属组分脱氢变为正构烯烃；生成的正构烯烃移向具有异构化活性的酸性载体，按照正碳离子机理异构化为异构烯烃；异构烯烃再返回加氢脱氢活性中心加氢变成异构烷烃。

异构化反应是可逆反应，从热力学角度分析，异构化反应在较低的温度下可以达到较高的转化率，从而获得较高辛烷值的异构化汽油。目前在 C_5/C_6 异构化工业装置上应用的催化剂主要有三大类：沸石催化剂、硫化的金属氧化物催化剂和氯化氧化铝催化剂。

沸石异构催化剂最主要的优点是水或其他含氧化合物不会造成它的永久失活，而且可以完全再生，同时具有抗硫、抗水、抗含氧化合物的性能，因此在将其他加工装置，如加氢处理或重整装置改造为异构化装置时，常选用沸石催化剂。这类催化剂需要较高的反应温度。

硫化的金属氧化物催化剂是由最普通的氧化物，如氧化锡（SnO_2）、氧化锆（ZrO_2）、氧化钛或者三氧化二铁（Fe_2O_3）与硫酸或硫酸盐反应后生成的硫化氧化物。目前唯一可工业应用的硫化的金属氧化物催化剂是 LPI-100 催化剂。这种新型催化剂在大约 80℃时具有活性，与沸石催化剂相比，反应温度要低，所生成的异构产物的辛烷值也要高得多。同样，原料中的水或含氧化合物不会造成硫化的金属氧化物催化剂的永久失活，这些催化剂可采用类似沸石催化剂再生的简单的氧化再生方法得以完全再生。LPI-100 高活性催化剂是改造现有沸石异构化装置以获得较高加工能力及生产具有较高辛烷值异构产物的理想选择。

传统的氯化氧化铝催化剂具有高的选择性和低的操作温度，裂化反应很少，因此采用氯化氧化铝催化剂得到的 C_5^+ 收率比沸石催化剂或硫化的金属氧化物催化剂都要高。新开发的高性能的氯化氧化铝催化剂与传统的氯化氧化铝催化剂相比，在一次通过的异构化装置中，异构化汽油的辛烷值可以提高 0.5~1 个单位，但高性能的氯化氧化铝催化剂不仅对原料的要求苛刻，要求对原料进行加氢和干燥处理，而且不能经济地再生，最后只能更换催化剂。

二、烷烃异构化的工艺流程

C_5/C_6 异构化过程 1958 年在国外实现了工业化，目前世界上 C_5/C_6 异构化反应技术主要是 UOP、IFP、HRI、KBR、ABB Lummus 等国外大公司的专利技术。现已有多种烷烃异构化的工艺流程。

（一）完全异构化

图 9-11 给出完全异构化的工艺流程。该工艺将未转化的正构烷烃在吸附器中用分子筛选择性吸附分离出来，循环回到反应器继续进行异构化反应，使正构烷烃的转化率提高，从而使产物的辛烷值也提高。

（二）分子筛异构化

分子筛异构化是美国环球油品公司（UOP）的专利技术。分子筛异构化的工艺的特点是不需要注入氯化物，不需要原料及氢气的干燥器，但需要加热炉和循环氢系统，如 HS-10 分子筛催化剂对原料的要求较低。一次通过的分子筛异构化的工艺流程如图 9-12 所示。

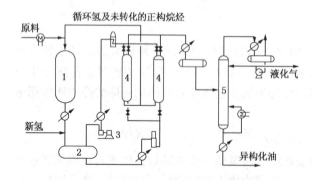

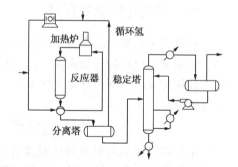

图 9-11　C_5/C_6 完全异构化工艺流程　　　　图 9-12　一次通过的分子筛异构化工艺流程

1—反应器；2—分离器；3—压缩机；4—吸附器；5—稳定塔

（三）Par-Isom 异构化工艺

Par-Isom 异构化工艺是 UOP 开发的一种采用金属氧化物催化剂的异构化工艺，投资较低，适用于现有加氢精制装置和固定床催化重整装置改造为异构化装置，并可以取代分子筛异构化工艺。一次通过的 Par – Isom 工艺的流程如图 9-13 所示。其工艺流程和传统的分子筛催化剂异构化工艺流程相似。

新鲜原料和氢气分别干燥后混合，直接进入换热器与蒸汽或导热油换热到反应温度后进入反应器。根据企业实际情况，可以采用一个或两个反应器。反应器流出物进入分离罐，将氢气和液体产品分离。氢气回到循环氢压缩机，压缩后去反应部分。液体产品去稳定塔，稳定塔顶得到的氢气与轻烃混合气体经碱洗除去 HCl 后送入燃料气管网。稳定塔底得到除去气体的异构化汽油，可直接用作高辛烷值汽油调和组分。

（四）Lummus 异构化工艺

Lummus C_5/C_6 异构化工艺是鲁姆斯（Lummus）全球股份有限公司的专利技术。该工艺一次通过可以把正构烷烃转化成辛烷值较高的异构烷烃，一般可生产 RON 为 84~85 的异构化汽油，还能实现芳烃的完全饱和。Lummus C_5/C_6 异构化工艺流程见图 9-14。

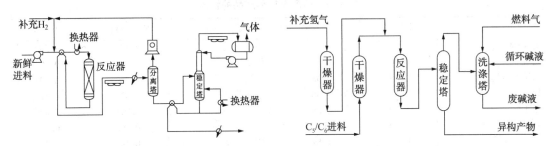

图 9-13 一次通过的 Par-Isom 工艺的流程　　　　图 9-14 Lummus 异构化工艺流程

（五）国内自主开发的全异构化工艺

我国国产原油普遍含轻馏分低，异构化的原料来源受到很大限制，因而制约了异构化技术的发展。随着今后加工进口油数量的日益增加，$C_5 \sim C_6$ 轻馏分油的来源会日益增多，必将使烷烃异构化工艺在我国获得更快发展。1993 年，金陵石化公司和华东理工大学共同开发了全异构化工艺过程，填补了国内空白。全异构化工艺原则工艺流程见图 9-15。

将加氢裂化装置提供的轻石脑油原料切除 C_7^+ 组分后，进入由四塔组成的分子筛吸附分离部分，进行正、异构烷烃的分子筛吸附分离，由吸附分离部分出来的脱附油进入异构化反

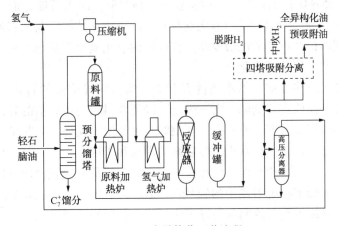

图 9-15 全异构化工艺流程

应部分，异构化反应后的产物再返回到吸附分离部分，再一次进行正、异构烷烃的分子筛吸附分离，从而得到全异构化汽油。吸附分离部分用 5A 分子筛小球作吸附剂，异构化反应部分用 CI-50 异构化催化剂。装置的液收率为 94.5%，所产异构化汽油的研究法辛烷值为 89.5~90.7，达到国外同类工艺水平。

该装置适宜的工艺条件是：

（1）吸附分离部分：床层吸附压力 2.0~2.2MPa，床层平均吸附温度 350~360℃，吸附时间 3.6min，中间馏分吹扫气量（标准状态）为吸附器体积的 4~5 倍，中间馏分吹扫时间 3~6min，床层平均脱附温度 350~360℃，脱附时间 3~6min，脱附气量（标准状态）为吸附器体积的 50~70 倍，吸附剂的工作容量 1.5%~2%。

（2）异构化反应部分：压力 1.9~2.0MPa，温度 270~280℃，质量空速 0.3~1.0h^{-1}，氢油摩尔比 4~15。

表 9-6 给出标定的原料和产品性质。

表 9-6　标定原料和产品的性质

项　目	原　料	产　品	项　目	原　料	产　品
组成/%			2-甲基戊烷	8.12	7.50
乙烷	0.04	0.10	3-甲基戊烷	5.48	0.29
丙烷	0.18	0.33	正己烷	8.84	6.30
异丁烷	4.69	3.86	甲基环戊烷	0.33	0.37
正丁烷	5.69	1.86	苯	4.02	3.37
异戊烷	31.58	55.17	$i\text{-}C_7$	0.09	0.05
正戊烷	12.37	1.82	$n\text{-}C_7^+$	0.14	0.37
2，2-二甲基丁烷	0.27	0.69	汽油研究法辛烷值	80.8	90
2，3-二甲基丁烷	18.16	18.92	全异构化油收率/%	94.5	

三、影响异构化汽油质量的主要因素

影响 C_5/C_6 烷烃异构化汽油质量的因素主要有原料性质、催化剂、反应温度和循环氢纯度等。

原料中的 C_7^+ 烷烃不仅平衡转化率低，而且极易发生裂解生成丙烷和丁烷；苯可能被加氢生成环己烷，这些副反应不仅消耗氢，还会加速催化剂的积炭，必须加以严格控制。因此，异构化原料的组成和性质会影响产品的性质和收率。

用于 C_5/C_6 烷烃异构化工艺的催化剂主要有三种类型，即沸石催化剂、硫化的金属催化剂和氯化氧化铝催化剂，不同类型的催化剂有不同的异构化性能。与沸石催化剂相比，采用硫化的金属催化剂所得产物的辛烷值要高。高性能的氯化氧化铝催化剂比传统的氯化氧化铝催化剂能获得更高辛烷值的异构化汽油。

烷烃异构化是微放热反应，低温条件有利于正构体向异构体的转化，从热力学观点出发，烷烃异构化反应需要在较低的温度下进行，以便获得较高辛烷值的异构化汽油。在异构化催化剂反应活性温度条件下，原料中的环烷烃几乎不发生反应，只起稀释剂的作用；苯能很快加氢转化成环己烷；C_7 庚烷有少部分裂解为丙烷和丁烷。

循环氢纯度对产品质量和操作条件都有一定影响。循环氢中若轻烃含量过高，则会影响吸附、脱附效果，而残留在脱附氢中的轻烃（主要是低辛烷值的正戊烷）会直接影响异构化油的辛烷值。一般采用重整氢或制氢装置工业氢作为装置的补充氢气。

第十章 燃料油品的精制

石油经一次加工、二次加工后得到的各种轻质燃料油品，还不能完全达到产品的使用要求，因为这些油品中常含有少量的杂质或非理想的成分，如硫、氮、氧等化合物、胶质、某些不饱和烃或芳香烃，特别是加工含硫原油时，尤为突出，硫化物含量更高。这些杂质或非理想成分对油品的颜色、气味、燃烧性能、低温性能、安定性、腐蚀性等使用性能有很大的影响，而且燃烧后放出有害气体污染大气，油品易于变质等。为了使油品质量能够满足使用要求，需要将这些杂质或非理想成分从油品中除去，这一工艺过程叫做油品的精制。

油品精制的方法很多，在燃料生产中采用过的精制过程主要有：

1. 化学精制

使用化学药剂(如硫酸、氢氧化钠等)与油品中的一些杂质(如硫化合物、氮化合物、胶质、沥青质、烯烃和二烯烃等)发生化学反应，将这些杂质除去，以改善油品的颜色、气味、安定性，降低硫、氮的含量等。本章将叙述的酸碱精制和氧化法脱硫醇过程都属于化学精制过程。

2. 溶剂精制

利用某些溶剂对油品的理想组分和非理想组分(或杂质)的溶解度不同，选择性地从油品中除掉某些非理想组分，从而改善油品的一些性质。例如，用二氧化硫或糠醛作为溶剂，降低柴油的芳香烃含量，改善柴油的燃料性能，同时还能使含硫量大为降低。但由于溶剂的成本较高，且来源有限，溶剂回收和提纯的工艺较复杂，因此溶剂精制在燃料生产中应用不多。

3. 吸附精制

利用一些固体吸附剂如白土等对极性化合物有很强的吸附作用，脱除油品的颜色、气味，除掉油品中的水分、悬浮杂质、胶质、沥青质等极性物质。此法技术落后，生产效率低，不能脱硫，因而现已被其他的精制方法所代替。

目前炼化企业广泛采用的 S-Zorb 工艺就是一种汽油吸附脱硫精制过程。它是在临氢的条件下，采用独特的吸附剂，吸附硫化物中的硫原子，使之保留在吸附剂上，而硫化物的烃结构部分则被释放回工艺物流中，从而达到脱硫的目的。S-Zorb 工艺常用来生产低硫及超低硫汽油。

分子筛脱蜡过程也是一种吸附精制过程。分子筛是一种合成泡沸石，是结晶的碱金属的硅铝酸盐。它具有直径一定的均匀孔隙结构，所以是一种高选择性的吸附剂。分子筛脱蜡过程所使用的 5A 分子筛孔腔窗口的直径为 $0.5 \sim 0.55nm(1nm = 10^{-9}m)$，它可以选择性地吸附分子直径小于 0.49nm 的正构烷烃，而不能吸附分子直径大于 0.56nm 的异构烷烃和分子直径在 0.6nm 以上的芳香烃和环烷烃。利用 5A 分子筛将正构烷烃吸附后脱除，可以提高汽油的辛烷值，降低喷气燃料的冰点和轻柴油的凝点。分子筛吸附正构烷烃后，用水蒸气或戊烷进行脱附，分子筛可以在吸附-脱附交替操作中循环使用。

4. 加氢精制

加氢精制是在催化剂存在下，用氢气处理油品的一种催化精制方法。由于高压氢气和催化剂的存在，油品中的非烃化合物如硫、氮、氧等化合物转化成相应的烃和硫化氢（H_2S）、氨（NH_3）、水（H_2O），烃仍保留在油中，而杂质从油品中除掉，烯烃和二烯烃可以得到饱和。由此可见，油品经过加氢精制，不仅质量好而且产品产率高，是燃料生产中最先进的精制方法。

我国催化裂化汽油的硫含量、烯烃含量高，占汽油调和组分的比例大。催化裂化生产的汽油经过常规的汽油脱硫醇处理后大部分仍需要经过加氢精制。掺渣油原料催化裂化柴油的安定性很差，含硫原料催化裂化柴油的硫含量高，一般需要加氢精制或加氢改质后才能作为合格的调和组分。因此，目前催化裂化生产的汽油和柴油通常是采用加氢精制方法提高产品质量，故加氢精制已逐渐代替其他的精制过程。

5. 柴油冷榨脱蜡

用冷冻的方法，使柴油中含有的蜡结晶出来，以降低柴油的凝点，同时又可获得商品石蜡。

本章主要介绍酸碱精制、轻质油品脱硫醇和 S-Zorb 吸附脱硫等几种精制工艺，有关加氢精制已在第七章第一节中作了介绍。

第一节　酸碱精制

酸碱精制是最早出现的一种精制方法，这种精制方法工艺简单、设备投资和操作费用低，目前仍是普遍采用的精制方法之一。国内炼油厂现在采用的是改进了的酸碱精制方法，它是将酸碱精制与高压电场加速沉降分离相结合的方法。

一、酸碱精制的基本原理

酸碱精制过程包括酸、碱精制和静电混合分离。

1. 酸精制原理

浓硫酸可以与油品中的某些烃类和非烃类化合物发生化学反应。

在一般的硫酸精制条件下，硫酸对各种烃类除可微量溶解外，对烷烃、环烷烃等主要组分基本上不起化学作用。在过量的硫酸和升高温度的情况下，硫酸可与芳烃发生磺化反应生成磺酸。所以，在精制汽油时，应控制好精制条件，否则会由于芳烃损失而降低辛烷值。若是精制喷气燃料，由于对芳烃含量有一定限制，所以可除去一部分芳烃，但是精制产品的收率会有所降低。

硫酸可与大部分的烯烃和非烃化合物发生化学反应，这些非烃化合物包括含氧化合物、碱性氮化物、含硫化合物、胶质等。

硫酸对非烃类化合物的溶解度较大，与它们的作用可分为化学反应、物理溶解和无作用三种情况。其中硫化氢在硫酸的作用下氧化成硫，仍旧溶解于油中。所以在油品中含有相当数量的硫化氢时，必须用预碱洗法除去硫化氢。

2. 碱精制原理

碱精制是用浓度为 10%～30%（质）的氢氧化钠水溶液与油品混合，碱液与油品中的烃类几乎不起作用，但它可除去油品中的含氧化合物（如环烷酸、酚类等）和某些硫化物（如硫化氢、低分子硫醇等）以及中和酸洗之后油品中残留的硫酸、磺酸、硫酸酯等。碱精制过程往往是和硫酸精制联合应用，即所谓的酸碱精制。在硫酸精制之前的碱洗称为预碱洗，主要是为了除去硫化氢；在硫酸精制之后的碱洗，其主要目的是除去酸精制后油品中残余的酸渣。

酸碱洗涤后，还需进行水洗，以除去残余的酸碱等杂质，保证成品油呈中性。

3. 电场的作用

纯净的油是不导电的，但在酸碱精制过程中生成的酸渣和碱渣能够导电。

在酸碱精制过程中，酸和碱呈微粒分散在油品中，在高电压(15000~25000V)直流(或交流)电场的作用下，加速了酸碱微粒在油品中的运动，使各种杂质与酸碱充分接触，促进了杂质与酸碱的反应或溶解；同时也加剧了反应产物颗粒间的相互碰撞，促进了酸渣和碱渣的聚集和沉降，从而达到快速分离的目的。

由此可见，电场的作用：一是促进反应；二是加速聚集和沉降分离。电场作用下的酸碱精制解决了早期酸碱精制(无电场作用)中最困难的分离问题，而且减少了酸碱用量，提高了精制效果，减少油品损失，提高了精制油品的收率，缩小了精制设备的尺寸。

二、酸碱精制的工艺流程

酸碱精制的工艺流程一般有预碱洗、酸洗、水洗、碱洗、水洗等步骤，可根据需精制的油品种类、杂质含量和精制产品的质量要求，确定采取部分步骤。例如酸洗前的预碱洗，只有当原料中含有较多的硫化氢时才采用；而酸洗后的水洗是为了除去一部分酸洗后未沉降完全的酸渣，减少后面碱洗时的用碱量；对直馏汽油和催化裂化汽油及柴油通常只采用碱洗。

图 10-1 为酸碱精制的工艺流程，包括预碱洗、酸洗、碱洗、水洗四个部分。

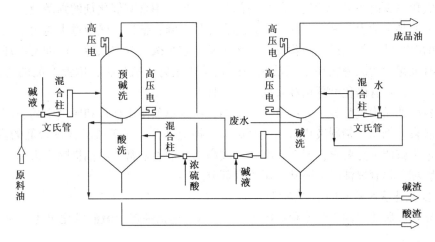

图 10-1　酸碱精制原则流程

原料油与碱液(浓度一般为 4%~15%)充分混合后，进入电分离器，碱渣在高压电场作用下凝聚、沉降、分离，并从分离器底部排出。混合器可以是文氏管或静态混合器等。

预碱洗后的油品在常温下(通常是 25~35℃)与浓硫酸充分混合，硫酸浓度为 93%~98%，用量约为原料油量的 1%(质)，混合后进入酸洗电分离器。酸渣自分离器底部排出。

酸洗后的油品依次再经过碱洗(碱液浓度为 10%~30%，用量约为 0.2%~0.3%)和水洗电分离器，成品油自水洗电分离器顶部排出。

酸碱精制的主要设备是电分离器。外观为一立式圆筒，底部呈圆锥形。器内上部装有电极，电极电压为 $2×10^4$V 左右的直流或交流电，电场梯度为 1600~3000V/cm。

酸碱精制过程虽有技术简单、设备投资少和操作费用低等特点，但由于需要消耗大量的酸碱，产生的酸碱废渣不易处理且严重污染环境，以及精制损失大、产品收率较低，所以酸碱精制将被其他精制方法特别是加氢精制所代替。

第二节　轻质油品脱硫醇

轻质直馏产品精制的目的主要是脱除硫化物(特别是含硫原油加工的油品)，而汽油、喷气燃料中所含硫化物大部分为硫醇。硫醇不但有极难闻的臭味(当油中含有 10^{-8} g/L 的硫醇时就会有恶臭味)，而且还影响油品的其他使用性能。例如：易使油品在贮存中生成胶质；对铜铅及其合金有强烈的腐蚀作用；使汽油对抗爆剂的感受性变差。所以从汽油、煤油等轻质油品中脱除硫醇是提高油品质量的一个主要问题，通常把这一工艺过程叫做油品脱臭。

我国精制直馏石油产品的脱硫醇装置，广泛采用的是催化氧化脱硫醇法。该法是利用一种催化剂使油品中的硫醇在强碱液(氢氧化钠溶液)及空气存在的条件下氧化成无臭无害的二硫化物。根据工艺方法的不同可分为：①抽提氧化法脱硫醇；②固定床催化氧化法脱硫醇；③铜–13X 分子筛脱硫醇；④分子筛吸附精制。

一、抽提氧化法脱硫醇

1. 抽提氧化法脱硫醇的基本原理

抽提氧化法脱硫醇包括抽提和脱臭两部分。抽提是用含有催化剂的强碱液把硫醇以硫醇钠的形式从油品中抽提出来，因此产品的总含硫量下降；抽提后碱液送去再生，在再生过程中碱液中的硫醇钠被氧化成二硫化物，不溶于碱，它与碱液分层以后，碱即可循环使用。脱臭是在含有催化剂的碱液作用下把油品中的硫醇转化为二硫化物，因此产品的总含硫量不变。常用的催化剂有磺化酞菁钴和聚酞菁钴两种。

由于各种油品中硫醇分子大小及含量不同，可以单独使用抽提和脱臭中的一部分或将两部分结合起来。例如，精制液化石油气时可只用抽提部分；对于硫醇含量较低的汽油馏分，只用脱臭过程就能满足要求；但对硫醇含量较高的汽油则通常先经抽提除去大部分硫醇，然后再进行脱臭；精制煤油时，通常只用脱臭部分。

2. 抽提氧化法脱硫醇的工艺流程

抽提氧化法脱硫醇的工艺流程如图 10-2 所示，包括抽提、碱液氧化再生和化脱臭等几个部分。

(1) 预碱洗。由于原料油中含有的硫化氢、酚类和环烷酸等会降低脱硫醇的效果，缩短催化剂的使用寿命，所以在脱硫醇之前须用 5% ~ 10% 浓度的氢氧化钠溶液进行预碱洗，以除去这些酸性杂质。

(2) 抽提。经过预碱洗后的原料油进入抽提部分的硫醇抽提塔下部，含有催化剂的氢氧化钠碱液从抽提塔的上部进入。油、碱逆向接触，油中的硫醇在催化剂作用下与碱反应生成硫醇钠，并溶于碱液中。抽提温度一般为室温，碱浓度约为 10%，催化剂在碱液中的浓度为 $(100 \sim 200) \times 10^{-6}$。

(3) 碱液氧化再生。含硫醇钠的碱液从抽提塔底部排出，经加热后与空气一起进入氧化塔，把溶解的硫醇钠盐氧化为二硫化物，送入二硫化物分离罐，分离出过剩的空气和二硫化物，下层分离出来的再生催化剂碱溶液送回抽提塔上部循环使用。

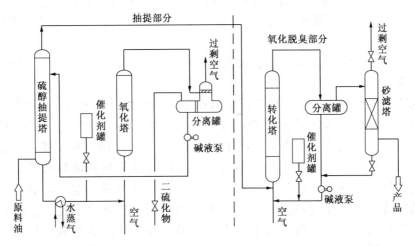

图 10-2　抽提氧化法脱硫醇工艺流程

（4）氧化脱臭。经抽提后的油品自抽提塔顶部排出，与空气及含催化剂的碱液混合后进入氧化脱臭部分的转化塔，在这里将残余在油中的硫醇氧化成二硫化物（在此二硫化物仍存在于油中），然后进入静置分离器，与碱液及空气分离后，在砂滤塔内除去残留的碱液即为精制油品。由分离罐底分出的含有催化剂的碱液送回到转化塔循环使用。

上述流程中，除抽提部分的氧化塔在 50~60℃ 操作外，其他各部分都在常温下操作，压力为 0.4~0.7MPa。在这些条件下油品和碱液都处于液相，因此，此法亦称为液-液法催化氧化脱硫醇。

此法的工艺和操作简单，投资和操作费用低，脱硫醇的效果好。对液化石油气硫醇脱除率可达 95% 左右，对汽油也可达 80%。

二、固定床催化氧化法脱硫醇

该法是先把催化剂（与上相同）和空气混合后载于载体上，用氢氧化钠溶液润湿后，将原料通过此床层进行反应。在脱臭过程中定期向底层注入碱液。固定床法可用于直馏汽油和煤油的脱臭，其优点是不必碱液循环。

图 10-3 是（汽油）固定床法脱硫醇的原理流程。汽油在脱硫醇前进行预碱洗，以中和油中的硫化氢。预碱洗后的油与空气混合后进入固定床反应器，在吸附了催化剂碱液的活性炭床层上进行氧化反应，使硫醇转化为二硫化物后进入沉降分离罐进行分离。沉降分离罐顶部

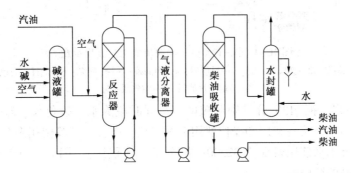

图 10-3　固定床催化氧化脱硫醇法流程示意

出来的气体，主要组分是空气，还携带有少量的油气，经过柴油吸收塔将其中的油气吸收下来后，剩余气体通过水封罐排入大气。分离罐底出来的即为脱硫醇汽油，硫醇脱除率大于94%。

固定床法脱硫醇的压力是常压，温度为35~40℃，碱浓度为9%~12%，催化剂浓度(对载体)约为130μg/g。

上述两种方法虽然应用得比较广泛，但都还存在着共同的弱点，即脱臭过程中总要消耗碱并有一定量的废碱液排出，造成环境污染。近几年来研究出来的无碱液脱臭法克服了以上的弱点。该法的特点是使用了一种碱性活化剂(用于提高脱臭率和延长催化剂寿命)和助溶剂(醇类)。催化剂(如磺化酞菁钴)、活化剂和助溶剂形成的溶液，可以与汽油或煤油完全互溶，成为一均相体系，向该体系中通入空气即可使硫醇氧化而脱臭。该法的优点是：完全不用碱液，也无废液排出；脱臭效率提高；活化剂用量极微，残留在油中对油品质量没有影响。汽油无碱液脱臭的工业试验已取得成功，使汽油中的硫醇含量下降到3~5μg/g。

三、铜-13X分子筛脱硫醇

铜-13X分子筛脱硫醇也是一种催化氧化脱硫醇的方法，其基本原理也是在催化剂的作用下，把硫醇转化为二硫化物而仍留在油中。所用的催化剂是13X分子筛经部分铜离子(Cu^{2+})交换后的钠-铜型分子筛。硫醇的转化是在固定床中进行的，用空气氧化，而不需用碱液，因此，没有废碱液的处理问题，有助于控制环境污染。催化剂失活后，用一种溶剂洗涤，其活性即可恢复。这种方法主要用于直馏喷气燃料的精制，也可用于汽油、煤油的精制。

图10-4是铜-13X分子筛脱硫醇典型的工艺流程示意图。原料经换热器换热至一定的温度(120~130℃左右)，与空气混合后，进入装有分子筛催化剂的固定床反应器，油品中的硫醇在其中转化为二硫化物。反应后的油品经冷却器冷却至40~60℃，进入活性炭脱色罐进行脱色处理(脱色后的油品是无色的)，再经过过滤器后，作为精制油品出装置。

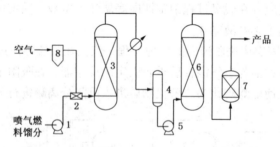

图10-4 铜-13X分子筛脱硫醇工艺流程示意

1—原料泵；2—文氏混合管；3—反应器；4—中间罐；5—中间泵；6—活性炭脱色罐；
7—玻璃毛过滤器；8—空气脱水罐

由图10-4看出，铜-13X分子筛脱硫醇，可同时脱除水、硫化氢、硫醇等，无需设预碱洗，具有流程简单、设备费用和操作费用低等优点，而且分子筛使用寿命长，可连续运转一年以上，一次分子筛使用寿命为32200(油/分子筛体积比)。因此，目前工业上常用这种方法进行轻质油品的脱硫醇。

四、分子筛吸附精制

用分子筛吸附油品中的杂质(如硫、氧、氮等极性化合物)是另一种对直馏产品进行精制的方法，所用吸附剂为CaY(Ⅱ)型分子筛，进行气相吸附，脱附剂为水蒸气。CaY(Ⅱ)型分子筛的孔径为0.9~1.0nm。在吸附过程中主要是应用Y型分子筛的极性进行吸附。极性愈强或愈易被极化的分子也就愈易被Y型分子筛所吸附。分子筛吸附杂质后，吸附能力逐渐下降。当下降到一定程度后就需要脱附，以恢复其吸附能力。Y型分子筛吸附剂的水热稳定性好，故可用水蒸气脱附。

分子筛吸附精制的工艺示意流程见图10-5。

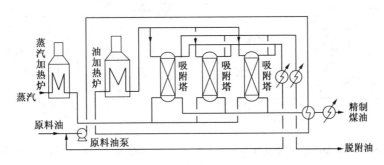

图10-5　分子筛吸附精制工艺流程图

流程中采用三个吸附塔，操作程序是以吸附时间两倍于脱附时间(包括吹扫中间馏分的时间)安排的。操作中经常有两塔处于吸附状态，一塔处于脱附状态，轮番切换，达到连续操作目的。

分子筛经长期使用后，必须进行烧焦才能恢复其吸附活性。烧焦是在460~480℃(不超过500℃)条件下，以水蒸气为稀释剂，以空气为助燃剂，采用高温氧化的方法来完成。

五、催化汽油无碱脱臭Ⅱ型工艺

我国的汽油脱臭工艺原来大都采用传统的液-液法。早在1989年，中国石油大学与中国石化齐鲁分公司合作开发了第一代无碱脱臭工艺。该工艺与液-液法相比，在提高脱臭效率和油品精制质量以及消除废碱排放方面具有明显的先进性，因而很快得到了推广应用。但早期的无碱脱臭工艺使用的催化剂不适宜作固定床催化剂。

中国石油大学(北京)与中国石油化工股份有限公司武汉分公司合作开发了无碱脱臭Ⅱ型工艺；中国石油大学(华东)开发了MCSP脱臭技术。目前，这两种技术在汽油脱臭方面仍得到广泛的工业应用。

1. 无碱脱臭Ⅱ型工艺

无碱脱臭Ⅱ型工艺采用新型催化剂AFS-12，此催化剂活性高，寿命长，可填充在固定床反应器中。在助剂(即活化剂)的协同作用下，汽油与空气通过固定床时完成氧化反应形成二硫化物，从而达到脱臭(脱硫醇)目的。由于正常时不需要碱液，所以不产生废碱，大大减轻了碱渣处理负荷，保护了环境。

助剂ZH-22主要成分是复配类型的有机碱表面活性剂；催化剂AFS-12以活性炭为载体，有机络合物CP-01为活性组分，具有粉尘少、开工容易、活性组分在载体上分布均匀等特点。并且在催化剂丧失活性后，可充分利用载体在现场进行再生。图10-6是无碱脱臭

Ⅱ型工艺的原理流程图。

2. MCSP 脱臭技术

重油催化裂化汽油 MCSP 脱臭技术，是中国石油大学(华东)在适用于催化裂化汽油脱臭的无碱液固定床脱臭工艺基础上研究开发的适用于重油催化裂化汽油脱臭的精制技术，其技术特点是针对重油催化裂化汽油中高分子量的和异构的硫醇含量高，经过装置设计、操作条件优化以及使用一种能提高脱臭效率、延长装置运转周期及成本更低的第二代高活性活化剂，来解决重油催化裂化汽油脱臭的问题。MCSP 脱臭工艺原则流程如图 10-7 所示。

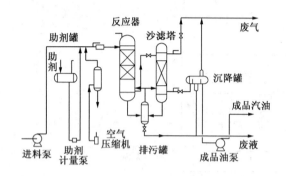

图 10-6　无碱脱臭Ⅱ型工艺原理流程图　　　　　图 10-7　MCSP 脱臭工艺原则流程

在重油催化汽油中，异构硫醇、高级硫醇含量较大，低分子正构硫醇含量较小。由于异构硫醇及高级硫醇酸性较弱，碱溶性小，故不易和通常的脱臭助剂反应。在重油催化裂化汽油 MCSP 脱臭工艺中，使用一种特殊技术制造的具有高活性的活性剂，将其均匀分散解于油相中，不需要硫醇发生相转移，即可形成硫醇负离子，油相中的硫醇负离子随即与固定床上的催化剂和油相中的氧气接触，发生反应，因此能够大大提高对异构硫醇及高级硫醇的脱除率。工业试验结果表明，该技术与液-液脱臭法相比，脱臭率提高了 28 个百分点，达到 95%以上，博士试验合格率达到 100%。

高活性的活性剂与传统的活化剂相比，具有活性高、易于汽油分散溶解、能够充分清除附着在催化剂床层上的胶质、延长反应器操作周期等特点。床层操作周期的概念为床层投入运行到汽油硫醇或博士试验不合格的时间间隔。重油催化裂化汽油 MCSP 脱臭技术反应器设计操作周期为 6 个月。改造后哈尔滨石化分公司汽油脱臭装置在加工大庆常渣时的实际操作周期达到 12 个月。

六、S-Zorb 汽油脱硫工艺

S-Zorb 汽油脱硫是利用特定的吸附剂实现汽油中硫的转移脱除。该工艺采用独特的专利吸附剂，吸附硫化物中的硫原子，使之保留在吸附剂上，而硫化物的烃结构部分则被释放回工艺物流中，从而达到脱硫的目的。

S-Zorb 技术的前身是美国 Phillips 石油公司的气体净化技术 Z-Sorb，其专用吸附剂的主要成分是氧化锌、氧化镍及一些硅铝组分。氧化锌用于吸收气态 H_2S，具有硫储存转移的功能；镍(主要以金属镍的形式存在)主要起催化活化含硫化合物的作用；硅铝组分则作为结构单元和黏结剂。

S-Zorb 过程的主要反应如下：

$$RSH + ZnO + H_2 \xrightarrow{Ni} RH + ZnS + H_2O$$

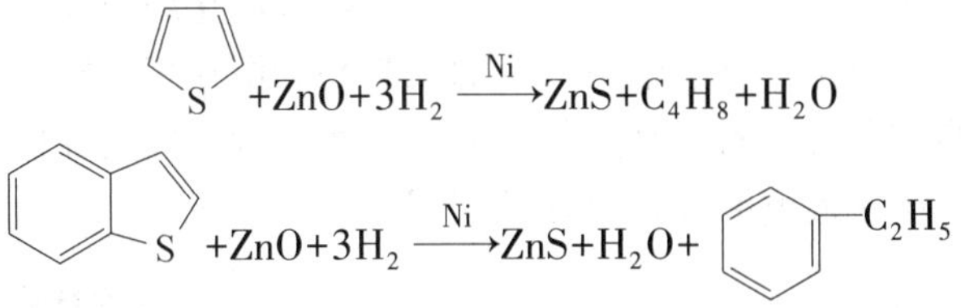

$+ ZnO + 3H_2 \xrightarrow{Ni} ZnS + C_4H_8 + H_2O$

$+ ZnO + 3H_2 \xrightarrow{Ni} ZnS + H_2O +$

由于在反应中没有游离状态的硫化氢存在，避免了烯烃与硫化氢生成硫醇的二次反应，故可以将产品中的硫醇降到超低值。

中国石化石油化工科学研究院(RIPP)通过对 S-Zorb 反应机理的深入研究，提炼出既能实现催化裂化汽油深度脱硫，又能确保汽油辛烷值的新一代 S-Zorb 催化加氢转化脱硫的反应路径，如图 10-8 所示。利用具有零价镍-氧化锌耦合活性中心的催化剂，可以即时转化硫化镍加氢生成的硫化氢，提高噻吩催化加氢脱硫的平衡转化率，减少硫化氢与汽油中烯烃反应生成硫醇的副反应，从而解决了传统加氢技术难以实现超深度脱硫的技术难题。同时，可以使活性金属镍保持在对噻吩分子具有高吸附选择性的零价态，大大减少烯烃等高辛烷值组分在催化剂表面吸附加氢的概率，从而实现降低辛烷值损失的目标。

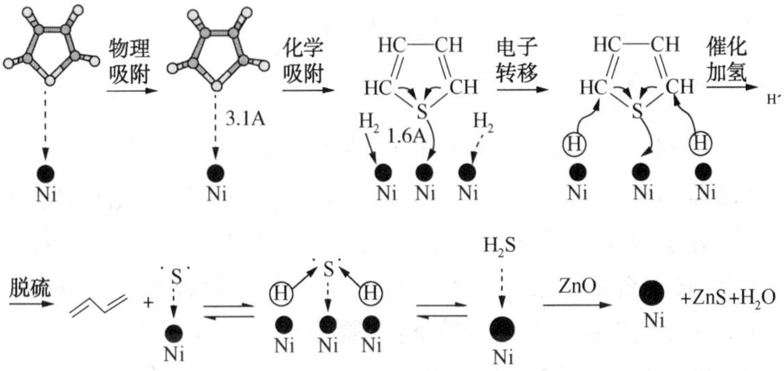

图 10-8　新一代 S-Zorb 催化加氢转化脱硫的反应路径

由此看出，在 S-Zorb 吸附脱硫过程中，汽油中的硫醇、噻吩以及苯并噻吩是在镍组分的催化作用下加氢生成硫化氢，硫化氢被吸附剂(即催化剂)中的氧化锌吸附转化为硫化锌，硫化锌通过氧化再生恢复活性，其他部分则保持不变返回气相中。可见，吸附剂起到汽油中硫转化和吸收转移的作用，其性能直接决定 S-Zorb 技术的脱硫率。

在 S-Zorb 的反应过程中，不会产生 H_2S 气体，可以避免 H_2S 与烯烃反应再生成硫醇，故可用来生产低硫及超低硫的清洁汽油。与同类技术相比，S-Zorb 吸附脱硫技术具有以下特点：①辛烷值损失少，工艺反应条件相对缓和，能有效控制烯烃的加氢反应，尽量减少汽油辛烷值的损失；②氢气消耗较低，对原料氢气纯度要求不高；③能耗较低，不需要对汽油馏分进行切割，可直接以 FCC 汽油进料，开个初期和末期的脱硫率相当，且开工周期完全可以与 FCC 装置匹配；④汽油收率较高，体积损失少。

S-Zorb 工艺是在适宜的温度、压力和临氢的条件下，采用流化床反应器，将原料汽油(如 FCC 汽油)中所含的硫以金属硫化物形态吸附到吸附剂上，而吸附了硫原子的吸附剂可以连续地输送到再生器中进行再生，以恢复吸附剂的活性，从而连续稳定地生产出硫含量很低的汽油产品。S-Zorb 脱硫技术工艺条件大致为：反应温度 350~450℃，反应压力 2.0~3.5MPa，重时空速 4~10h^{-1}，氢气纯度 70%~99%。

图 10-9 给出第二代 S-Zorb 工艺流程示意图。具体流程为：汽油原料与氢气物流混合后在进料加热炉中汽化，随后进入流化床反应器底部，随着汽化原料物流通过床层，吸附剂脱除烃类蒸气中的硫化物，硫化物分子中不含硫的烃类部分留在工艺物流中，硫原子留在吸附剂中，随后送往再生器。在再生器中吸附剂被氧化，产生含二氧化硫的烟气，再生烟气可以利用碱液处理，也可以送往硫黄回收装置处理利用。

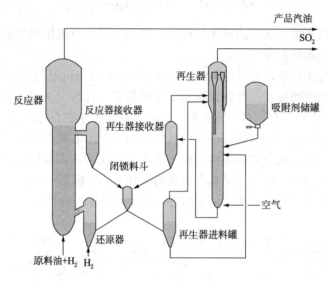

图 10-9　第二代 S-Zorb 工艺流程示意图

S-Zorb 脱硫技术是由美国 Phillips 石油公司开发，2007 年被中国石化整体收购买断。中国石化在消化吸收原 S-Zorb 技术基础上对其进行了进一步优化和改进。近年来，RIPP 与中国石化工程建设公司(SEI)联手合作，通过对反应原理、工艺工程技术、催化剂等方面的技术创新，提出了催化裂化汽油高选择性催化加氢转化脱硫技术的新思路，成功开发了 FCAS 系列的 S-Zorb 专用吸附剂，取得质的提升。在脱硫率 99%的情况下，RON 损失仅 0.3～1.0，能耗仅为同类技术的 1/3，这些关键技术指标均达到国际领先水平，成功解决了超深度脱硫过程中辛烷值损失大、能耗高、经济性差的世界级难题。

新一代 S-Zorb 清洁汽油生产成套技术的各项技术指标全面超越原技术，达到国际一流水平，为大规模工业推广应用奠定了基础。在我国汽油质量升级过程中，该技术将发挥越来越重要的作用，现已成为国内生产符合国Ⅵ标准清洁车用汽油的主力技术。

第十一章　润滑油生产

润滑油占石油产品的比例很小，即用量较少，但润滑油的品种很多，数以百计，而且根据使用情况的不同，常常各有特殊的要求。因此，润滑油的生产过程通常是比较复杂的。

以石油为原料生产润滑油的基础油，主要是利用原油中较重的部分。为了生产不同黏度的润滑油，传统的方法是将重质油在减压下分馏为轻重不同的几个馏分和渣油。前者为馏分润滑油料(一般称为润滑油基础油)，可用以制取变压器油、机械油等低黏润滑油；后者为残渣润滑油料，用来制取汽缸油、航空发动机润滑油等高黏润滑油。从润滑油料到润滑油产品，还要经过一系列的工序，诸如精制、脱蜡及调和等。因此，就润滑油生产的整个过程而言，大致经过如下工序：①切取合适馏程的原料；②精制；③脱沥青；④脱蜡；⑤补充精制和后处理；⑥调和。切取原料通常在常减压装置上进行，得到黏度大致合适的基础原料；精制和脱蜡的目的在于脱除原料油中的非理想组分和杂质；调和的目的是将几种润滑油基础馏分(或加添加剂)调和以获得多种不同规格的产品。残渣油中尚含有大量沥青质，因此制取残渣润滑油必须先经溶剂脱沥青，才能顺利进行精制。无论是精制、脱蜡或脱沥青，工艺过程均较复杂，而且过程进行得好坏直接影响润滑油的质量。在润滑油生产中采用加氢工艺，可部分取代原有的工艺过程，简化了流程。图 11-1 是润滑油的一般生产程序。

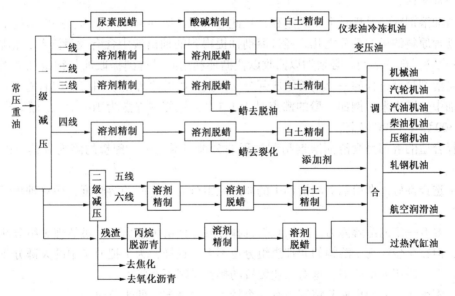

图 11-1　润滑油生产程序

近年来，随着科学技术的进步和汽车工业的发展，新的机械设备不断出现，对成品润滑油的质量要求越来越高，产品等级的更新换代加快。为了满足润滑油新的指标要求，润滑油基础油的生产工艺发生了重大变化，采用传统的物理方法生产的润滑油基础油已不能满足生产高质量润滑油的要求；物理精制过程也已不能完全适应新的质量指标要求。无论润滑油基础油还是成品油生产，正在逐渐向化学方法(加氢法)过渡。

217

第一节 溶 剂 精 制

从常减压装置得到的润滑油料，包括馏分润滑油料和脱沥青后的残渣润滑油料，含有多种不能作为润滑油的物质，即非理想组分，包括：胶质、沥青质、短侧链的中芳烃及重芳烃、多环及杂环化合物、环烷酸类，以及含硫、氮、氧的非烃化合物。这些物质的存在会使油品的黏度指数变低，抗氧化安定性变差，氧化后会产生较多的沉渣及酸性物质，堵塞、磨损和腐蚀设备构件，还会使油品颜色变差。为了满足上述要求，必须从润滑油原料中除去大部分的多环短侧链芳香烃、胶质和含硫、含氮、含氧等化合物，以提高润滑油的质量，使润滑油的黏温特性、抗氧化安定性、残炭值、色度等指标符合产品的规格要求，这个过程称为润滑油精制。常用的精制方法有：酸碱精制、溶剂精制、吸附精制、加氢精制等，而溶剂精制是我国目前最广泛采用的精制方法。

一、溶剂精制的基本原理

溶剂精制的基本原理是利用某些溶剂的选择性溶解能力达到脱除润滑油中非理想组分的目的。作为精制润滑油的溶剂，应对油中非理想组分具有高的溶解能力，而对理想组分则溶解很少。当把溶剂加入润滑油料后，其中非理想组分便迅速溶解于溶剂中，然后将溶有非理想组分的溶液分出，其余便是理想组分，通常把前者叫提取液或抽出液，把后者叫提余液或精制液。溶剂精制的作用相当于从润滑油中抽出其中非理想组分，因此这一过程也称为溶剂抽提或溶剂萃取。

润滑油溶剂精制过程是个物理过程，在此过程中，溶剂可循环使用，一般情况下其消耗量约为处理原料油量的千分之几。经过溶剂抽提得到的抽出液中含有大量溶剂，精制液（提余液）中也含一部分溶剂，必须加以回收以便循环利用同时得到提取油与精制油。因此，溶剂回收是溶剂精制过程的一个重要组成部分。溶剂回收的原理是利用溶剂和油的沸点差，把溶剂从油中分馏出来，例如，酚的沸点是 181.1℃，糠醛的沸点为 161.7℃，而润滑油的沸点常在 300℃或 400℃以上。

选择合适的溶剂是润滑油溶剂精制过程的关键因素之一，理想的溶剂应具备以下各项要求：

（1）选择性好。即溶剂对润滑油中的非理想组分有足够高的溶解度，而对理想组分的溶解度很小。

（2）要有一定的溶解能力。如果只是选择性好，而溶解能力小，虽然理想组分几乎不溶于溶剂，但在单位溶剂中溶解的非理想组分也不多，这样，为了把原料中的大部分非理想组分分出，势必需用大量溶剂，这对工业装置的操作是很不经济的。

（3）密度大。使抽出液和精制液有一个较大的密度差，便于分离。

（4）与所处理的原料沸点差要大，便于用闪蒸的方法回收溶剂。

（5）稳定性好，受热后不易分解变质，也不与原料发生化学反应。

（6）毒性小，对设备腐蚀性小，来源容易、价廉。

工业溶剂精制过程使用的溶剂有多种，目前主要是采用糠醛、N-甲基吡咯烷酮（简称 NMP）以及酚等作溶剂。在工业上，这些过程分别称为糠醛精制、酚精制等。在美国，大部分溶剂精制装置是采用 NMP 作溶剂，其余的主要是采用糠醛。在我国，采用糠醛作溶剂的装置处理能力约占总处理能力的 80% 以上，其余的则采用酚作溶剂，只有个别的装置采用 NMP 作溶剂。

二、溶剂精制基本生产过程

根据所用的溶剂不同，溶剂精制过程也不同。但无论使用何种溶剂，除基本原理相同外，其基本生产过程均由溶剂抽提和溶剂回收两部分组成。

（一）溶剂抽提

为了从润滑油原料中将非理想组分充分抽出，并尽量减少溶剂用量，则必须使溶剂与原料有足够的时间密切接触。

溶剂抽提过程是在抽提塔中进行的，溶剂从塔上部进入，原料油从塔下部进入。由于溶剂的密度较大，原料油密度较小，使油品和溶剂在塔内逆流，依靠塔内的填料或塔盘的作用使两者密切接触，经过一定时间，使油品中的非理想组分被溶剂充分溶解，形成两个组成不同的液相。

由于抽出液（抽出油和溶剂）比精制液（精制油和溶剂）密度大，两相在塔的下部有明显界面。从抽提塔上部分出来的是精制液，其中约含 10%～20% 的溶剂；塔下部分出的是抽出液，其中约含 85%～95% 的溶剂。

（二）溶剂回收

溶剂回收部分包括精制液和抽出液两个系统。由于精制液和抽出液中所含溶剂数量不同，因此溶剂回收采用的方式和设备也有所差异。

精制液中溶剂含量少，易于回收，通常在一个蒸发汽提塔中即可完成全部溶剂回收。

抽出液中含油少而含溶剂多。溶剂回收主要是采用蒸发的方法，蒸发大量的溶剂要消耗大量的热量。为了节省燃料，抽出液溶剂回收通常采用多效蒸发过程。所谓多效蒸发就是经过多段、每段在不同的压力下完成的蒸发过程，其实质是重复利用蒸发潜热，达到节省燃料、提高回收效率的目的。工业上通常用二效或三效蒸发回收抽出液中的溶剂。

由于使用了水蒸气汽提，产生了溶剂-水溶液，即含水溶剂。含水溶剂气-液平衡关系较复杂，在蒸馏时有共沸物产生，一般要用较特殊的方法分离。

三、影响溶剂精制的主要操作因素

（一）溶剂比

单位时间进入抽提塔的溶剂量与原料油量之比叫溶剂比。溶剂比的大小取决于溶剂和原料油的性质以及产品质量要求。浓度差是抽提过程的推动力。为了增大浓度差，除了采用逆流抽提外，还可以用增大溶剂比来达到。在一定抽提温度下，加大溶剂比，可抽出更多的非理想组分，提高精制深度，改善精制油质量。但精制油收率降低，溶剂回收系统的负荷加大，装置规模一定时，处理能力减小。

应根据溶剂性质、原料油性质、精制油的质量要求选择适宜的溶剂比，并通过实验来综合考虑。一般而言，精制重质润滑油料时采用较大的溶剂比，而在精制较轻质的润滑油料时则采用较小的溶剂比。例如在糠醛精制时，重质润滑油油料的溶剂比为 3.5～6，而轻质润滑油料的溶剂比则为 2.5～3.5。工业上常用的溶剂比一般在 (1～4)：1 范围之内。

（二）抽提温度

抽提温度是指抽提塔内的操作温度，该温度是影响溶剂精制过程最灵敏最重要的因素之一。随着抽提温度的提高，溶剂对油的溶解能力增大，但选择性下降。当温度超过一定数值后，原料中各组分和溶剂完全互溶，不能形成两个液相，抽出液和精制液就无法分开，达不到精制的目的，这一温度就叫溶剂的临界溶解温度。它除了与溶剂和油的性质有关外，还受溶剂比的影响，需要通过试验确定。选择抽提温度时，既要考虑收率，又要保证产品质量，对某一具体的精制过程都有一个最佳温度。对常用的溶剂，最佳抽提温度一般比临界溶解温度低 10~20℃。

在抽提塔中，一般维持较高的塔顶温度和较低的塔底温度，塔顶塔底有一温度差，叫温度梯度。这样，塔顶温度高、溶解能力强，可保证精制油的质量。溶剂入塔后，逐步溶解非理想组分，但也会溶解一些理想组分，然后由于自上而下温度逐渐降低，理想组分就会从溶剂中分离出来，抽出液在较低的温度下排出，保证了精制油的收率。

随所用溶剂不同，温度梯度值也不同。酚精制的温度梯度为 20~25℃，糠醛精制时约为 20~50℃。

（三）提取物循环

采用提取油返回抽提塔下部作回流的方法可以提高提取液中非理想组分的浓度，将提取液中的理想组分和中间组分置换出去，从而提高分离精确度，可增加精制油的收率。但循环量过大会影响精制油的质量及抽提塔的处理能力。

（四）原料油中的沥青质含量

当减压蒸馏塔的分离效果不好时，润滑油原料中可能会带有一些沥青质。沥青质几乎不溶于溶剂中，而且它的密度介于溶剂与原料油之间。因此，在抽提塔内容易聚集在界面处，会增大油与溶剂通过界面时的阻力。同时，油及溶剂的细小颗粒表面也会被沥青质所污染，不易聚集成大的颗粒，使沉降速度减小，严重时甚至使抽提塔无法维持正常操作。因此，应严格限制原料油中的沥青质含量。对于减压渣油，应当先经过脱沥青后才能进入溶剂精制装置。

四、溶剂精制工业装置

（一）糠醛精制

1. 糠醛的性质

纯糠醛在常温下是无色液体，有苦杏仁味，20℃下密度为 1.1594g/cm³，常压下沸点为 161.7℃。糠醛不稳定，在空气中易于氧化变色，受热（超过 230℃）易于分解并生成胶状物质。糠醛有微毒，呼吸过多糠醛气会感到头晕，对皮肤有刺激，使用时应注意安全。

糠醛的选择性较好，但溶解能力稍低，在精制残渣润滑油时要采用较苛刻的条件。在 121℃以下，糠醛与水部分互溶，超过 121℃时可完全互溶，糠醛与水能形成共沸物，沸点是 97.45℃。糠醛中含水对其溶解能力影响很大，通常使用时，控制含水量小于 0.5%。

2. 工艺流程

糠醛精制的典型工艺流程如图 11-2 所示。流程中包括：原料油脱气、溶剂抽提、精制液和抽出液溶剂回收及溶剂干燥脱水等部分。

（1）原料油脱气部分。原料油进抽提塔之前必须经过脱气过程，脱除油中的氧气，以防糠醛被氧化变质。脱气一般在筛板塔内进行，利用减压和汽提使油中的氧气析出而脱除。

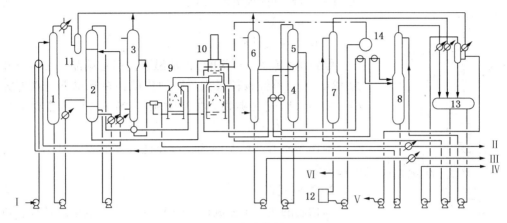

图 11-2 糠醛精制工艺流程

I—原料油；II—精制油；III—抽出油；IV—尾气；V—碱液

1—脱气塔；2—抽提塔；3—精制液蒸发汽提塔；4—抽出液一次蒸发塔；5—抽出液二次蒸发塔；
6—抽出液汽提塔；7—脱水塔；8—糠醛干燥塔；9—精制液加热炉；10—抽出液加热炉；
11—分液罐；12—水罐；13—糠醛、水溶液分层罐；14—蒸汽包

（2）溶剂抽提部分。原料油自脱气塔底抽出，经换热或冷却到适当的温度后，从塔的下部进入抽提塔，回收的溶剂经换热或冷却到适当温度从塔上部引入。抽提塔在一定压力下操作以便精制液和抽出液自流进入溶剂回收系统，精制液和抽出液分别从抽提塔顶部和底部排出，进入各自的溶剂回收系统。

（3）溶剂回收部分。从抽提塔顶流出的精制液经换热和加热至适当温度后，进入精制液蒸发汽提塔，塔底吹入水蒸气。蒸出的溶剂及水蒸气经冷凝冷却后进入糠醛-水溶液分层罐。塔底精制油经与精制液换热后送出装置。

本流程中抽出液溶剂回收采用双塔二效蒸发流程。来自抽提塔底的抽出液经加热及换热后进入一次蒸发塔（塔4），蒸出部分溶剂；一次蒸发塔底抽出液经加热炉加热后，送入二次蒸发塔，蒸出另一部分溶剂；二次蒸发塔塔底液送进抽出液汽提塔（塔6），脱除残余溶剂，汽提塔塔底液为抽出油经泵送出装置。

（4）溶剂干燥及脱水部分。回收的溶剂（糠醛）水溶液必须经过脱水及干燥，才能循环使用。脱水和干燥是在脱水塔（塔7）和干燥塔（塔8）中进行的。

糠醛-水溶液分层罐中，上层为富水溶液，下层为富糠醛溶液。富水溶液用泵抽出进入脱水塔上部。脱水塔顶蒸出的共沸物经冷凝冷却后，再返回分层罐进行分层，塔底为脱醛净水，可排放或用以发生蒸汽。分层罐下层的富醛溶液用泵打入干燥塔（塔8）进行干燥。塔底为干燥糠醛可循环使用，塔顶物也送入分层罐分层。抽出液蒸发塔（塔4、塔5）塔顶蒸出的溶剂，经换热后也一并进入干燥塔进行干燥。

3. 主要设备——转盘抽提塔

糠醛精制抽提塔多使用转盘塔。转盘塔塔体为圆筒形，塔中心设有一直立转轴，轴上安装有若干等距离的转动盘，由电动机带动旋转，每一圆盘都位于两块固定圆环之间。糠醛和油分别从上、下两端进入，由于密度差异，糠醛由上向下流动，油自下向上流动，形成逆流接触。转盘的转动使糠醛和油分散得更均匀，提高抽提效果。

转盘抽提塔具有处理能力大、抽提效率高、操作稳定、适应性强以及结构简单等优点。

图 11-3 为转盘抽提塔的示意图。

（二）酚精制

1. 酚的一般性质

酚指苯酚(又名石炭酸)，常温下为白色结晶。常压下沸点为181.2℃；毒性较糠醛大，腐蚀皮肤；在常温下与水部分互溶，能与水形成共沸物，共沸物沸点99.6℃，共沸物中含酚9.2%，含水90.8%。

酚作为润滑油精制溶剂，选择性较糠醛差，但比糠醛的溶解能力强。

2. 工艺流程

酚精制的典型工艺流程见图11-4。流程包括酚抽提、精制液和抽出液酚回收、溶剂干燥脱水等部分。

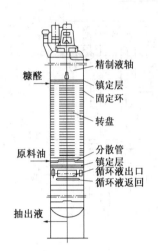

图 11-3 转盘抽提塔

（1）酚抽提。原料油加热到110℃左右进入吸收塔上部，塔下部是由干燥塔来的酚-水蒸气。原料在吸收塔内吸收酚蒸气后，从塔底抽出送入抽提塔中下部，酚从抽提塔上部进入。依靠酚和原料油的密度差，原料油自下而上、酚自上而下，形成逆向流动进行抽提。抽提塔顶温度控制在75~120℃，并在塔内保持15~30℃的温度梯度。精制液由塔顶引出进中间罐。抽出液从塔底抽出去酚回收系统。为降低酚对理想组分的溶解能力，提高酚对非理想组分的选择性，从抽提塔下部打入一部分酚水，以提高精制油收率。

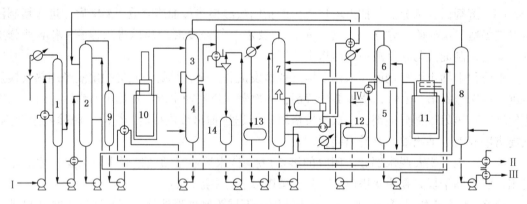

图 11-4 酚精制工艺流程

Ⅰ—原料油；Ⅱ—精制油；Ⅲ—抽出油；Ⅳ—酚塔

1—吸收塔；2—抽提塔；3—精制液蒸发塔；4—精制油汽提塔；5—抽出液一级蒸发塔；
6—抽出液二级蒸发塔；7—抽出液干燥塔；8—抽出液汽提塔；9—精制液罐；10—精制液加热炉；
11—抽出液加热炉；12—酚罐；13—酚水罐；14—水封罐

（2）酚回收部分。由抽提塔顶出来的精制液中含酚量约为10%~15%。从精制液罐抽出，经换热和加热炉加热到260℃左右，相继进入精制液蒸发塔(塔3)和汽提塔(塔4)，将精制液中的少量酚脱除，由汽提塔底抽出的精制油经换热后送出装置。蒸发塔顶的酚蒸气经换热冷凝后进入酚罐，供抽提塔循环使用。

由抽提塔底来的抽出液含大量酚(仅含5%~10%的油和部分水)，经过干燥、蒸发、汽提后，从汽提塔底得到抽出油。在干燥塔中(塔7)酚水共沸物由塔顶蒸出，除满足抽提塔注酚水之用外，其余部分去吸收塔，酚蒸气被原料油吸收，吸收后含极少量酚的水蒸气作为尾气从吸收塔塔顶排出，经冷凝冷却后去污水处理系统。

3. 主要设备——抽提塔

酚精制装置比较关键的设备是抽提塔。抽提塔多采用填料塔。大都采用金属阶梯环或矩鞍环填料。其结构如图11-5所示。塔内有六层填料，均放置在栅板上。为了酚和油充分接触，通常装有特制的分配器。

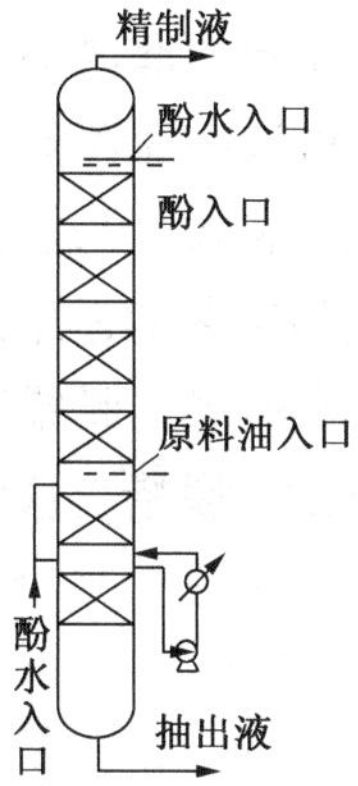

（三）*N*-甲基吡咯烷酮精制

N-甲基吡咯烷酮也是一种性能较好的润滑油精制溶剂。它比酚和糠醛的溶解能力强，化学和热稳定性好，选择性介于酚和糠醛之间，毒性小。

用*N*-甲基吡咯烷酮作溶剂，相同的处理量，可用较小的溶剂比，并可得到较高的精制油收率；在精制油收率相同时，可以得到质量更好的精制油。因此，该溶剂目前正在得到广泛应用。

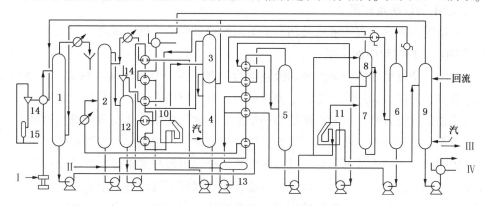

图11-5　填料抽提塔

N-甲基吡咯烷酮精制的工艺流程与前述两种精制过程大体相同。如图11-6所示。

图11-6　*N*-甲基吡咯烷酮精制工艺流程

Ⅰ—原料油；Ⅱ—湿溶剂；Ⅲ—精制油；Ⅳ—抽出油

1—吸收塔；2—抽提塔；3—精制液蒸发塔；4—精制油汽提塔；5—抽出液一级蒸发塔；
6—溶剂干燥塔；7—抽出液二级蒸发塔；8—抽出液减压蒸发塔；9—抽出油汽提塔；
10—精制液加热炉；11—抽出液加热炉；12—精制液罐；13—循环溶剂罐；
14—真空泵；15—分液罐

第二节　溶剂脱蜡

低温流动性是润滑油的重要指标。为使润滑油在低温条件下具有良好的流动性，必须将其中易于凝固的蜡除去，这一工艺叫脱蜡。润滑油经过脱蜡后，凝点会显著降低，同时可得副产品石蜡。由于含蜡原料油的轻重不同，以及产品对凝点的要求不同，脱蜡的方法有很多种。目前工业上采用的方法有：冷榨脱蜡，分子筛脱蜡，尿素脱蜡，溶剂脱蜡等。此外，加氢降凝(加氢异构裂化)能使润滑油料中凝点较高的正构烷烃转化为凝点较低的异构烷烃和低分子烷烃，在保持其他烃类基本上不发生变化的条件下达到降低油品凝点的目的。脱蜡工艺过程比较复杂，设备多而且庞大，在润滑油生产中投资最大，操作费用也高。因此，选择合理的脱蜡工艺和流程具有重要意义。

最简单的脱蜡工艺是冷榨脱蜡（或叫压榨脱蜡）。其基本原理是借助液氨蒸发将含蜡馏分油冷至低温，使油中所含蜡呈结晶析出，然后用板框过滤机过滤，将蜡脱除。但这一方法只适用于柴油和轻质润滑油料（如变压器油料、10 号机械油料），对大多数较重的润滑油不适用。因为重质润滑油原料黏度大，低温时变得更加黏稠，细小的蜡晶粒和黏稠油浑然一体，难于过滤，达不到脱蜡的目的。分子筛脱蜡主要是用于将石油产品中的正构烷烃与非正构烷烃进行分离；尿素脱蜡只适用于低黏度油品，如轻柴油馏分等；溶剂脱蜡工艺的适用性很广，能处理各种馏分润滑油和残渣润滑油，绝大部分的润滑油脱蜡都是采用溶剂脱蜡工艺。即在润滑油原料中加入适宜的溶剂，使油的黏度降低，然后进行冷冻过滤、脱蜡，这就是溶剂脱蜡。

一、溶剂脱蜡基本原理

溶剂脱蜡的基本原理是：含蜡润滑油料在选择性溶剂存在下，降低温度使蜡形成固体结晶，并利用溶剂对油溶解而对蜡不溶或少溶的特性，形成固液两相，经过滤使蜡、油分离。

（一）溶剂的性质及作用

选择合适的溶剂及适宜的组成是润滑油溶剂脱蜡过程的关键因素之一。

1. 溶剂在脱蜡过程中的作用

实践证明，用过滤方法分离固体和液体混合物时，混合物中固体颗粒大、液体黏度小，则过滤速度快，分离效果好；反之，过滤速度慢，分离效果差。而在润滑油脱蜡时，由于降低温度会使油的黏度升高，不利于蜡结晶的扩散。因此，在中质和重质润滑油脱蜡时，常在油中加入溶剂，使蜡所处的介质黏度减小，以便有利于生成规则的、大颗粒的结晶。由此可见，溶剂脱蜡过程中加入溶剂的目的是减小油蜡混合物中液相的黏度，实质上是起到稀释油料的作用。为达到此目的，加入的溶剂要求能在脱蜡温度下对油基本上完全溶解，而对蜡则很少溶解，即具有溶解油不溶解蜡的性质，这样可使蜡的晶体大而致密，使蜡油易于过滤分离。否则溶解在溶剂中的蜡和油一起存在于滤液中，蒸脱溶剂后其中的蜡就存留在油中，使油的凝点升高。由于总会有少量的蜡溶解在溶剂中，因此，为了得到一定凝点的油品就不得不把溶剂-润滑油料冷却到比所要求的凝点更低的温度，才能得到预期的产品，这个温度差就称为脱蜡温差（也有称作脱蜡温度梯度）。

脱蜡温差 = 脱蜡油凝点-脱蜡温度

若溶剂的选择性不好，溶剂对蜡的溶解度则越大，脱蜡温差就越大。显然，不利于脱蜡过程，因要得到同一凝点的油品，脱蜡温差大时就必须使脱蜡温度降得更低。

2. 溶剂的特性

从溶剂在脱蜡中的作用可知，理想的润滑油脱蜡溶剂应具有以下特性：

（1）有较强的选择性和溶解能力。在脱蜡温度下，能完全溶解原料油中的油，而对蜡则不溶或溶解度很小；

（2）析出蜡的结晶好，易于用机械法过滤；

（3）有较低的沸点，与原料油的沸点差大，便于用闪蒸的方法回收溶剂；

（4）具有较好的化学及热稳定性，不易氧化、分解，不与油、蜡发生化学反应；

（5）凝点低，以保持混合物有较好的低温流动性；

（6）无腐蚀，无毒性，来源容易。

目前工业上广泛采用的溶剂是酮-苯混合溶剂。其中酮可用丙酮、甲乙基酮等，苯类可以是苯、甲苯。甲乙基酮-甲苯混合溶剂，既具有必要的选择性，又有充分的溶解能力，也能满足其他性能要求，因而在工业上得到广泛使用。

通常，要根据润滑油原料的性质和脱蜡深度的要求，正确选择混合溶剂中两种溶剂的配比，同时，选择适宜的溶剂加入方式及加入量，才能达到最佳的脱蜡效果。

3. 溶剂的加入方式

溶剂加入的方式对结晶和脱蜡效果有较大影响。溶剂加入方式有两种：一是在蜡冷冻结晶前把全部溶剂一次加入，称为一次稀释法；二是在冷冻前和冷冻过程中逐次把溶剂加入到脱蜡原料油中，称为多次稀释法。使用多次稀释法可以改善蜡的结晶，并在一定程度上减小脱蜡温差。生产中多采用三次加入的方式。

进行多点稀释时，加入溶剂的温度应与加入点的油温或溶液温度相同或稍低。温度过高，会把已结晶的蜡晶体局部溶解或熔化；温度过低，则溶液受到急冷，会出现较多的细小晶体，不利于过滤。

（二）润滑油原料的冷冻

为使润滑油中的蜡结晶析出，必须把原料降温冷却，工业上常采用的冷却设备是套管结晶器。润滑油原料从内管流过，液氨在外管空间蒸发吸热，使润滑油温度下降。蒸发后的氨蒸气经冷冻机压缩冷却成为液体后循环使用。

调节液氨的蒸发量，可使润滑油原料降至需要的低温，蜡即呈结晶析出。脱蜡油与蜡结晶分离时的温度就叫脱蜡温度。脱蜡温度和所要求的脱蜡油凝点有关。脱蜡油的凝点越低，脱蜡温度就越低。在实际生产中，脱蜡油凝点一般高于脱蜡温度，脱蜡温差越大，表明脱蜡效果越差。脱蜡温差与溶剂性质、冷却速度、过滤方法等因素有关。

蜡在溶液中生成结晶的大小主要与冷却速度有关。冷却速度太快，会产生许多细微结晶，影响过滤速度和脱蜡油收率。对套管结晶器来说，一般在结晶初期，冷却速度最好在 60～80℃/h，而后期则可提高到 150～250℃/h，有的高达 300℃/h。提高冷却速度可以提高套管结晶器的处理能力，如对石蜡基大庆原油的轻馏分油，在结晶初期就把冷却速度提高到 150～250℃/h，仍能正常操作。

二、溶剂脱蜡工业装置

（一）工艺流程

溶剂脱蜡工艺流程包括以下几部分：结晶系统、制冷系统、过滤系统和溶剂回收系统。

1. 原料油冷冻结晶系统

原料油与预稀释溶剂（重质原料时用，轻质原料时不用）混合后，经水冷却后进入换冷套管与冷滤液换冷，使混合液冷却后加入经预冷过的一次稀释溶剂，再进入氨冷套管进行氨冷，在一次氨冷套管出口处加入滤液作为二次稀释，然后进入第二组氨冷套管进一步冷冻，使原料油降到所需的脱蜡温度。此时，再向原料油中加入三次稀释溶剂。在逐级冷冻过程中，蜡成为晶体析出，进入过滤机进料罐。

溶液在套管结晶器中的冷却速度，对冷滤液换冷套管一般为1~1.3℃/min，对氨冷套管为2~5℃/min。

图11-7和图11-8是溶剂脱蜡装置典型工艺流程。

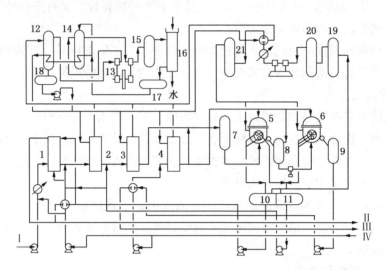

图11-7　溶剂脱蜡典型工艺流程——结晶、过滤、真空密闭及溶剂制冷部分

Ⅰ—原料油；Ⅱ—滤液；Ⅲ—蜡液；Ⅳ—溶剂

1—换冷套管结晶器；2、3—氨冷套管结晶器；4—溶剂氨冷套管结晶器；5——段真空过滤机；
6—二段真空过滤机；7—滤机进料罐；8——段蜡液罐；9—二段蜡液罐；10——段滤液罐；
11—二段滤液罐；12—低压氨分离罐；13—氨压缩机；14—中间冷却器；15—高压氨分液罐；
16—氨冷凝冷却器；17—液氨储罐；18—低压氨储罐；19—真空罐；20—分液罐；21—安全气罐

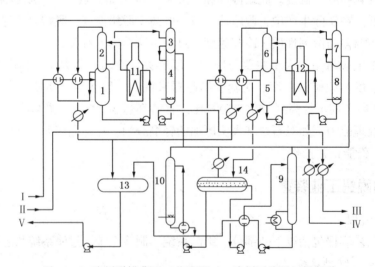

图11-8　溶剂脱蜡典型工艺流程——溶剂回收及干燥部分

Ⅰ—滤液；Ⅱ—蜡液；Ⅲ—脱蜡油；Ⅳ—含油蜡；Ⅴ—溶剂

1—滤液低压蒸发塔；2—滤液高压蒸发塔；3—滤液低压蒸发塔；4—脱蜡油汽提塔；
5—蜡液低压蒸发塔；6—蜡液高压蒸发塔；7—蜡液低压蒸发塔；8—含油蜡汽提塔；
9—溶剂干燥塔；10—酮脱水塔；11—滤液加热炉；12—蜡液加热炉；
13—溶剂罐；14—湿溶剂分水罐

2. 过滤机真空密闭系统

过滤系统的作用是将固液两相分开。冷冻后的含蜡溶液自过滤机进料罐自流进入真空过滤机，经过滤分为两部分：一是含有溶剂的脱蜡油即滤液，另一部分是含有少量油和溶剂的蜡即蜡液。滤液进滤液罐(罐10、罐11)，蜡液进入蜡液罐(罐8、罐9)。滤液与原料油换冷，蜡液与溶剂换冷，换冷后的滤液和蜡液分别去溶剂回收系统。

真空密闭系统(安全气系统)是为防止滤机内溶剂蒸气与氧气形成爆炸性混合物而设置的一套安全系统。由安全气发生器产生含氧量不高于0.5%的惰性气，安全气一方面经过滤机分配头吹入过滤机内用作反吹，不使空气吸入；另一方面送入各溶剂罐、滤液罐、含油蜡罐内作密封用。

3. 溶剂回收及干燥系统

溶剂回收系统的作用是回收滤液和蜡液中的溶剂，循环使用。滤液和蜡液溶剂回收均采用双效或三效蒸发工艺。换冷后的滤液经与塔2(高压蒸发塔)塔顶溶剂蒸气换热后，相继进入塔1、塔2、塔3及塔4，进行蒸发和汽提。第一蒸发塔为低压操作，热量由第二蒸发塔塔顶蒸气提供；第二蒸发塔为高压操作，热量由加热炉提供；第三蒸发塔为降压闪蒸塔，最后在汽提塔(塔4)内用蒸汽吹出残留的溶剂，从汽提塔底得到合格脱蜡油。各蒸发塔顶回收的溶剂不含水，叫干溶剂，经换热后去溶剂罐(罐13)，作为循环溶剂使用。汽提塔顶含溶剂蒸气经冷凝、冷却后进湿溶剂分水罐(罐14)。

与滤液溶剂回收相类似，蜡液经换热后，经三次蒸发和一次汽提后，从蜡液汽提塔(塔8)底得到含油蜡。含油蜡可作裂化原料或经脱油后制成石蜡产品。

溶剂干燥系统是从含水溶剂中脱除水分或从含溶剂水中回收溶剂。溶剂分水罐上层为含饱和水的溶剂，下层为含酮类的水。含水溶剂经换热后去干燥塔(塔9)，塔底用重沸器加热，酮与水形成的共沸物由塔顶蒸出，塔底排出干溶剂进干溶剂罐。分水罐下层含溶剂的水经换热后进脱酮塔(塔10)，直接用蒸汽吹脱溶剂，塔顶含溶剂蒸汽返回分水罐，水由塔底排出。

(二) 主要工艺设备

溶剂脱蜡过程最主要的设备是套管结晶器和真空过滤机。

1. 套管结晶器

套管结晶器的作用是用来冷却原料油，析出蜡晶体。其结构类似于套管换热器(见图11-9)，在生产过程中，润滑油原料走内管，冷冻介质(冷滤液或液氨)走外管。为防止蜡冻结在管壁上，内管装有旋转刮刀，可随时将管壁上的蜡刮下，随液流流出，以提高冷冻效果。

2. 真空过滤机

真空过滤机的作用是从冷却结晶的油-溶剂溶液中分离出蜡的结晶体。其结构如图11-10所示。过滤机外壳为一空筒，原料油流入过滤机内，保持一定液面高度。过滤机中有一鼓形圆筒，筒壁上有滤布固定在金属网上，叫作滤鼓。滤鼓下部浸在原料油里，并以一定转速旋转。滤鼓内为负压，可连续将油与溶剂经滤布吸入鼓内，再通过管道流入滤液罐。蜡晶体被截留在滤鼓外层的滤布上，随着滤鼓的旋转，离开油层，接着用冷溶剂冲洗，将蜡带出的油洗回油中。随之用安全气将蜡饼吹松，用刮刀刮下。刮下的蜡饼用螺旋输送机送至贮罐。这样，冷冻后的润滑油原料在真空过滤机内被分成滤液和蜡液。

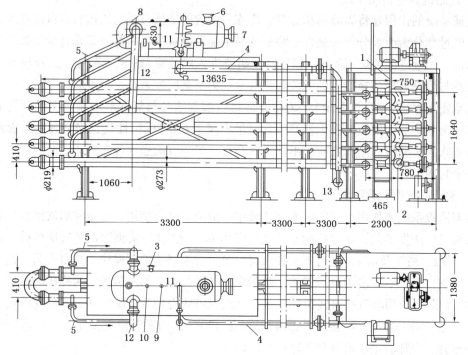

图 11-9 套管结晶器示意图

1—原料溶液入口；2—原料溶液出口；3—液氨入口；4—液氨出口；

5—气氨排出管线；6—气氨出口；7—液面计；8—液面调节器管箍；

9—氨压力计管箍；10—热电偶管箍；11—氨罐；12—气氨总管；13—排液口

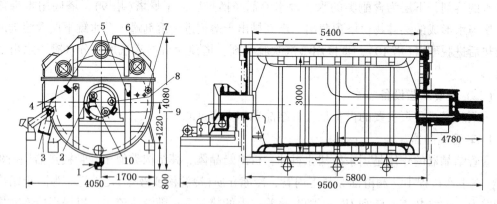

图 11-10 真空过滤机示意图

1—原料溶剂混合物入口；2—安全气体入口；3—含油蜡螺旋输送器出口；

4—液面调节器管箍；5—洗涤溶剂入口；6—看窗；7—安全气进壳体入口；

8—滤液及洗涤后滤液出口；9—滤液出口；10—洗涤后滤液及气体出口

第三节 丙烷脱沥青

减压渣油是制造高黏度残渣润滑油的原料，但其中含有大量胶质沥青质，此类物质属润滑油的非理想组分，必须设法脱除。此外，必须先脱除胶质沥青质，才能顺利进行润滑油的精制和脱蜡。从渣油中除去沥青质和胶质早期用硫酸精制法，但因硫酸耗量大，酸渣造成污染，现已淘汰。目前广泛应用的方法是溶剂脱沥青。用丙烷作溶剂叫丙烷脱沥青，也可用丁烷、戊烷等作溶剂。在生产润滑油时多以丙烷作溶剂，而在生产催化裂化原料时则多以丁烷甚至戊烷作溶剂。脱沥青所得的脱沥青油，除作高黏度润滑油原料以外，还可作为催化裂化或加氢裂化的原料，在原料合适的情况下脱油沥青还可以生产道路沥青。

利用减压渣油制取高黏度润滑油，必须经过溶剂脱沥青得到脱沥青油、脱沥青油溶剂精制及溶剂脱蜡等一系列的精制过程和组分调和后，才能最终得到合格的润滑油产品。随着原油深度加工进程的发展，采用溶剂脱沥青-催化裂化等组合工艺，可将脱下的沥青经氧化后加工成商品沥青。

一、丙烷脱沥青基本原理

丙烷脱沥青是依靠丙烷对减压渣油中不同组分的选择性溶解而完成的。丙烷对减压渣油中各种组分的溶解能力有很大差别。在一定温度下，液体丙烷对减压渣油中的润滑油组分和蜡有相当大的溶解度，而又几乎不溶解胶质和沥青质。利用丙烷的这一特性，将渣油和液体丙烷充分混合接触，使油和蜡溶于丙烷，除去渣油中的非理想组分和有害物质，得到脱沥青油。溶于脱沥青油中的丙烷，可经蒸发回收以便循环使用。

丙烷对烃类的溶解能力与所采用的操作条件有重要关系，也就是说，并非在任意条件下都能达到脱沥青的目的。影响丙烷溶解能力的主要因素是溶剂比和温度。

（一）溶剂比

在一定温度下，液体丙烷对渣油中各组分的选择溶解能力和所用溶剂比有关。溶剂比是决定脱沥青过程经济性的重要因素。在很小溶剂比下，渣油与丙烷互溶。逐步增大溶剂比到某一定值时即有部分不溶物析出，溶液开始形成油相和沥青相两相。随着溶剂比的增大，析出物相增大，油收率减少，经过一最低点，油收率又增加。油收率与溶剂比的关系如图11-11所示。

脱沥青油的残炭值与溶剂比（或油收率）也存在相对应的关系。油收率增加，残炭值增大。脱沥青的深度可从脱沥青油的残炭值看出。渣油中沥青脱除得越彻底，所得脱沥青油的残炭值越低。残炭值是润滑油的重要规格指标之一，如果用脱沥青油作优质润滑油原料时，残炭值要求在0.7%以下；如用脱沥青油作高黏度润滑油或作催化裂化原料时残炭值可高一些。因此，要根据不同的生产目的，选用适宜的溶剂比。通常，用脱沥青油作润滑油原料时采用的溶剂比为8∶1（体）。

（二）温度

实验证明，丙烷对渣油的溶解性能有三个温度区，如图11-12所示。在20℃以下，丙烷的溶解能力随温度的升高而增加，即分离出的不溶物随温度升高而减少；在20～40℃左右，丙烷与渣油完全互溶而成为均相溶液，即不能分离出不溶物；当温度超过40℃以后，又开始分为两相，并且丙烷溶解能力随温度升高而降低，即分离出的不溶物随温度升高而增加；当达到丙烷的临界温度时，其对渣油的溶解能力接近零，形成油和溶剂不互溶的两相。

由上述规律可见，温度是溶剂脱沥青过程最重要、最敏感的因素。同时也看出，第二个两相温度区是丙烷脱沥青较理想的范围。因此，工业上脱沥青过程都是在第二个两相区靠近临界点温度条件下进行的。

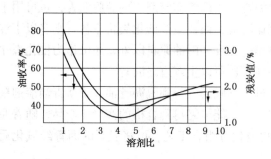

图 11-11　溶剂比-油收率-油的残炭值之间的关系

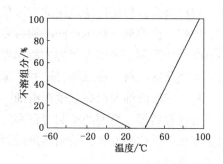

图 11-12　丙烷-渣油体系不同温度下溶解度
的变化［丙烷：渣油=2：1(体)］

从溶剂脱沥青的条件看，目前工业上已应用的过程属于亚临界条件下抽提、超临界条件下溶剂回收。近几年来出现了所谓超临界溶剂脱沥青技术，即抽提和溶剂回收均在超临界条件下进行的工艺技术。这一技术已在工业实验装置上获得成功，但尚未在大型工业装置上使用。所谓超临界条件是指操作温度和压力超过溶剂的临界温度和临界压力，形成超临界流体。研究证明，溶剂在高温高压下循环，不需要经过汽化-冷凝过程，可大大降低能耗。此外，超临界流体黏度小、扩散系数大，有良好的流动性能和传递性能，有利于传质和分离，提高抽提速度。同时可简化油-溶剂的混合、抽提设备及换热系统，从而降低投资。

二、丙烷脱沥青工业装置

溶剂脱沥青工艺早期主要是以生产重质润滑油为目的。随着石油资源日趋紧张及原油的重质化、劣质化，溶剂脱沥青作为渣油的加工方法，生产催化裂化及加氢原料日益受到重视，已出现了生产裂化原料为目的的溶剂脱沥青装置。但是，尽管生产目的不同，其基本原理是相同的，工艺流程也大同小异，只是操作条件有所区别而已。现仍以生产润滑油原料为目的的丙烷脱沥青装置为例，简要叙述如下。

(一)工艺流程

丙烷脱沥青典型工艺流程包括抽提部分和溶剂回收部分。

1. 丙烷抽提

丙烷抽提是在抽提塔中进行的。根据抽提次数和沉降段数的不同，又有一次抽提两段沉降、一次抽提一段沉降和二次抽提流程之分，其主要区别在于所得产品数目和抽提深度不同。现以一次抽提两段沉降流程为例加以说明。图 11-13 是丙烷脱沥青工艺流程。

原料油(减压渣油)换热到一定温度后，进入抽提塔中、上部，丙烷从抽提塔下部进入。由于两者密度差(油 0.9~1.0，丙烷 0.35~0.4)较大，二者在塔内逆向接触流动，并在转盘搅拌下进行抽提，胶质、沥青质沉降于抽提塔底部。抽提所得脱沥青油(含有丙烷)经与回收的丙烷换热后进入二段沉降塔(塔 3)。二段沉降塔有加热管提高液流温度，于是抽出液中又有一部分析出物沉降下来，称为重脱沥青油，从二段沉降塔底抽出去溶剂回收系统。轻脱沥青油从塔顶抽出。在上述抽提过程中，经过一次抽提，在抽提塔内沉降一次，在二段沉降塔内沉降一次，因此叫一次抽提二段沉降流程。若为一段沉降，则只有一个脱沥青油产品。

抽提塔塔底温度约60℃，顶部70℃左右，二段沉降塔顶80℃左右。

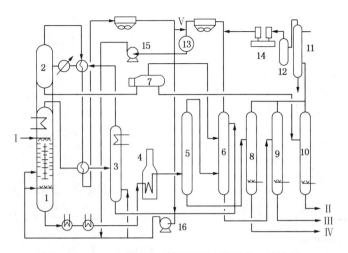

图 11-13　一次抽提两段沉降丙烷脱沥青工艺流程

Ⅰ—减压渣油；Ⅱ—轻脱沥青油；Ⅲ—重脱沥青油；Ⅳ—沥青

1—抽提沉降塔；2—临界分离塔；3—二段沉降塔；4—沥青加热炉；5—沥青蒸发塔；6—重脱沥青油蒸发塔；
7—丙烷蒸发器；8—沥青汽提塔；9—重脱沥青油汽提塔；10—轻脱沥青油汽提塔；11—混合冷却器；
12—丙烷气接收罐；13—丙烷罐；14—丙烷压缩机；15—丙烷泵；16—丙烷增压泵

2. 溶剂回收部分

经两段沉降的抽出液从塔3顶部引出，经与临界回收的丙烷换热并加热后进入临界分离塔(塔2)，使大部分丙烷在此与轻脱沥青油分离，丙烷从塔顶排出，换热冷却后循环使用。临界分离塔塔底物经丙烷蒸发器蒸发后进入汽提塔(塔10)汽提，从塔底得轻脱沥青油。

一次抽提塔底的脱油沥青液经与脱沥青油换热、加热后相继进入塔5和塔8进行蒸发和汽提，脱除丙烷，从汽提塔底得到沥青。从沥青蒸发塔(塔5)顶部出来的蒸出物进入重脱沥青油蒸发塔(塔6)，蒸出丙烷，从塔6底抽出重脱沥青油。从各蒸发塔及汽提塔脱出的丙烷循环使用。

(二) 主要设备

丙烷脱沥青装置的主要工艺设备包括丙烷抽提沉降塔、临界分离塔、蒸发塔或蒸发器以及汽提塔等。

1. 抽提塔

丙烷脱沥青的抽提系统多采用转盘塔，如图11-14所示。抽提塔通常分为两段：下段为抽提段，装有转盘和固定环；上段为沉降段，装有加热器，使进入的提取液升温。加热方式多采用内热式，即在塔顶沉降区内装设加热盘管或立式翅片加热管束，如图11-15所示。

抽提塔上部沉降段设计要保证一定的停留时间；底部应有足够的体积以保证足够的停留时间，此外还必须有一定的高度，否则因界面太低造成沥青液带丙烷。

2. 临界分离塔

临界分离塔实际上是一个沉降塔(空塔)，物料可以在入塔前加热到一定的温度，也可在塔内装设加热盘管。临界塔可以在相当大的条件范围内工作。

3. 蒸发器

蒸发器为卧式圆形容器，器内设有蒸汽管线。结构如图11-16所示。

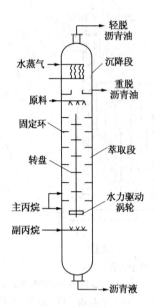

图 11-14　抽提塔示意图

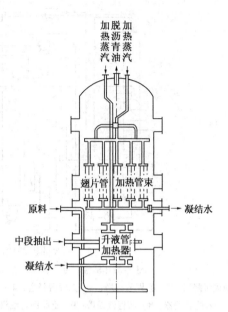

图 11-15　沉降段加热器

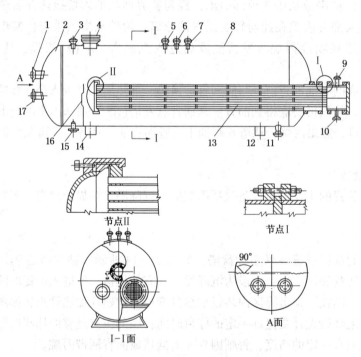

图 11-16　丙烷蒸发器结构示意图

1—用来调节液面的短管；2—头盖；3—丙烷蒸气出口；4、17—人孔；5、9—水蒸气入口；

6—放空管；7—连接安全阀；8—壳体；10—冷凝水出口；

11—脱沥青油的丙烷溶液入口；12—不动支座；13—管束；14—可动支座；

15—脱沥青油出口；16—溢流板

第四节 白土精制

白土精制就是利用活性白土在一定温度下处理油料，降低油品的残炭值及酸值(或酸度)，改善油品的颜色及安定性。润滑油原料经过溶剂精制、溶剂脱蜡和溶剂脱沥青工艺处理后，其质量已基本达到要求，但所得油品中还含有少量未分离掉的溶剂，以及因回收溶剂被加热而生成的大分子缩合物、胶质等，这些杂质的存在会影响油品的安定性、颜色和残炭值等。为了除去这些杂质，需要对润滑油进行补充精制，白土精制是广泛采用的一种补充精制方法。

一、白土精制基本原理

白土是具有多孔结构、比表面积较大的结晶或无定型物质，是优良的吸附剂。其主要成分是硅酸铝、氧化硅和水，此外还含有铁、钙和镁的氧化物。天然白土就是风化的长石，其孔隙内常含有一些杂质，若用盐酸或硫酸($8\% \sim 15\%$ 的稀硫酸)进行活化处理，吸附活性可以大大提高。活化后的白土称活性白土，其活性比天然白土大 $4 \sim 10$ 倍。所以工业上多采用活性白土进行油品精制。但白土不耐高温，温度超过 $800℃$，会完全失去吸附活性。天然白土及活性白土的化学组成见表 11-1。

表 11-1 白土的化学组成

组成/%	天然白土/%	活性白土/%	组成/%	天然白土/%	活性白土/%
水分	$24 \sim 30$	$6 \sim 8$	Fe_2O_3	$1.0 \sim 1.5$	$0.7 \sim 1.0$
SiO_2	$54 \sim 68$	$62 \sim 63$	CaO	$1.0 \sim 1.5$	$0.5 \sim 1.0$
Al_2O_3	$19 \sim 25$	$16 \sim 20$	MgO	$1.0 \sim 2.0$	$0.5 \sim 1.0$

白土精制是利用白土可以有选择地吸附其他一些物质的特性而实现的，它对润滑油中各种组分的吸附能力有明显的差异，当白土与润滑油充分混合后，白土极易将油中的胶质、沥青质、残余溶剂等杂质吸附在表面上，而对油的吸附能力较差。因此，利用白土的这一性能，使白土与润滑油混合，然后再滤掉已经吸附了杂质的白土，就可得到精制润滑油。

二、白土精制工艺流程

白土精制典型工艺流程如图 11-17 所示。

原料油经预热到一定温度(80℃左右)后进入混合器，按需要量加入白土，在混合器内通过搅拌使油与白土充分混合。然后用泵将糊状混合物送入加热炉加热到所需温度，其目的是降低油品黏度以提高吸附效率。加热后进入蒸发塔，塔顶设有抽真空设备。从蒸发塔顶蒸出(因加热裂化产生的)轻组分和残余溶剂，先后经过真空罐和油水分离罐，从油水分离罐得到一部分馏出油。蒸发塔底油与原料油换热并冷却后进入过滤机粗滤和细滤，分离出废白土渣，所得精制油冷却后送出装置。

白土用量随油品性质而异，一般在 $2\% \sim 2.5\%$，油品越重，白土用量越高。润滑油白土精制的温度通常在 $250 \sim 280℃$ 之间，原料越重所用温度越高。例如，变压器油的精制温度为 $150 \sim 160℃$，残渣润滑油的精制温度为 $270 \sim 280℃$。

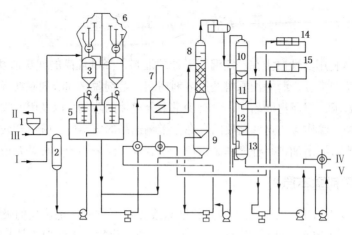

图 11-17　白土精制典型工艺流程

Ⅰ—原料油；Ⅱ—白土；Ⅲ—压缩机；Ⅳ—精制油；Ⅴ—馏出油

1—白土地下贮罐；2—原料缓冲罐；3—白土料斗；4—叶轮给料器；5—白土混合罐；
6—旋风分离器；7—加热炉；8—蒸发塔；9—扫线罐；10—真空罐；11—精制油罐；
12—板框进料罐；13—馏出油分水罐；14—自动板框过滤机；15—板框过滤机

第五节　润滑油加氢

润滑油加氢是润滑油生产过程的一种工艺，其基本作用是：①在催化剂存在下，润滑油原料与氢气发生一系列反应，除去硫、氮、氧等杂质；②通过加氢反应，将非理想组分转化为理想组分，提高润滑油的质量和收率。

由于润滑油加氢工艺的发展，使一些含硫含氮高、黏温性能差的劣质润滑油原料也可生产出优质润滑油。

用于润滑油生产中的加氢过程包括：加氢补充精制、加氢处理（或叫加氢裂化）和临氢降凝（或叫临氢脱蜡）。

一、加氢补充精制

上节所述白土精制是一种比较老的润滑油精制工艺。在一些现代化的炼油厂，白土精制正逐步被加氢精制所取代。与白土精制相比较，加氢精制有以下优点：产品收率高；生产连续性强；劳动生产率高；不存在处理白土废渣及环境污染问题；产品质量可达到或超过白土精制。

（一）基本原理

润滑油加氢补充精制为缓和加氢过程，基本上不改变烃类的结构。在一定温度（210～320℃）、压力（2～4MPa）和催化剂存在条件下，使润滑油中的含硫、含氮、含氧化合物分别加氢生成硫化氢、氨、水和相应的烃类，使不饱和烃转化为饱和烃。由于除去了油中的非烃类有机物和不饱和烃，因而改善了油品的安定性和颜色，提高了质量。

（二）工艺特点

润滑油白土精制在润滑油生产流程中，一般放在溶剂精制和溶剂脱蜡之后，而润滑油加氢补充精制可以放在润滑油加工流程中任意部位，如图 11-18 所示。

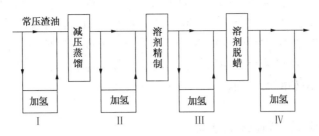

图 11-18　润滑油加氢补充精制

由框图可以看出，把加氢补充精制放到溶剂脱蜡之前，不但油和蜡都得到精制，而且还解决了后加氢油凝点升高的问题；生产石蜡时可不建石蜡精制装置，简化了流程；先加氢后脱蜡，还可使脱蜡温差降低，节省能耗。

把加氢补充精制放在溶剂精制前，可以降低溶剂精制深度、改善产品质量和提高收率。

(三) 工艺流程

典型的加氢补充精制工艺流程如图 11-19 所示。

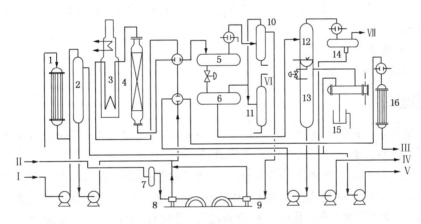

图 11-19　加氢补充精制工艺流程

Ⅰ—原料油；Ⅱ—新氢；Ⅲ—精制油；Ⅳ—污油；Ⅴ—不凝气；Ⅵ—尾气；Ⅶ—燃料气
1—过滤器；2—脱气缓冲罐；3—加热炉；4—反应器；5—高压分离器；6—低压分离器；
7—氢分离罐；8—新氢压缩机；9—循环氢压缩机；10—高压分液罐；11—低压分液罐；
12—汽提塔；13—干燥塔；14—分液罐；15—水封槽；16—过滤器

原料油经过滤器除去杂质，进脱气缓冲罐，脱除所含水分及空气。脱气后的原料油与循环氢及补充新氢混合，经换热后进加热炉加热到所需温度，然后自上而下通过固定床回氢反应器，在催化剂存在下进行加氢反应。反应产物与原料油换热后进入高压分离器，从高压分离器分出的氢气经冷却分液去循环氢压缩机升压后循环使用。

高压分离后的精制油经减压进入低压 (蒸发) 分离器，分出残留氢气及反应产生的硫化氢、轻烃等气体。低压分离后的油品经过汽提和干燥，并经换热、冷却和过滤后出装置。

二、加氢处理

(一) 基本原理

润滑油加氢处理就是润滑油加氢裂化，或者叫润滑油深度加氢精制，也就是在比加氢补充精制更苛刻的条件下进行加氢精制。压力一般为 15~20MPa，温度在 400℃ 左右，用较大的氢油比和较小的空速。在这种条件下，除了加氢补充精制的各种反应外，还进行多种加氢裂化反应，使烃结构发生很大变化。如多环烃类的开环形成少环长侧链的烃类。因此，润滑油原料经过加氢处理，不仅能改变油品颜色、安定性和气味，而且可提高油品黏温性能。这一工艺可代替白土精制和溶剂精制，具有一举两得的作用。

（二）工艺特点

润滑油加氢处理较溶剂精制有以下优点：

（1）溶剂精制工艺是靠溶剂将润滑油原料中黏温性能差的多环短侧链烃类抽提掉，从而改善润滑油的黏温性能。溶剂精制油的黏温性能好坏与原料组成有关。加氢处理工艺是通过加氢反应，使部分黏温性能差的多环短侧链烃类转化为少环长侧链烃类，生成油质量受原料的限制较小，而且可以从劣质原料生产优质润滑油。因此，加氢处理工艺有较大的灵活性，在优质原料缺乏情况下，尤其有意义。

（2）收率和质量较高。产品的黏温性能、氧化安定性能和抗氧剂的感受性均较溶剂精制油好。

（3）在生产润滑油的同时，又可生产优质燃料，打破了润滑油与燃料油的界线。

（4）装置投资虽然较高，但生产费用较低。

（三）工艺流程

润滑油加氢处理工艺流程见加氢裂化一章。

三、临氢降凝

临氢降凝过程又称临氢选择催化脱蜡。是 20 世纪 70 年代发展起来的炼油新技术。主要用于降低喷气燃料、柴油和润滑油的冰点或凝点。

临氢降凝过程实际上是典型的择形催化裂化。过程的特点是选用有选择性能的催化剂 ZSM 型沸石，这种催化剂的微孔大小有一定范围，只允许直链烷烃和带甲基侧链的正构烷烃（这些烃类的凝点较高）进入孔内，在较高温度、较高压力以及氢气存在条件下，进行加氢裂化和加氢异构化反应，并使烯烃饱和。这样，使润滑油原料中凝点较高的正构烷烃转化成凝点较低的异构烷烃或低分子烷烃，而保持其他烃类基本上不发生变化，从而达到降低凝点的目的。

四、润滑油加氢工艺新进展

在本章的概述中曾经指出，从润滑油的基础油生产到产品精制，都已经从传统工艺向化学（加氢）工艺过渡。为了获得理想的润滑油组分，采用溶剂精制、溶剂脱蜡、补充精制"老三套"的工艺技术将石油馏分中非理想组分除掉，已经不能满足现代工业对基础油的要求，必须通过化学方法，即改变石油馏分中的分子结构来实现。采用加氢办法生产基础油是首选工艺，它不仅可以把部分非理想的组分转化为理想组分，同时也脱除了不利于氧化安定性的含氮化合物、胶质、多环芳烃和金属等，也脱除了其中的硫，满足了环保要求。

（一）润滑油基础油的分类及质量要求

在润滑油产品组成中，基础油约占 85%~95%。润滑油产品的某些性质，则完全取决于基础油的性质，如蒸发损失、闪点、对添加剂的溶解性能等。基础油的黏度、黏温性能、倾点则决定了可调配润滑油产品的品种。因而基础油的质量是润滑油产品质量的基础。润滑油产品质量的提高，要求基础油具有更高的黏度指数，更小的蒸发损失，更好的氧化安定性和低温流动性。

目前，国外已经对基础油进行了分类。表 11-2、表 11-3 是美国石油学会（API）对基础油的分类和 Ⅰ~Ⅳ 类基础油的典型性质，在 API 基础油分类标准中，不仅把黏度指数作为基础油分类的重要指标，而且将硫含量和饱和烃含量也作为基础油分类的依据。

表 11-2　美国石油学会（API）对基础油的分类

项　　目	第Ⅰ类	第Ⅱ类	第Ⅲ类	第Ⅳ类	第Ⅴ类
W(硫)/(μg/g)	>300	≤300	≤300	聚 α-烯烃	Ⅰ~Ⅳ类
W(饱和烃)/%	<90	≥90	≥90	（PAO）	之外的其
黏度指数	80~120	80~120	>120	合成油	他基础油

Ⅰ类基础油通常是由传统"老三套"工艺制得。其工艺过程基本以物理过程为主，不改变烃类结构，生产基础油的质量取决于原料中理想组分的含量和性质。

Ⅱ类基础油是通过溶剂工艺和加氢工艺结合的组合工艺制得。工艺过程以化学过程为主，不受原料限制，可以改变原来的烃类结构。因此Ⅱ类基础油的杂质少、饱和烃含量高，热安定性和抗氧化性好，低温等各项性能均优于Ⅰ类基础油。

Ⅲ类基础油是用全加氢工艺制得。与Ⅱ类基础油相比，属于高黏度指数的加氢基础油，又称作非常规基础油，其性能远远超过Ⅰ类、Ⅱ类基础油，尤其是具有很高的黏度指数和很低的挥发性。

Ⅵ类基础油是指聚 α-烯烃（PAO）合成油。其常用的生产方法有石蜡分解法和乙烯聚合法。与矿物基础油相比，不含蜡、硫、磷及金属，故倾点极低（通常在-40℃以下），黏度指数一般超过 140，有极好的黏温性。但 PAO 的边界润滑性较差，溶解极性添加剂的能力也较差，且对橡胶密封有一定的收缩性。这些问题可以通过添加一定量酯类加以克服。

表 11-3　Ⅰ~Ⅳ类偶的典型性质

项　　目	Ⅰ类	Ⅱ类	Ⅲ类	Ⅳ类
黏度(100℃)/(mm²/s)	4	4	4.1	3.9
黏度指数	96	98	127	123
动力黏度/mPa·s				
-25℃	1300~1700	1400	900	<750
-30℃	2500~3000	2600	1300	800
倾点(不加剂)/℃	-12	-12	-15	-70
氧弹试验①/h	5~10	15~24	30~40	40
挥发度(Noack 法)/%	30	28	14	13

① Chevron 专用试验方法，消耗 1L 氧的时间，越长越好。

由表 11-3 数据看出，高类别的基础油无论是在黏度指数、低温动力黏度，还是在抗氧化和挥发度上，均比低类别的基础油好。

（二）润滑油生产工艺的发展

目前国外Ⅱ/Ⅲ类基础油生产工艺有加氢处理、加氢裂化、催化脱蜡和异构脱蜡等，其工艺路线可以分为两大类：全加氢型工艺路线和加氢与传统工艺的组合路线。

尽管国外生产Ⅱ/Ⅲ类润滑油基础油，特别是生产Ⅲ类基础油的技术路线有所不同，有以软蜡或合成蜡为原料，经过加氢裂化-加氢异构化/加氢后精制-溶剂脱蜡生产的；也有以溶剂精制油为原料，经过加氢转化/加氢后精制-溶剂脱蜡生产的；但绝大多数都是通过减压蜡油加氢裂化-异构脱蜡/加氢后精制或溶剂精制油加氢处理-异构脱蜡/加氢后精制生产的，用的最多的是 Chevron 公司的成套技术。

据报道，采用 Chevron 公司生产润滑油基础油的加氢裂化技术，基础油收率比用其他公司的技术高 10 % 左右，所以目前工业上 80% 都是采用这种技术。Chevron 公司的异构脱蜡/加氢后精制技术不仅工业应用最早，而且也最成熟，所以目前工业上 90% 都采用这种技术。因此，Chevron 公司的加氢裂化和异构脱蜡技术将是今后润滑油加氢的主导技术。另外，由于传统的老三套润滑油生产工艺在国外仍占主导地位，出于成本的考虑，对现有装置进行改造，采用传统与加氢组合的工艺技术也将会得到快速发展。

（三）润滑油异构脱蜡技术

在以石油生产的润滑油馏分中，一般分子的碳原子数在 $C_{20} \sim C_{40}$，包括含有不同烃类的组分及 S、N 和金属原子。各种烃类组分对润滑油性能所作的贡献不同；正构烃黏度指数最高，但其凝点太高；异构烃、单环环烷烃和具有单环长侧链结构的烃类，黏度指数高，黏温性能和安定性好，是理想的润滑油组分；而芳烃组分虽具有较高的黏度，但黏温性能较差，黏度指数一般不高。润滑油加工的目的就是要获得理想组分。

采用溶剂脱蜡时，为了得到一定凝点的基础油，需把溶剂和润滑油料冷却到比基础油凝点更低的温度，因此需要昂贵的冷冻设备，同时也较难得到凝点很低的润滑油产品。自 20 世纪 60 年代以来，国内外相继开发了润滑油临氢降凝工艺。临氢降凝是根据所用的催化剂不同，分为催化脱蜡及异构脱蜡两种类型。以选择性加氢裂化为主的催化脱蜡，采用裂解活性很强的分子筛为担体的催化剂，由于分子筛有规则的孔结构，所以在这种催化剂上的反应以正构烷烃的选择性加氢裂化为主，同时也能裂化进入分子筛孔道的环状烃类的长侧链以及侧链上碳数较少的异构烷烃。催化脱蜡的缺点是其脱蜡油的黏度指数一般比溶剂脱蜡低，脱蜡油收率低。为了克服上述缺点，Chevron 公司、Mobil 公司和中国石化石油化工科学研究院都开发了润滑油异构化脱蜡工艺，它们的商业名称分别为 Isodewaxing、MSDW 和 RIDW。由于异构脱蜡催化剂能使石蜡异构成为润滑油的理想组分异构烷烃，其脱蜡油收率及黏度指数都比催化脱蜡高。所以异构脱蜡是生产高档润滑油基础油的主要工艺。

由于异构脱蜡所用的催化剂都是以贵金属作为加氢-脱氢组分的双功能催化剂，因此该工艺对原料中的硫、氮等杂质非常敏感，原料必须经深度加氢精制。进入异构化反应器的原料，其硫含量应低于 10 μg/g，氮含量应低于 2 μg/g。故在异构脱蜡装置之前，常常建有原料油加氢处理装置。

Chevron 公司的异构脱蜡有三种类型的工业装置，一种是以轻、重 VGO 为原料，经润滑油型加氢裂化，然后作为异构脱蜡的进料；另一种是以溶剂精制油为原料，经加氢处理后，再进行异构脱蜡；第三种是以燃料型加氢裂化装置的未转化油作为异构脱蜡的进料。异构脱蜡的工艺流程如图 11-20 所示。

我国大庆某助剂厂引进了该项技术。异构脱蜡技术的关键因素是催化剂，Chevron 公司至今已开发出三代异构脱蜡催化剂。

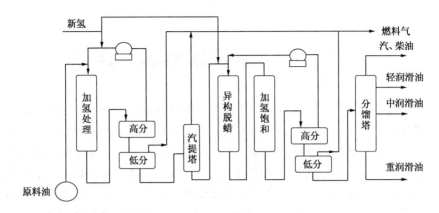

图 11-20 润滑油异构脱蜡的工艺原则流程

第十二章　油品添加剂与调和

随着炼油工业的发展以及市场对油品质量要求的日益提高，油品添加剂工业及油品调和技术也相应得到发展。油品添加剂是指那些加入少量便可大幅度改善和提高油品某些使用性能的物质，我国 SH/T 0389—1992(1998) 专业标准将石油添加剂按应用场合分为燃料油添加剂、润滑剂添加剂、复合添加剂和其他添加剂四类。油品添加剂要求具备以下性能：①添加数量不多但效果显著；②副作用小，即对其他添加剂的作用和油品的其他性能影响小；③能溶于油品但不溶于水，遇水不乳化、不水解；④具有与油品使用条件相适应的热安定性；⑤容易得到且价格低廉。

采用油品添加剂，可以在改进加工工艺、提高产品质量方面起到辅助作用，因而是一种简单、经济而又常用的提高油品质量的方法。每种添加剂对某种石油产品都有一个合适的添加量范围，超出这一范围，再增加添加剂并不能明显提高添加剂的添加效果，有时甚至会产生相反的作用。因此，在使用添加剂时要注意选择合适的添加量。

油品调和是指将几种同类的中间组分与若干种添加剂按一定比例混合均匀，以调整或改善油品的某些质量指标，从而生产出油品质量全面符合国家标准要求的石油产品的生产过程。

第一节　油品添加剂

一、燃料油品添加剂

随着环境保护的日趋严格、发动机性能的提高及工作条件的强化，烃类燃料本身的性能已不能全面适应使用要求，因此加入合适的添加剂可以改善其某些性能。用于燃料(汽油、煤油、喷气燃料、柴油和重质燃料油)中能改善燃料某种性能的化学品称为燃料添加剂。

改善燃料性能的添加剂的种类很多，根据其功能不同可分为抗爆剂、金属钝化剂、防冰剂、抗静电剂、抗氧抗腐剂、抗磨防锈剂、十六烷值改进剂、防表面着火剂、燃料低温流动改进剂、助燃剂、消烟剂、清净分散剂、燃料润滑性改进剂、抗泡沫剂、多效添加剂等 15 组。不同品种的燃料所用添加剂的类型有所不同。常用的燃料添加剂有 12 种，即抗爆剂、抗氧剂、金属钝化剂、抗静电剂、防冰剂、抗磨防锈剂、柴油流动改进剂、十六烷值改进剂、清净分散剂、抗腐蚀剂、助燃剂、多效添加剂等。我国现已使用的燃料添加剂主要有：

1. 抗爆剂

抗爆剂的作用在于提高车用汽油和航空汽油的辛烷值，即提高抗爆震性能，从而防止气缸中的爆震现象，减小能耗，提高发动机的效率。抗爆剂的代表性化合物主要有四乙基铅、四甲基铅、环戊二烯羰基锰(MMT)和其他的一些含氧有机化合物等。由于铅类的抗爆剂有剧毒，燃烧后排出的氧化铅污染大气，因此很多国家已将铅类抗爆剂淘汰，目前使用的汽油辛烷值添加剂主要有环戊二烯三羰基锰、丙二酸酯等。

2. 抗氧剂和金属钝化剂

为防止油品氧化生成胶质而加入的添加剂称为抗氧化添加剂，又称防胶剂。可见，抗氧（防胶）剂的作用是抑制燃料在储存和使用中氧化生成酸性物质和胶质，延缓油品氧化，以防止胶质生成而造成油路堵塞、进气门黏结导致功率下降。目前国内外广泛使用的抗氧防胶剂分为酚型、胺型和酚胺型三种。常用的酚类抗氧剂如2,6-二叔丁基酚、2,6-二叔丁基对甲酚、二甲酚、屏蔽酚等；常用的胺类抗氧剂如N,N'-二仲丁基对苯二胺、N-苯基N'-1,3-二甲基丙基对亚苯基二胺等；常用的酚胺型抗氧剂主要有2,6-二叔丁基-1-二甲基对甲酚及酚型和苯基二胺复合物。

抗氧剂的作用效果与油品的贮存时间长短有关，油品贮存的时间越长，抗氧剂的作用效果越差，因此必须在油品加工好后立即加入抗氧剂，否则必须加入数量更多的抗氧剂，才能获得安定性好的油品。抗氧剂的添加量一般为0.005%~0.15%。

金属钝化剂的作用是抑制金属对油品氧化的催化作用，它能与金属离子作用，生成一种螯合物，使金属离子失去原有的活性，从而延缓燃料油的氧化变质。金属钝化剂与抗氧剂复合后有明显的协同作用，二者常常同时使用，可以充分发挥抗氧剂的作用，减少抗氧剂的用量。因此，在汽油、喷气燃料、柴油等燃料油中同时使用抗氧剂和金属钝化剂，是保证燃料（尤其是含烯烃燃料）不易氧化变质的最有效的方法。

常用的金属钝化剂是N,N'-二水杨叉-1,2-丙二胺，添加量约为油品的0.0003%~0.001%。

3. 抗静电剂

燃料的导电率小、导电性较差，在燃料的输送、调和、储存、装卸等过程中，会因相对运动发生静电荷聚集的危险，以致引起火灾。抗静电剂的作用就是在燃料中加入微量的有机金属盐，从而可以提高油品的导电性能，有助于静电电荷从储罐、燃料管线、加油站等设备中"流走"，防止电荷聚集，保证燃料使用安全。燃料的导电率一般在0.3~40pS/m之间，一般认为，燃料的导电率最低不应小于50pS/m。

抗静电添加剂一般是具有强的吸附性、离子性、表面活性等的有机化合物。使用抗静电剂的目的在于提高燃料的电导率、消除静电危害，保证燃料的安全使用。它由三个组分组成，即烷基水杨酸盐、丁二酸双异辛酯磺酸钙及含氮的甲基丙烯酸酯共聚物，后一种有机聚合物的作用是当作安定剂和增效剂。抗静电剂的添加量约为0.0001%，广泛用于喷气燃料。

4. 柴油流动改进剂

流动性改进剂（PPD）又称降凝剂，能降低柴油的低温黏度和凝点，改善低温流动性能，但不能降低其浊点。柴油流动（性）改进剂是一种蜡结晶抑制剂，它能在石蜡析出时与其共晶或吸附，抑制石蜡结晶长大，使蜡晶细化，阻止其形成三维网状骨架，从而改善柴油的低温流动性。

我国生产和使用的柴油流动性改进剂主要是乙烯-醋酸乙烯酯共聚物，其相对分子质量一般为1500~2000，其中醋酸乙烯酯含量为35%~45%，在柴油中的加入量一般为0.01%~0.1%。使用效果不仅取决于添加剂本身的结构，也取决于柴油的馏分组成和烃类组成。使用表明，对于此类添加剂，环烷基油比中间基油的感受性好，石蜡基最差。

5. 十六烷值改进剂

随着柴油机的广泛应用，柴油需求量日益增多，需大量利用二次加工柴油，尤其是FCC柴油，而FCC柴油的十六烷值普遍偏低，即使与直馏柴油调和也往往不能达到要求的十六烷值。除用加氢、溶剂抽提等方法精制外，添加十六烷值改进剂是一种经济、简便易行的途径。柴油十六烷值一般要求 45~65。

十六烷值改进剂是改善柴油着火性能的添加剂。十六烷值改进剂提高柴油十六烷值的幅度取决于添加剂及燃料的组成。燃料中芳烃含量越高，其十六烷值也就越低，对添加剂的感受性也就越差；且添加剂在低加入量时的效果比高加入量要好，故对芳烃含量较高的催化裂化柴油来说，仅靠添加剂来提高十六烷值是不经济的。

可以作为十六烷值改进剂的化合物种类很多，例如：脂肪族烃、含氧有机化合物、金属化合物、硝酸烷基酯、亚硝酸烷基酯和硝基化合物，芳香族硝基化合物，肟和亚硝基化合物，氧化生成物，过氧化物，多硫化物以及其他化合物。

十六烷值改进剂加入柴油以后，在发动机的压缩燃烧冲程中添加剂热分解的生成物促进了燃料的氧化，缩短了燃烧滞后阶段，减轻了柴油的爆震。同时，添加剂的加入会显著降低氧化反应的开始温度，扩大燃烧前阶段的反应范围，降低燃烧温度。

6. 清净分散剂

二次加工的燃料中含有较多的不饱和烃和含氧、含氮、含硫非烃化合物等不安定组分，在储存中会生成不溶性有机物如胶质、沉渣等。这些沉淀物与燃料、油泥和水混合，形成沉淀和油-水乳状液。单纯改进加工方法，无法完全防止沉淀物的生成，而且大大增加加工成本。通常采用适当精制和加入添加剂相结合的方法。这类添加剂的作用是防止生成沉淀，对已生成的沉淀使其分散在油中，不沉积在容器或发动机零件上，并使油品能顺利过滤，不堵塞过滤器。

清净分散剂为有机化合物，其非极性基团延伸到燃料油中，可以增加燃料油的油溶性，防止沉积；其极性基团整齐排列在金属表面上，增加其表面活性。因此，清净分散剂能减少油中沉积物，保持燃料系统清洁，分散燃料油中已形成的沉渣，使微小颗粒保持悬浮状态。

清净分散剂分为无灰和有灰两类。无灰清净分散剂主要是极性聚合物和烷基胺，极性聚合物是两类单体的共聚物，其中的非极性单体保证了添加剂在燃料中的溶解能力，而表面活性剂单体则能吸引沉淀中的表面活性物质。最有效的柴油安定-分散剂是甲基丙烯酸十二烷基酯和二乙基胺基甲基丙烯酸乙基醇的共聚物。

7. 防冰添加剂

燃料中存在少量的水分除了引起金属表面腐蚀生锈外，还会影响发动机的正常运转。对于喷气发动机，燃料中的水分结冰更是一个严重的问题，飞机在万米以上高空飞行时，周围温度可降至-60℃，燃料系统温度也可达-30℃，在这种情况下，燃料中溶解的水析出结冰，造成滤网堵塞。为了防止燃料中的水在使用时结冰，必须在燃料中加入防冰剂。

防冰剂分为两类：①添加剂与燃料中的水混合，并生成低结晶点溶液；②表面活性剂，它吸附在金属表面上，防止生成的冰的结晶黏附在金属上面，防止冰结晶生长。

常用的防冰剂有乙二醇单甲醚(或与甘油的混合物)、乙二醇单乙醚、乙二醇、二丙二醇醚和二甲基甲酰胺等。

8. 抗表面着火剂

抗表面着火剂又名抗积炭添加剂。芳香烃含量较多的汽油在燃烧时，容易在发动机零件上特别是火花塞上形成积炭，大量的会导致火花塞短路而熄火、因局部过热而使积炭表面着火、因炭粒落入润滑油中而增大磨损等。

抗积炭添加剂可以改善发动机生成积炭情况。各种添加剂的作用原理不同，有的是氧化催化剂，能提高燃料和漏入燃烧室中润滑油的燃烧完全度，从而减少积炭的生成；另一类是具有分散和清净性能的表面活性剂，能使积炭变松，容易从燃烧室中排出。

9. 多效添加剂

多效添加剂是为了充分发挥燃料的燃烧性能，确保燃料在使用过程中能满足多种性能要求而发展的新型添加剂。如车用汽油要求具有良好的清净、防腐及进气阀沉积物可控制等多种性能；柴油要求储存性稳定、保持喷嘴清洁、控制颗粒污染物排放等多种要求。多效添加剂可以是一种化合物表现出多种用途，也可以是多种添加剂的复合配方。这种添加剂具备两种以上的作用，以使燃料充分发挥其作用。抗氧抗腐剂就是一种具有抗氧、抗腐和抗磨作用的多效添加剂，广泛应用于发动机油、液压油、传动油、齿轮油、润滑脂及其他润滑油中。

二、润滑油添加剂

润滑油的质量除与基础油的组成和性质有关外，很大程度上取决于添加剂的品种和质量以及它们之间的配伍关系，由于一种添加剂只能主要改善润滑油的某一方面的性能，所以润滑油添加剂的品种很多。在油品添加剂中，润滑油添加剂的品种数量占绝大部分，几乎所有的润滑油都或多或少地添加一种或几种添加剂，优质的润滑油一般多采用复合添加剂。润滑油质量的优劣取决于润滑油基础油的质量和润滑油使用的添加剂。由于现代机械工业的发展，对润滑油提出了越来越高的使用要求，采用纯矿物油作润滑油远远不能满足使用要求，必须向润滑油中加入各类添加剂，以改善油品的使用性能、提高质量。

与燃料油品添加剂相比，润滑油添加剂的品种较多，其中大多是各种有机化学产品。为了达到预期的效应，必须很好地分散于油中，在贮存和使用时稳定、不易起变化，加入添加剂后不损坏润滑油的其他性能。

常用的润滑油添加剂如下。

1. 清净分散剂

清净分散剂（即清净剂与分散剂）是调制内燃机润滑油的主要添加剂，其产量约为润滑油添加剂总量的60%。内燃机润滑油的使用条件比较苛刻，在使用中不可避免地会由于氧化等原因在内燃机中生成酸性物质以及漆膜、积炭和油泥等沉积物。这些沉积物会导致腐蚀和磨损加剧、密封不严、活塞环黏结、油路及滤网堵塞等，直至发动机停止运转。清净分散剂的主要功能是起中和、增溶、分散及洗涤（吸附）等作用。此类添加剂都属于油溶性表面活性剂，主要有磺酸盐、硫化烷基酚盐、烷基水杨酸盐、硫代磷酸盐和无灰分散剂五种。

磺酸盐（包括磺酸钙、镁等）是应用最广的一类清净剂，具有很好的清净性和一定的分散性，它的碱值一般较高，中和能力强，同时具有很好的防锈性能。但有促进氧化的缺点。在内燃机润滑油中，磺酸盐（通常多为钙盐）一般是必加的清净剂，加量约为2%~5%，如与其他清净剂复合使用时，其用量为1%~2%。硫化烷基酚盐和烷基水杨酸盐都具有一定的抗氧化能力，但分散能力差。硫代磷酸盐具有较好的分散能力和一定抗氧化能力，但高温稳定性差。这四种清净分散剂中都含有金属，因而燃烧后均残留有一定量的灰分，所以称为金属（或有灰）清净分散剂。

随着城市汽车大量增多，汽车时开时停的情况非常普遍，润滑油产生低温油泥的倾向也越来越大。若只添加有灰清净分散剂不但不能解决这个问题，有时甚至还起到不良作用。因此还需要添加无灰清净分散剂。无灰分散剂具有十分优良的分散性能，分散剂分子小、不含金属，燃烧后不留灰分，但其他性能均不佳。

可以看出，现有的清净分散剂各有优点和不足，单独使用都不能为内燃机润滑油全面满足使用要求。因此常常将几种清净分散剂复合使用，以取长补短。实践证明，在添加剂配方中，采用有灰清净分散剂与无灰清净分散剂复合，在有灰剂中采用磺酸钙与硫化烷基酚钙或烷基水杨酸钙的复合，往往可以得到协合的效果。

2. 抗氧抗腐剂

润滑油在使用过程中因与空气接触，不可避免地会因氧化而变质，氧化产生的酸、油泥和沉淀会腐蚀磨损机件，当处于温度高并与金属接触的情况下，氧化变质的速度将会更快，因此，要延缓氧化速度，延长润滑油的使用期限就需加入抗氧添加剂以抑制或阻滞其氧化反应。抗氧抗腐剂的作用就在于抑制润滑油的氧化，钝化金属的催化作用。

润滑油中使用的抗氧剂主要有受阻酚型、芳胺型和硫磷型三类。

2,4-二叔丁基对甲酚是最常用的受阻酚型抗氧剂，主要用于操作温度在100℃以下的工业润滑油。对于操作温度较高的内燃机油和压缩机油，可选用4,4-亚甲基双酚(2,6-二叔丁基酚)等受阻双酚型抗氧剂。

芳胺型抗氧剂的使用温度比受阻酚型的高，抗氧耐久性也比酚型要好，但毒性较大，且易使油品变色，其应用受到一定限制。因此，芳胺型抗氧剂主要与酚型抗氧剂复合用于汽轮机油、工业齿轮油等。

硫磷型抗氧抗腐剂的主要品种有二烷基二硫代磷酸锌和二芳基二硫代磷酸锌。此类添加剂兼有抗氧化、抗腐蚀、抗磨损作用，是一种多效添加剂，广泛用于内燃机油、抗磨液压油及齿轮油中。

为了提高抗氧效果，一般使用复合抗氧剂。不同类型的抗氧剂复合后有协合效应，酚型和胺型复合具有较佳的协合效果。

3. 降凝添加剂

用于降低润滑油凝点，改善低温流动性。降凝剂主要是通过其分子上烷基侧链与蜡的共晶作用，改变蜡晶的生长方向和晶形，使它生成均匀松散的晶粒，从而延缓和防止导致油品凝固的三维网状结晶的形成。显然，降凝剂只有在含蜡的油品中才能起降凝作用。但如果润滑油中石蜡含量过高，大大超出了降凝剂所能起到的作用，那么即使加了降凝剂也起不到降凝的作用。此外，油品黏度大小和烃类组成均会影响降凝剂的感受性。一般而言，轻质润滑油较重质润滑油容易降凝，烷烃和环烷烃感受性好些，长侧链的轻芳烃次之，重芳烃的降凝性最差。

降凝剂一般分为三类：烷基萘、聚α-烯烃、聚甲基丙烯酸酯等。国内以烷基萘为主，其次是聚α-烯烃降凝剂(T803A、T803B)，少量的是聚甲基丙烯酸酯和聚丙烯酸酯降凝剂。目前国内又开发了α-烯烃共聚物降凝剂T811。T811与T803复合使用，可以大大提高降凝度和扩大油品的使用范围。

4. 黏度指数改进剂

黏度指数改进剂又名增黏剂，是一种油溶性的链状高分子有机聚合物，主要用于调制多级内燃机油，其次是用于调制低温性能好的液压油、液力传动油等。

黏度指数改进剂加入油品中能改善油品黏温性能，提高油品黏度指数，适应宽温度范围对油品黏度的要求，同时还具有降低燃料消耗、维持低油耗和提高低温启动性的作用。使用分散型黏度指数改进剂可以减少无灰分散剂的用量，避免为解决低温油泥问题而增加无灰分散剂用量引起的低温黏度增加，因此近年来分散型黏度指数改进剂发展很快。

常用的黏度指数改进剂有聚异丁烯(PIB)、聚甲基丙烯酸酯、乙烯/丙烯共聚物等。

5. 油性剂和摩擦改进剂

凡是能使润滑油在摩擦的金属表面上形成定向吸附膜，从而改善摩擦性能，降低运动部件之间的摩擦和磨损的添加剂，早期文献将对改善润滑性的添加剂称为油性剂，而目前将具有降低摩擦系数的添加剂称为摩擦改进剂。

这类添加剂加入润滑油中，能在摩擦表面形成物理吸附膜或化学吸附膜，从而起到增加油膜强度、减少摩擦系数、提高耐磨损能力的作用。由于物理吸附是可逆的，温度高时会使吸附剂脱附而失去油性作用，这时应采用极压剂来解决这一问题。所以，油性剂只有在温度较低($<100℃$)、负荷较轻及冲击振动较小的情况下起作用。

常用的油性剂有脂肪酸及其衍生物，如油酸乙二醇酯、二聚酸、脂肪醇、油酸三乙醇胺以及硫化鲸鱼油等。

6. 极压剂

润滑油在高温高压的条件下金属表面会出现边界润滑，此时油性剂形成的吸附膜已被破坏，不再起保护金属表面的作用，如有一种添加剂能与金属表面起化学反应生成化学反应膜，起润滑作用，防止金属表面擦伤，甚至熔焊，通常把这种最苛刻的边界润滑称为极压润滑，而把这种添加剂称为极压添加剂。

极压剂与金属表面发生化学反应，生成牢固的化学反应膜，这种膜熔点较低，剪切强度较小，当金属因摩擦结点受压而温度升高时，这层化合物膜就熔化，生成光滑的表面，从而减少金属表面的摩擦和磨损，防止局部烧结。因此，极压剂又叫抗磨剂，是载荷添加剂的一种，常用于高负荷条件下工作的齿轮油、重型机械轴承油等。

常用的极压剂主要有有机氯化物(如氯化石蜡，产品代号T301)、有机硫化物(如硫化异丁烯)、有机磷化物(如亚磷酸二丁酯、硼化硫代磷酸胺盐)和金属极压抗磨剂(如环烷酸铅)。

7. 防锈剂

主要用于防止金属机件生锈，延迟或限制生锈时间，减轻生锈的程度。防锈剂优先吸附于金属表面形成牢固的吸附膜，以抑制有害物质(如水、氧、酸、氯化物、硫化物、碳酸盐等)与金属表面接触，从而起到防止金属表面的腐蚀和锈蚀。

防锈剂用于各种润滑油。常用的防锈剂有石油磺酸钡、石油磺酸钠、环烷酸锌等。

8. 抗泡添加剂

润滑油特别是含有强极性添加剂的油品(如内燃机油、齿轮油)受到震荡、搅拌等作用后，不可避免地会有空气潜入油中，同时，油品本身分解也会产生气体，从而在界面上形成泡沫。润滑油产生泡沫后会使润滑效果下降，管路产生气阻使供油量不足，机械磨损加剧。对于液压油，起泡会导致液压系统压力不稳，影响正常工作。同时，由于泡沫的存在，还会促进油品氧化，加速变质。

润滑油起泡的主要原因是润滑油氧化变质后引起表面张力下降，特别是油温低、黏度大、已氧化时更容易起泡。当加有极性添加剂如抗氧剂、清净剂、多效添加剂、极压添加剂等时，也容易产生气泡。

在润滑油中加入抗泡添加剂是减少泡沫的有效方法。目前所用的抗泡剂有硅油型和非硅型两类。硅油型抗泡剂是最常用的抗泡剂，如二甲基硅油(又称聚二甲基硅氧烷)，具有用量少($1\sim10\mu g/g$)、抗泡性、抗氧化性、抗高温性好等优点，但其调和工艺要求严格，在酸性介质中不够稳定。硅油是一种难溶于润滑油而表面活性很强的物质，它并不阻止润滑油生泡，但它可吸附在泡沫上，使泡沫的局部表面张力显著下降，泡沫因受力不均匀而破裂，从而缩短泡沫的存在时间。

非硅型抗泡剂(聚丙烯酸酯型)对各种调和技术不敏感，在酸性介质中仍高效，稳定性好，可长期储存，但其用量大，在 0.001%～0.07% 之间。

此外还有抗氧防胶剂、乳化剂、抗乳化剂等润滑油添加剂，在此不一一详述。

第二节　油品调和

精制后的中间产品(组分)一般都达不到产品的所有质量要求，这就需要原油加工的最后一道工序——油品调和来完成。各种油品的调和，除了个别添加剂外，大部分都是液-液互溶体系，可以按任何比例调和。调和油的性质与调和组分的性质和比例有关，但与调和过程或调和顺序无关。

油品调和的大致步骤为：①依成品油质量要求选择合适的调和组分；②在实验室调制小样，经检验小样质量合格；③准备各种调和组分(包括配制添加剂母液)；④将各调和组分按比例混合均匀；⑤检验调和油的均匀程度和质量指标。在此，要特别注意的是只有在小样试验调和油的各项指标全部检验合格后，才能进行大量调和，以避免出现调和后虽改善了某些性能，而又使其他个别性能指标不合格的问题。

油品调和工艺比较简单。目前常用的调和工艺有油罐调和和管道调和，油罐调和又分为泵循环喷嘴油罐调和和机械搅拌调和两种。

泵循环喷嘴油罐调和是先将各组分油和添加剂按比例送入罐内，用泵不断地从罐内抽出部分油品再通过装在罐内的喷嘴射流混合。经过这样的循环操作，即可将各种油品混合均匀。这一方法适用于调和比例变化的范围较大、批量较大和中、低黏度油品的调和，设备简单，操作方便，效率高。

机械搅拌调和使用的是机械搅拌，适用于批量不大的成品油的调和，特别是润滑油成品油的调和。搅拌器有两种类型，一是罐侧壁伸入式，由一个或多个搅拌器从油罐侧壁伸入罐内；二是罐顶中央伸入式，只适于油罐容积小于 20m^3 的立式调和罐。

管道调和适用于大批量调和，它是将各个组分和添加剂按预定比例同时送入总管和管道混合器进行均匀调和。管道混合器(常用的是静态混合器)的作用是流体逐次流过混合器内每一混合元件前缘时，即被分割一次并交替变换，最后由分子扩散达到均匀混合状态。

下面就几种油品为例说明调和的一般过程。

1. 车用汽油的调和

车用汽油的辛烷值和蒸气压可以通过调和使其达到规格标准。车用汽油的组分是直馏汽油和二次加工过程生产的高辛烷值汽油组分(包括催化裂化汽油、催化重整汽油、加氢裂化汽油、烷基化油、异构化汽油及含氧化合物等)，各组分的辛烷值是不同的。为了满足不同牌号的车用汽油对辛烷值及其他性能的要求，往往将两种或多种组分进行调和，再加入抗爆剂、酚、胺类抗氧剂和二胺类金属钝化剂。

正丁烷常用作车用汽油的蒸气压调和组分。它具有沸点低、蒸气压高、辛烷值高等特点，它的掺入不仅能提高汽油的蒸气压，而且使汽油的初馏点和 10% 馏分温度降低，对改善车用汽油的蒸发性、抗爆性和启动性能有积极作用。

2. 柴油的调和

作为柴油的调和组分，有直馏柴油、催化裂化柴油、加氢裂化柴油及精制后的焦化柴油等。我国的柴油组分主要是前两种，而其他组分所占比例较少。多数炼油厂的柴油调和都是直馏柴油和催化裂化柴油的调和。

各种柴油组分的质量差别很大，例如，由石蜡基原油生产的直馏柴油其十六烷值较高，含蜡较多，凝点较高；催化裂化柴油含芳轻较多，十六烷值较低；焦化柴油含烯烃较多，安定性较差，需要精制。不同牌号的柴油可根据凝点、馏分范围等指标按比例调和，再加入适量的添加剂。

常用的柴油添加剂有流动改进剂(可降低柴油凝点)和十六烷值添加剂(可提高柴油十六烷值)等。

3. 润滑油的调和

润滑油一般由基础油和添加剂两部分组成。基础油是润滑油的主要成分，决定着润滑油的基本性质，添加剂则可弥补和改善基础油性能方面的不足，赋予其新的特殊性能，或加强其原来具有的某种性能，使其满足更高的要求，因而是润滑油的重要组成部分，并视为近代高级润滑油的精髓。一般而言，润滑油调和需要 1~3 种基础油和 1~5 种添加剂。要根据润滑油的质量和性能要求，对添加剂进行精心选择，合理调配，这是保证润滑油质量的关键。添加剂的添加量一般很少，只占产品量的百分之几，甚至百万分之几。

润滑油的调和分为两类：一类是基础油的调和，即两种或两种以上不同黏度的中性油调和；另一类是基础油与添加剂的调和，以改善油品使用性能，生产合乎规格的不同档次、不同牌号的各类润滑油成品。调和的组分需根据基础油的性质和对润滑油成品油的使用要求而定。例如，大庆原油的润滑油基础油黏度指数高，加入适当的添加剂可调制中高档的内燃机油、汽车齿轮油、液压油等一系列高级润滑油。但是由于其低温黏度大，流动性不好，在调配多级汽油机油时在牌号上受到限制。

油品调和方法比较简单。目前常用的调和方法分为两大类，即罐式调和和管道调和，罐式调和又分为泵循环喷嘴油罐调和和机械搅拌调和两种。管道调和适用于大批量调和，它是将各个组分和添加剂按预定比例同时送入总管和管道混合器进行均匀调和。机械搅拌调和是油罐调和常用的方法，适用于批量不大的成品油调和，特别适于润滑油成品油的调和。由于压缩空气调和方法(气脉冲调和法)易使油品氧化变质，且易增大挥发损失及造成污染，所以目前已不采用。

我国企业常采用罐式调和和机械搅拌的调和方式。即将经过精制、脱蜡(或加氢)所得的不同黏度的润滑油基础组分(或基础油)，按照一定的比例用泵送入调和罐内，并加入所需的添加剂，用机械搅拌或用泵循环搅拌的办法混合，再经必要的质量检验，结果合格便可成为成品。但这种传统的润滑油调和工艺因操作周期长、能耗大、合格率较低，直接影响企业经济效益。为此，炼化企业积极改进润滑油调和技术，充分利用计算机技术，采用管道自动化调和取代罐式调和工艺，取得了显著的经济效益。近年来，润滑油调和工艺在采用计算机技术和在线仪表等手段方面又有了新的突破，使调和工艺自动化程度提高，调和质量更好，精度更高，产品品种调换更加灵活。计算机管道调和工艺虽一次性投资高，但在保证产品质量、安全生产和投资回收快等方面具有无比的优越性，是目前油品调和的主要手段。

第十三章　石油化工生产简介

用石油和石油气(炼厂气、油田气和天然气)作原料生产化工产品的工业，叫作石油化学工业，简称石油化工。石油化工在国民经济和社会发展中占有举足轻重的地位，具有不可替代的基础作用。

石油化工产品包括各种有机原料以及合成橡胶、合成纤维、合成树脂、农药、医药、化肥、洗涤剂等等，品种繁多，数以千计。石油化工产品与国防、工农业生产、尖端科学以及人民生活都有密切关系。这些产品过去主要以煤、动植物油脂、粮食等为原料制取；近几十年来，随着石油工业的发展，逐步改用石油为原料。由于石油来源稳定、储运方便、生产过程易于实现自动化、适合大规模生产以及成本低廉，因此使石油化工得到了突飞猛进的发展。

第一节　石油化工原料

以石油或石油气生产化工产品，首先需从中提取或制造化工产品的基础原料，乙烯是石油化工最重要的基础原料之一，由乙烯装置生产的乙烯、丙烯、丁二烯、乙炔、苯、甲苯、二甲苯，即"三烯三苯"是生产甲醇、乙醇、丙酮、乙酸、丁辛醇等各种基本有机化工原料和合成树脂、合成纤维、合成橡胶三大合成材料的基础原料。这就是石油和石油炼制工业与石油化工的根本联系所在。

一、石油化工原料的选择

石油化工原料大致分为两类：一是各种液体油品如轻油、重油或原油；二是石油气。此外，石蜡也是重要的化工原料。

发展石油化工时，必须根据资源情况，因地制宜，采取适宜的原料路线。在油气田附近，可采用天然气、油田伴生气以及凝析油为原料；在炼油厂附近，可采用炼厂气、轻油、重油等作原料。也可采用原油为原料，走燃料–化工型石油加工路线，根据资源和财力情况，建立大型石油化工联合企业。目前，我国的石油化工正沿着这条路线飞速发展，目前已有大庆、抚顺、吉林、燕山、天津、齐鲁、兰州、独山子、上海、扬子、茂名等十多个大型石油化工联合企业，还有一批新的炼油化工一体化企业正在酝酿建设当中。它们不但是我国石油化工业的支柱，也是推动我国炼油工业发展的重要力量。随着我国经济的快速稳定发展，油品和石化产品需求同时快速增长。但用于运输燃料的汽油、煤油、柴油产量基本能够满足国内需求，而三大合成产品却有一半以上需要进口，并且化工原料需求的增长已超过油品需求的增长，预计未来10年我国化工原料增长速度将是油品增长速度的一倍。如此发展，我国油品与化工原料在数量平衡、质量兼顾、成本变化、经济效益等诸多方面存在的矛盾和问题将逐渐显现且日益突出。我国石油资源不足，对进口原油的依存度已达到70%，宝贵的石油资源必须优先用来生产难以大规模替代的运输燃料。因此，探寻我国炼油与石油化工协调发展的科学发展之路，是值得引起大家重视和研究的问题。

二、石油化工原料的制取

如上所述，石油化工的基础原料是三烯、三苯、一炔、一萘。无论何种类型的炼油厂，其产品中均有相当数量的化工基础原料，例如，从催化裂化和催化重整等装置可得到丰富的气体烃和芳烃原料。图 13-1 是燃料-化工型炼化企业石油化工生产关系。

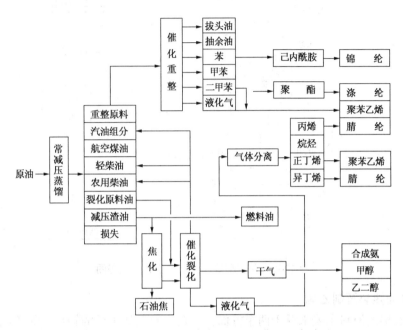

图 13-1　燃料-化工型炼化企业石油化工生产关系

在石油化工基础原料中，常把乙烯的产量作为衡量一个国家或地区基本有机化学工业发展水平的标志。近年来，在石油化工市场竞争激烈的形势下，乙烯装置规模化、大型化已成为全球的发展趋势，乙烯生产规模正从 $(80\sim90)\times10^4$ t/a 朝着 100×10^4 t/a 以上推进。我国乙烯生产发展很快，到"十二五"末期，国内乙烯产能已突破 2000×10^4 t/a，年均增速达到 7.1%，占全球比重从 10% 增至 13% 左右，同期，国内乙烯当量消费自给率增至 52% 左右。预计到"十三五"末期，国内乙烯产能将突破 3000×10^4 t/a，原料优化后的传统裂解和煤化工等工艺路线也将获得并行发展。

石油产品如凝析油、轻馏分油等通过高温裂解、分离可得到乙烯、丙烯等气体产品。目前，工业上获得乙烯的方法有烃类热裂解或催化裂解法、烃类催化裂化、甲醇转化法、乙醇催化脱水、甲烷转化法、乙烷催化脱氢、乙烷催化氧化脱氢、合成气转化法等，其中烃类热裂解制乙烯的方法最为成熟。烃类热裂解或催化裂解即石油系烃类燃料在高温作用或高温及催化剂作用下，使烃类分子发生碳链断裂或脱氢反应，生成小分子烯烃、烷烃和其他轻质或重质烃类。因此，乙烯、丙烯产量的大部分来源于轻油裂解，如以石脑油为原料催化裂解生产低碳烯烃的代表性技术有韩国 SK 公司和美国 KBR 公司联合开发的 ACO 工艺。目前国内已成功开发以重质原料油催化裂解生产低碳烯烃的工艺技术，如中国石化石油化工科学研究院(RIPP)的 DCC 工艺、中国石化洛阳石化工程公司(LPEC)的 HCC 工艺等。

图 13-2 是以原油为基础原料生产乙烯原料的加工方案流程。

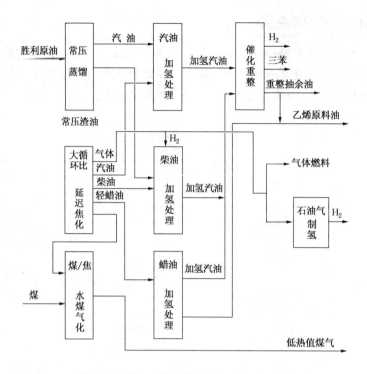

图 13-2　化工型炼厂深度加工原理流程图

（一）轻油热裂解制乙烯

裂解制乙烯的原料主要来源于两个方面：一是天然气加工厂的轻烃、如乙烷、丙烷、丁烷及天然汽油等；二是炼油厂的加工产品，如炼厂气、汽油煤油、柴油、重油、渣油等，以及焦化加氢油、加氢裂化油等。图 13-1 是燃料-化工型炼厂石油化工生产关系。

传统的乙烯生产是以轻油为原料（如石脑油、轻柴油等），在高温（800～900℃）和水蒸气存在条件下进行裂解反应得到乙烯和丙烯。乙烯装置典型的流程有顺序分离流程、前脱乙烷流程、前脱丙烷流程、低投资分离流程、渐进分离流程和油吸收分离流程等六种类型。这六种流程均为当今世界上先进的乙烯生产工艺技术，各有特点，企业应根据自身的具体情况加以选择。下面以顺序分离流程为例介绍乙烯生产的工艺过程。

乙烯生产的顺序分离流程由裂解与急冷、裂解气压缩、脱甲烷、脱乙烷和乙炔加氢、乙烯精馏等部分组成，工艺流程如图 13-3～图 13-6 所示。各流程图中的"$C_2^=R$"意指乙烯冷剂。

从罐区来的液体原料经急冷水预热后进入裂解炉，每台裂解炉的急冷锅炉（简称 TLE）均连接到一个共用汽包上的热虹吸系统，从各 TEL 出来的裂解物料汇入一条总管，经油急冷后送入汽油分馏塔，在汽油分馏塔裂解气进一步冷却，裂解燃料油从塔底抽出并送往汽提塔，汽油和较轻组分从塔顶蒸出。

来自汽油分馏塔的塔顶气体与急冷塔中的循环水直接逆流接触，被冷却并部分冷凝。急冷塔顶气体（温度 40℃，压力 0.04MPa）送往裂解气压缩系统（工艺流程如图 13-4 所示），黏度控制塔用于维持循环急冷油的黏度在一个可接受的范围内。

急冷塔顶气体在五段离心式压缩机中从 0.034MPa 压缩到 3.7MPa，段间冷却到 38℃，五段出口裂解气用水冷却后进苯洗塔脱除苯，使其含量降至 2×10^{-6} 以下，以防止在深冷系

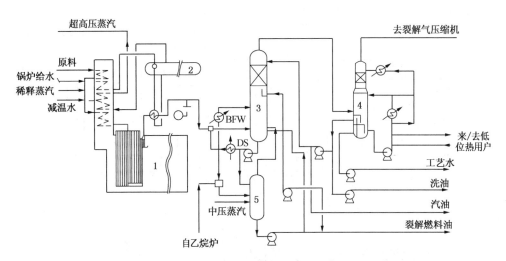

图 13-3 裂解和急冷部分流程示意图

1—裂解炉；2—高压汽包；3—汽油分馏塔；4—急冷水塔；5—黏度控制塔

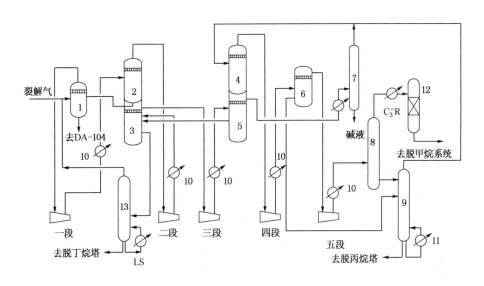

图 13-4 裂解气压缩部分流程示意图

1——段吸入罐；2—二段吸入罐；3—三段吸入罐；4—四段吸入罐；5—三段排出罐；6—五段吸入罐；
7—碱洗塔；8—脱苯塔；9—凝液汽提塔；10—循环冷却水；11—低压蒸汽；12—干燥器；13—汽油汽提塔

统的温度下冻结。除苯后的裂解气经丙烯和脱乙烷塔进料冷却到 15℃ 后进裂解气干燥塔干燥，而后送往脱甲烷系统。

脱甲烷系统流程图如图 13-5 所示。来自裂解气深冷系统的物料送到脱甲烷塔，脱甲烷塔的液体再沸是用裂解气在塔釜再沸器和中间再沸器加热，脱甲烷塔塔底产物分成两股，一股直接送往脱乙烷塔，另一股用裂解气进一步预热后也送往脱乙烷塔。

脱乙烷塔塔顶产物经丙烯冷剂冷凝后进入乙炔转化器，在乙炔转化器中经选择性加氢使乙炔转变为乙烯和乙烷而被脱除，见图 13-6。自乙炔转化器冷却后的流出物与从乙烯精馏塔侧线来的乙烯/乙烷液体在绿油吸收塔中逆流接触，以除去反应副产物，称作绿油的乙炔聚合物。绿油吸收塔的气体经过分子筛干燥器送到乙烯精馏塔。

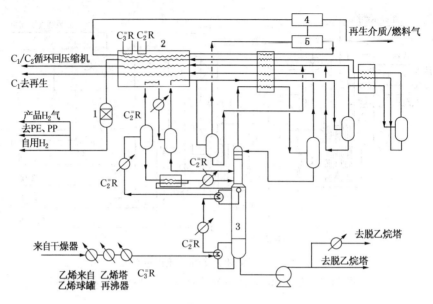

图 13-5　脱甲烷部分流程示意图

1—甲烷化反应器；2—冷箱；3—脱甲烷塔；4—压缩机；5—膨胀机

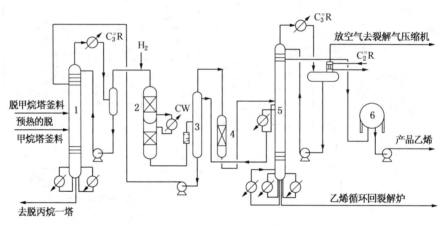

图 13-6　脱乙烷、乙炔加氢和乙烯精馏部分流程示意图

1—脱乙烷塔；2—乙炔转化器；3—绿油吸收塔；4—乙烯干燥塔；5—乙烯精馏塔；6—乙烯球罐

乙烯精馏塔有三台底部再沸器和一台中间再沸器，可以最大限度地回收冷量。从乙烯精馏塔底部抽出的物料，用裂解气蒸发，送往裂解炉与界区外来的新鲜乙烷原料混合裂解。液态乙烯产品直接送往贮罐，从这个罐将产品用泵送出。液体乙烯作为气体产品送出之前需用丙烯冷剂蒸发和过热。

（二）重油催化裂解生产丙烯、乙烯

乙烯和丙烯的生产目前主要还是依赖于烃的热解，原料主要有石脑油、常压柴油、减压柴油、乙烷等。从原料的性质来看，烷烃含量高、特性因数高、密度低是较为理想的生产乙烯和丙烯的原料。如用烷烃含量达 73% 的石脑油为原料，在 870℃、停留时间 100ms 的条件下裂解，乙烯和丙烯的收率分别为 32% 和 16%；以特性因数为 12.02 的轻柴油为原料，在同样条件下裂解乙烯和丙烯的收率分别为 29% 和 14%。在此列举的两种油均为较理想的裂解制乙烯和丙烯的原料，但裂解柴油的乙烯和丙烯收率均明显低于裂解石脑油。可见，裂解原料的性质对裂解工艺及产物分布起决定性作用。随着石油资源的日渐减少和原油性质的逐渐劣质化和重质化，生产乙烯和丙烯的原料也向轻、重两极发展。但无论是以小分子的烃还是以重油为原料，如果采用传统的蒸气热解制乙烯、丙烯技术，生产成本都较高。于是，人们将目光转向了催化裂解。

重油催化裂解制乙烯和丙烯过程中会产生大量的 C_4 和烯烃含量较高的汽油，目前70%的 C_4 还是作为液化气出售，而高烯烃含量的汽油又不符合国家的汽油标准。在两段重油催化裂解制乙烯和丙烯的过程中，如果能再研究清楚 C_4 和裂解生成的汽油进一步反应生成乙烯和丙烯的反应规律，将这两种原料与重油原料通过两段提升管整合到一起，最大限度生产乙烯和丙烯的同时，生产高辛烷值汽油，无疑具有重要的现实意义。

我国目前的乙烯和丙烯的产量仅能满足国内需求量的50%左右，尽管我国目前仍然在积极提高生产能力，但从预测的结果来看，由于我国对乙烯和丙烯产品需求的持续快速增长，未来几年内乙烯、丙烯及其下游产品仍然有50%左右需要进口。虽然市场有着旺盛的需求，但我国由于受到原油轻组分含量低的限制，不可能大幅度提高石脑油蒸汽裂解的生产能力，而发展重油蒸汽裂解，其生产成本又难以承受。实际上，从世界范围内来看，丙烯市场的增长率要高于乙烯，而蒸汽裂解受到自由基反应机理的限制，丙烯产率难以大幅度提高。发展重油催化裂解，一方面可以解决乙烯和丙烯生产原料来源不足、降低生产成本，另一方面催化裂解按正碳离子反应机理进行，可以大幅度提高丙烯的产率。

随着催化裂化工艺技术不断进步和新型催化剂的不断出现，利用催化裂化工艺生产丙烯和乙烯的技术方兴未艾，并不断取得可喜的进展，例如，Exxonmobil 公司的双提升管工艺、Mobil 与 Kellogg 公司联合开发的一种灵活 FCC 工艺被称作 MAXOFIN™，洛阳石化工程公司开发了灵活多效双提升管催化裂化(FDFCC)工艺技术等。详见第五章催化裂化新技术部分。

第二节　石油化工主要产品及其生产方法简介

一、基本有机原料

1. 丙酮

又称二甲基甲酮，是目前最简单的饱和酮类。丙酮是一种透明无色易挥发的可燃液体，有特殊的辛辣性气味，常温下溶于水，并能溶解乙醚、氯仿、甲醇、吡啶、乙醇及大多数有机类溶剂，沸点低、极易挥发、易燃，是生产有机玻璃、环氧树脂、烯酮、乙酸酐、氯仿、碘仿、甲基丙烯酸甲酯、聚碳酸酯、聚异戊二烯橡胶的重要的有机合成材料，还广泛用作塑料、制革、橡胶、纤维、油脂、喷漆、医药、炸药、农药、涂料、感光材料等的有机溶剂，也是生产维生素等医药的萃取剂。

生产丙酮的方法主要有发酵法和合成法两大类，前者是以植物为原料，后者是以石油为原料。最初的丙酮的生产方法是乙酸钙热分解。1920 年后利用农作物发酵法在美国等国家获得应用，但因是以消耗大量含淀粉植物为基础仅得到少量的丙酮产品，故其发展受到限制。1936 年异丙醇脱氢制丙酮的方法实现了工业化，20 世纪 50 年代由异丙苯法生产苯酚并联产丙酮的技术得到迅速发展，不断取代异丙醇脱氢法。因此，目前的合成方法主要有异丙醇法、液化石油气氧化法、丙烯氧化法和异丙苯法，其中异丙苯法是使用最广泛的合成方法，该方法的突出优势是可以在一个装置同时得到两种重要的有机产品(丙酮和苯酚)，故成为当今世界最主要的丙酮生产方法。

2. 苯酚

又名石炭酸，是最简单的酚类有机物，常温下为无色晶体，具有特殊气味。可作为生产苯胺、环氧树脂、酚醛树脂(又称电木)、水杨酸、五氯酚、苦味酸、己二酸等等化工产品及医药中间体。在炼油、农药、医药、炸药、化工原料、合成橡胶、合成纤维(锦纶、尼纶)、香料、烷基酚、染料、塑料及涂料等方面均具有广泛的应用，也是精制润滑油原料的溶剂。

目前我国生产苯酚的技术有异丙苯法、磺化法、氯化法、甲苯-苯甲酸法、环己酮-环己醇法等，其中异丙苯法是主要的生产方法，也是目前较成熟的方法，全世界有近90%以上的苯酚是由异丙苯法生产的。该工艺是以苯和丙烯为原料，在催化剂作用下生成异丙苯，经空气氧化生成过氧化氢异丙苯，再经酸催化分解得到苯酚和丙酮。

3. 丁/辛醇

均为无色可燃液体，丁醇有酒味，辛醇也有特殊气味。丁醇是生产丁醛、丁酸、丁胺和乙酸丁酯等有机化合物的原料，可用作树脂、油漆、黏结剂的溶剂及选矿用消泡剂，也可用作油脂、药物和香料的萃取剂及醇酸树脂涂料的添加剂。辛醇主要用于生产苯二甲酸二辛脂(DOP)，DOP产品是一种理想的增塑剂，广泛用于聚氯乙烯、合成橡胶、纤维素脂的加工。辛醇可用作柴油和润滑油的添加剂，还可用作油漆、涂料、造纸、照相机纺织等行业的溶剂，也可作为陶瓷工业釉浆分散剂、矿石浮选剂、消泡剂、清洁剂等。丁/辛醇是由丁醇和辛醇两种物质组成，因这两种物质能够在同一套装置中进行生产，故常称其为丁辛醇。

生产丁/辛醇主要用羰基合成法，它是以丙烯为原料，用氢甲酰化法生产丁、辛醇。即氢与一氧化碳在高压及金属羰基络合物作用下合成正丁醛和异丁醛。正丁醛在碱催化剂作用下缩合成辛烯醛，辛烯醛加氢合成辛醇。异丁醛加氢得异丁醇。

4. 乙酸

又称醋酸，具有刺激气味的无色液体。纯乙酸在16.7℃以下即凝为冰状固体，叫冰醋酸。乙酸用途极广，主要用于生产乙酸乙烯、醋酸纤维素、乙酸酯类，是制取维纶、电影胶片基等的重要原料，在溶剂、香料、化工、纺织、医药、染料、食品等行业中都有广泛用途。

生产乙酸的方法较多，生产技术已经相当成熟。近十年来，值得关注的工艺技术发展主要有乙烯一步法技术的开发、甲醇羰基化法技术的改进以及一些新原料路线的探索。此外，还有合成气直接制乙酸、乙烷氧化制乙酸、甲酸甲酯异构化制乙酸等工艺方法。

5. 乙醇

俗称酒精，是一种重要的溶剂，也是塑料、纤维、橡胶、染料、医药的原料。

过去主要用粮食发酵制取乙醇，1t乙醇需4t粮食。现主要采用合成法制取，主要原料是乙烯。

6. 甘油

具有甜味的黏稠性无色液体，有较强的吸水作用。甘油可制造炸药和无烟火药，也广泛用于合成树脂。在食品工业中作防腐剂，皮革工业供鞣革、保革用，烟草工业作润湿剂，油漆工业作溶剂用。

以丙烯为原料用合成法可制取甘油。

二、合成材料

除合成氨以外，合成橡胶、合成纤维和合成树脂是石油化工的三大主要产品，这三大合成材料的产量在一定程度上反映石油化工的发展水平。这些合成材料通常称为高分子化合物或聚合体，它们的原料均来自石油产品。下面介绍几种主要的合成材料。

1. 合成橡胶

合成橡胶是由人工合成的高弹性聚合物，也称为合成弹性体。橡胶制品被广泛用于车辆、包装、医药、家用电器、运动产品及改性塑料制品领域，为人们创造更舒适的生活。

合成橡胶泛指丁苯橡胶、顺丁橡胶、异戊橡胶、丁基橡胶、丁腈橡胶、氯丁橡胶、乙丙橡胶、聚丁二烯橡胶等。我国是合成橡胶的消费大国，近年来，合成橡胶工业在提高产品内在质量、改进产品使用性能、适应环保要求等方面的技术进展取得质的进步。其中茂金属进入合成橡胶领域；活性负离子聚合技术突破传统观念，实现结构性能的优化集成；正碳离子活性聚合步入实用性研究开发阶段；气相聚合工艺初步实现工业化；系列反应器或多元催化剂直接合成聚烯烃热塑性弹性体的新工艺推动了热塑性弹性体的发展，这些都堪称合成橡胶工业近期科技发展史上有突破意义的重大进展。

（1）丁苯橡胶。是丁二烯与苯乙烯聚合体，是最老的合成橡胶品种，产量较大。性能较天然橡胶差，但耐酸、耐碱、介电和气密性与天然橡胶相似。可与天然橡胶混用作各种轻便轮胎，也用于浸渍轮胎帘布、浸渍织物、纸张等。

（2）顺丁橡胶。是顺式1,4-丁二烯聚合物。具有良好的耐寒性、耐磨性和耐老化性；但加工性能差，易于撕裂和变形。与其他橡胶混合后可作轮胎的胎面胶。

（3）异戊橡胶。异戊二烯聚合而得。分子结构、性能与天然橡胶相似，耐磨性、耐寒性不如顺丁橡胶。可作各种胶管、轮胎、密封件等制品，但价格较高。

（4）乙丙橡胶。是乙烯与丙烯的共聚体或以乙烯、丙烯为主的三聚体。耐气候变化、介电性能与化学稳定性较高，但不易与其他橡胶混用。可作各种胶管、密封件、运输件。绝缘件等。

（5）丁基橡胶。是异丁烯与少量异戊二烯共聚体，有独特的气密性、介电性、耐热和耐蚀性，但加工性能差，不利于与其他橡胶混用。最适宜作内胎、气袋等，也可作电缆、胶管、防护制品等。

（6）丁腈橡胶。是丁二烯与丙烯腈共聚体。耐磨性比天然橡胶高30%～40%，耐热性也较其他橡胶高，还具有优良的耐油性，但不耐极性溶剂，弹性较差，不易加工，适宜作各种耐油和耐热制品。

（7）氯丁橡胶。由氯丁二烯聚合而得。强力和弹性接近天然橡胶，有良好的耐油、耐热性，但耐寒性差，不易加工。可作轮胎、胶管及油箱衬里等。

2. 合成纤维

合成纤维是化学纤维的一种，是用合成高分子化合物作原料而制得的化学纤维的统称。与天然纤维和人造纤维相比，合成纤维的原料是由人工合成方法制得的，生产不受自然条件的限制。合成纤维是重要的合成材料之一，与棉、毛、纤维素纤维等统称为纺织纤维。合成纤维的品种主要有聚酯纤维、聚酰胺纤维、聚丙烯腈纤维、聚丙烯纤维等。近年来，合成纤维工业正朝着工艺连续化、装置大型化、纺丝速度高速化及产品开发高档化方向发展。仿生学将进一步促进产品开发创新能力的提高，超细纤维、高性能特种纤维（如芳香族）聚酰胺纤维、芳香族聚酯纤维陶瓷纤维、玻璃纤维等)、绿色纤维以及合成纤维助剂等将获得进一步发展。

(1) 锦纶(卡普纶)聚酰胺纤维。耐磨性好，回弹性、电绝缘性好，耐酸、碱和多次变形，易着色，但易污染，不宜长期暴晒，织物易起球。适宜作轮胎帘子线、渔网绳索、滤布等。军工上用作航空服、降落伞；民用作弹力丝、纯纺和混纺织物。

(2) 涤纶(的确良)聚酯纤维。有高的压缩弹性、抗皱性、耐磨性、耐热性和化学稳定性好，但吸湿性差，不易染色。工业上可作筛网、滤布、传送带，并可加工成薄膜，军工用作舰艇绳索、救生衣、海上浮标、降落伞等；民用作纯纺或混纺织物。

(3) 维尼纶(维纶)聚乙烯醇纤维。强度为棉花的三倍，吸湿性高，和棉花相似，耐酸、碱性好，织物手感柔软，保暖，但染色性差，易起皱和污染。适宜与棉花混纺织成各种布料、针织品；工业上可作帆布、滤布、水龙带和绳索等。

(4) 腈纶(人造羊毛)聚丙烯腈纤维。有良好的回弹性，耐酸碱，不易老化，耐光性与耐气候性特别好，织物手感柔软、温暖，不易起毛。可纯纺或混纺制成各种毛线、毛毯、人造毛皮等。

(5) 丙纶聚丙烯纤维。密度较水轻，是合成纤维中最轻的，耐酸碱、耐蛀性好，织物保暖性好，但耐热性、耐光性差，易老化。可纯纺或混纺作毛线、毛毯、衣料、绳索、帆布等。

3. 合成树脂

合成树脂是人工合成的一类高分子量聚合物，是兼备或超过天然树脂固有特性的一种树脂。在三大合成材料中，合成树脂是产量和消费量最高的合成材料。合成树脂最重要的应用是制造塑料。目前，我国乙烯的80%、丙烯的65%均用于生产合成树脂。世界合成树脂产量比合成橡胶、合成纤维及黏合剂的总和还要多，因此从某种意义上讲，合成树脂就是合成材料的同义词，合成树脂技术的发展对整个石油化工技术的发展具有举足轻重的影响。合成树脂广泛用于包装行业、建筑材料、信息、电气、家电、汽车、机械、化工、航空航天、海洋、国防军工等许多领域，其产品用途极为广泛。

(1) 聚乙烯树脂。乙烯经聚合而得。白色、无味、无臭、无毒的固体。产品性质依生产方法不同而异。高压聚乙烯较柔软，中、低压聚乙烯较硬。聚乙烯可制成塑料薄膜、管材、板材、电绝缘材料等。

(2) 聚丙烯树脂。丙烯经聚合而得。白色、无味、无臭、无毒固体。耐热性较好，使用温度为$-30\sim140℃$，韧性和硬度较强，耐蚀性和绝缘性较好。可作建筑和机械组合部件及管道，也可作无线电、电视等高周波绝缘材料以及农用薄膜、玻璃纤维增强塑料等。

(3) 聚氯乙烯树脂。由氯乙烯聚合而得。白色粉末，不溶于水，在醚、酮等溶剂中膨胀溶解，热稳定性较差，$120\sim165℃$发生分解。广泛用于工农业及日常生活中，可制成薄膜、板材、家具、鞋等。

(4) 酚醛树脂。是酚与甲醛的共聚体。具有优良的耐热、耐酸碱性，介电性好。常用作电器绝缘材料，也可制作管道、泵等工业用品和日常用具。

(5) 聚四氟乙烯树脂。由四氟乙烯聚合而成，俗名塑料王。对一般化学品都不起作用，甚至与王水(硫酸与硝酸的溶液)也不发生作用。工作温度$-269\sim250℃$，介电性好，摩擦系数低，有很高的强度，但不易加工。主要用于工业，可制成各种耐腐蚀、耐磨、耐高温及耐低温材料。

除以上树脂外，还有聚苯乙烯、ABS树脂和聚氨基甲酸酯等品种。

主要参考文献

[1] 侯祥麟. 中国炼油技术(第三版)[M]. 北京：中国石化出版社，2011

[2] 陈俊武，许友好. 催化裂化工艺与工程(第三版)[M]. 北京：中国石化出版社，2015

[3] 方向晨. 加氢裂化工艺与工程(第二版)[M]. 北京：中国石化出版社，2017

[4] 徐春明，杨朝合. 石油炼制工程(第四版)[M]. 北京：石油工业出版社，2009

[5] 张德义. 含硫含酸原油加工技术[M]. 北京：中国石化出版社，2013

[6] 卢春喜，王祝安. 催化裂化流态化技术[M]. 北京：中国石化出版社，2002

[7] 欧风. 石油产品应用技术手册[M]. 北京：中国石化出版社，1998

[8] 马伯文. 清洁燃料生产技术[M]. 北京：中国石化出版社，2001

[9] 程丽华. 石油炼制工艺学[M]. 北京：中国石化出版社，2010

[10] 中国石油和化工工程研究会. 炼油设备工程师手册(第二版)[M]. 北京：中国石化出版社，2010

[11] 王先会. 润滑油脂生产技术[M]. 北京：中国石化出版社，2011

[12] 《炼油与石化工业技术进展编》编委会. 炼油与石化工业技术进展(2017)[M]. 北京：中国石化出版社，2017

[13] 中国石油化工集团公司公司科技部. 石油产品国家标准汇编 2016 版[M]. 北京：中国标准出版社，2016

[14] 中国石油化工总公司销售公司. 新编石油商品手册(修订本)[M]. 北京：中国石化出版社，1996

[15] 杜峰，刘欣梅，王从岗. 储运油料学(第三版)[M]. 东营：中国石油大学出版社，2015

[16] 王蕾. 炼油工艺学[M]. 北京：中国石化出版社，2011 年

[17] 谭天恩等. 化工原理上下册(第四版)[M]. 北京：化学工业出版社，2013

[18] 王基铭. 石油炼制辞典[M]. 北京：中国石化出版社，2013

[19] 陈长生. 石油加工生产技术(第二版)[M]. 北京：高等教育出版社，2013

[20] 李志强. 原油蒸馏工艺与工程[M]. 北京：中国石化出版社，2010

[21] 陈俊武，许友好. 催化裂化工艺与工程(第三版)[M]. 北京：中国石化出版社，2015

[22] 方向晨. 加氢裂化工艺与工程(第二版)[M]. 北京：中国石化出版社，2017

[23] 李大东，聂红，孙丽丽. 加氢处理工艺与工程(第二版)[M]. 北京：中国石化出版社，2016

[24] 徐承恩. 催化重整工艺与工程[M]. 北京：中国石化出版社，2009

[25] 王基铭. 中国炼油技术新进展[M]. 北京：中国石化出版社，2017

[26] 刘金林. 工业润滑剂[M]. 湖北：武汉出版社，1988

[27] 杨朝合，山红红. 石油加工概论(第二版)[M]. 东营：中国石油大学出版社，2013

[28] 梁文杰，刘晨光等. 石油化学[M]. 东营：中国石油大学出版社，2009

[29] 陈忠基，李海良. 常减压蒸馏装置减压深拔技术的应用[J]. 炼油技术与工程，2012，42(12)：16-19.

[30] 黄新龙，王洪彬，李节，等. 高液收延迟焦化工艺(ADCP)研究[J]. 炼油技术与工程，2013，43(3)：20-23

[31] 陈俊武，卢捍卫. 催化裂化在炼油厂中的地位和作用展望[J]. 石油学报(石油加工)，2003，19(1)：1-11

[32] 侯芙生. 充分发挥催化裂化深度加工的骨干作用[J]. 当代石油化工，2003，11(6)：1-5

[33] 胡德铭等. 催化重整工艺进展[J]. 当代石油化工，2002，10(9)：16-20

[34] 夏军保，亓玉台等. 催化重整工艺技术及其进展(Ⅰ)[J]. 抚顺石油学院学报，2001，21(4)：12

[35] 谢朝钢，汪燮卿，郭志雄，魏强. 催化热裂解(CPP)制取烯烃技术的开发及其工业试验[J]. 石油炼制与化工，2001，32(12)：7-10.

[36] 陈香生. 重油直接接触裂解制乙烯工艺的工业化前景[J]. 炼油设计，2000，30(6)：1-4.

[37] 沙颖逊，崔中强，王明党．重质油裂解制烯烃的HCC工艺[J]．石油化工，1999，29(9)：618-621．

[38] 山红红．两段提升管催化裂化(TSRFCC)技术应用基础研究[D]．石油大学工学博士学位论文，2004年

[39] 任文波，李雪静．加氢技术应用现状与发展前景[J]．化工进展，2013，32(5)：1006-1114．

[40] 张庆军，刘文洁，蒋立敬等．国外渣油加氢技术进展[J]．化工进展，2015，28(8)：2988-3001

[41] 刘植昌，张睿，刘鹰，等．复合离子液体催化碳四烷基化反应性能的研究[J]．燃料化学学报，2006，34(3)：328-331．

[42] 吴青．悬浮床加氢裂化-劣质渣油直接深度高效转化技术[J]．炼油技术与工程，2014，44(2)：1-6

[43] 管翠诗，王宗贤，阙国和．两段悬浮床加氢裂化反应研究[J]．石油学报(石油加工)，2002，18(4)：38-42

[44] 狄秀艳，杨宏．固体酸烷基化工艺技术综述[J]．当代化工，2005，34(3)：169-172

[45] 刘建国，马忠龙，等．丁烯烷基化固体酸催化剂的研究进展[J]．化学工业与工程，2003，20(6)：492-497

[46] B. E. Henry, W. A. Wachter, G. A. Swan. *Fluid cat cracking with high olefins production*. US0189973A1, 2002

[47] L. Y. Wang, G. L. Wang, J. L. Wei. *New FCC process minimizes gasoline olefin, increases propylene*. Oil & Gas Journal, 2003, 101(6)：52-58

[48] H. L. McQuiston. *Recent developments in FCC processing for petroleum production*. Japan Petroleum Institute Refining Conference, Tokyo, 1998

[49] Hemler CL, . Upson LL. *Maximize propylene production*. The European Refining Technology Conference, Berlin, 1998

[50] 张建芳，山红红，李正等．两段提升管催化裂化新技术的开发Ⅰ[J]．石油学报(石油加工)，2000，16(5)：66-69

[51] 李正，张建芳，山红红等．两段提升管催化裂化新技术的开发Ⅱ[J]．石油学报(石油加工)，2001，17(5)：26-30

[52] 李毅，张建芳等．两段提升管FCC新工艺改善催化裂化汽油质量的研究[J]．石油大学学报(自然科学版)，2002，26(6)：90-94

[53] 钱伯章．炼油催化剂技术的新进展[J]．工业催化，2003，11(8)：16-20

[54] 万胜林，罗勇．MGD技术在催化装置上的应用．石化技术，2003，10(2)：9-16

[55] 靳海燕，王凯．MGD技术在重油催化装置上的应用．天然气与石油，2005，23(5)：31-33

[56] 韩鸿，祖德光，石亚华，李大东．国内外润滑油异构脱蜡技术．润滑油，2003，18(3)：1-5

[57] 夏道宏，朱根权，项玉芝等．新型重油催化裂化汽油MCSP脱臭技术开发及应用[J]．石油与天然气化工，2002，31(3)：121-123